東西冷戦終結後の
世界穀物市場

茅野信行
Chino Nobuyuki

中央大学出版部

まえがき

　2012年，6月中旬から急速に進んだ穀物の作況悪化が止まらなくなっている。史上最悪に並ぶような旱魃と大熱波がアメリカ中西部の穀倉地帯を襲ったからである。どれくらい深刻だったのか。1988年に匹敵する。この年は，空を飛ぶ鳥が落ちてきたほど伝説的な高温であった。中西部の中心に高圧ドームが形成されて居座り，6月・7月の2カ月間，雨らしい雨が降らなかった。

　同じ年，トウモロコシの単収は前年のエーカー当たり119.8ブッシェルから，84.6ブッシェルへ29.4％急減した。生産高も前年の71億3130万ブッシェルを30％下回る49億2868万ブッシェルとなった。これに対し，大豆の単収は33.9ブッシェルから27.0ブッシェルへ20.4％低下した。生産高は前年の19億3772万ブッシェルから20％減少し，15億4884万ブッシェルとなった。

　後を追うようにして価格高騰が起こった。不作懸念が強まり，市場人気が沸騰したのである。トウモロコシは1月の安値ブッシェル当たり1.9425ドルから，7月の高値3.59ドルまで値上がりした。大豆は2月の安値5.945ドルから6月の高値10.995ドルまで上昇した。

　2012年はどうなのか。7月初めから8月半ばまで，華氏100度〜104度（摂氏38度〜40度）を上回る高温が続いた。米国農務省は7月9日，早くもトウモロコシと大豆の作柄が1988年以来最悪の状況にあることを認めた。さらに農務省の発表によれば，7月29日現在トウモロコシの作況は優・良の合計が24％となり，88年の優・良合計20％に迫る勢いである。大豆も同様に優・良合計が29％へ落ち込んだ。

　これを受けて穀物価格は急上昇。二番底を形成した6月15日のシカゴ商品取引所の穀物相場（期近・終値）は，トウモロコシがブッシェル当たり5.09ドル，大豆が13.42ドル，小麦が6.2675ドルであった。それが7月30日にはトウモロコシが8.20ドルと史上最高値を連日更新（7月19日に期近・終値で8.0775ドルと，史上初めて8.00ドルを突破）し，大豆も17.2575ドルとこれまでの最高値に再接近している。小麦は9.145ドル（史上最高価格は2008年2月27日の12.8ドル）へ噴き上げている。理由はこれまた1988年と同じ，投機資金の流入である。

i

その他の主要生産国では，旧ソ連は旱魃となり小麦とトウモロコシが減産，欧州連合も多雨で小麦が減産，オーストラリアの小麦は平年作だが，昨年の大豊作に比べれば減産となる。南米では2カ月前に収穫の終わった大豆が，これまた減産となった。唯一の例外はカナダである。ここだけが天候に恵まれて，増産の見通しになっている。

　こうした状況下，株式や債券をはじめ，穀物以外のすべての商品価格（金，原油，砂糖，コーヒー，綿花，銅，プラチナなど）が下落した。この結果，ファンドマネージャーが安心して買うことができ，買った後で枕を高くして寝られるのは穀物だけになった。理由は，①アメリカのトウモロコシと大豆が，2010/11年度，11/12年度と2年連続の不作に終わった，②11/12年度には同じく，南米のアルゼンチン，ブラジル，パラグアイの大豆が降雨不足から減産になった，③そのうえ，12年は頼みの綱のアメリカが深刻な旱魃に襲われ，「作付面積の増加が生産増をもたらし，需給は緩和する」という市場の淡い期待が打ち砕かれたからである。

　とはいえ2012年の不作と1988年の不作に間には大きな違いがある。それは需要面の変化である。88年当時，アメリカにはエタノール政策は存在しなかった。中国はトウモロコシの輸出国（年間400万トン）であった。そのうえ，中国は大豆を輸入していなかった。ところが2012年，中国は6000万トンの大豆のほか，600万トンのトウモロコシをアメリカから輸入する見込みである。

　穀物減産の影響をもろに受けるのはアメリカである。アメリカは世界最大の穀物生産国であると同時に輸出国であり，そのうえ，世界最大の畜産国だからである。08年のリーマンショック直前の穀物高騰時には，牛肉や豚肉や鶏肉などの肉類が値上がりしただけではない。卵や牛乳も同じように値上がりした。この2次的な値上がりが草の根市民の台所を直撃した。その結果，アメリカのマスメディアは連日「食料危機（food crisis）」を取り上げた。

　このとき，食料危機の犯人にされたのが「エタノール」であった。牛肉の主要生産州のテキサス州のリック・ペリー知事が時のブッシュ政権にエタノール政策の変更，すなわちRFS（更新可能燃料基準）の廃止を訴えた。しかし米国政府は聞く耳を持たなかった。知事の訴えは一顧だにされなかったのである。

2011/12年度のアメリカのエタノール向け需要は50億5000万ブッシェルで，全生産高123億5800万ブッシェルの40.1％に達した。アメリカでトウモロコシが不作に終われば，エタノール政策の欠陥はたちまち露呈し，トウモロコシは一方的，かつ不必要に値上がりする。高値による需要の抑制という歯止めがかからないからである。法律で決められたRFS（Renewable Fuel Standard＝更新可能燃料基準）とは使用義務量だからである。

　付け加えると，世界のトウモロコシ生産（2011/12年度）は8億7370万トンであり，その需要の9割近くを米中2カ国が占めている。さらに世界の輸出9884万トンの40％強を，アメリカ1国が供給している。アメリカのトウモロコシが不作に終わるようなことがあれば，輸出に回るトウモロコシは急減するのだ。

　大豆も同じである。大豆はアメリカと南米が輸出市場を二分している。大豆の世界生産は2億3588万トンである。うち輸出に回されるのが9018万トン。輸入は中国と欧州連合の両国・地域の存在感が大きく，そのうち4分の3を引き受け消費する。欧州連合はもともと大豆の生産が少ないため輸入に依存せざるを得ないけれども，ユーロ安・ドル高は欧州の大豆輸入に対する逆風になる。

　小麦は世界生産が6億9469万トン，輸出は1億5040万トンである。生産の多い国・地域は欧州連合が1億3738万トン，中国が1億1792万トン，旧ソ連が1億1442万トン。アメリカの生産高は5441万トンで世界5位だが，輸出は2853万トンで旧ソ連の3811万トンに次いで第2位である。これに対し，欧州連合の輸出は1620万トンで，オーストラリアの2300万トンやカナダの1730万トンの後塵を拝している。

　中国をはじめとする新興国は，今日では巨大な消費市場に変わっている。アメリカの熱波の悪影響を受けて穀物価格が高騰すれば，アメリカから新興国へ食糧インフレが輸出され，豚肉価格が急騰するおそれが強い。中国では消費者物価の3割以上は食料品が占め，そのうち2割強は豚肉が占めている。

　経済格差が広がり不満の蓄積している一般庶民の台所を，豚肉の値上がりが直撃するかもしれない。これは政治不安の一因となる。またサブサハラ諸国の

ように，穀物を買うのに十分な外貨を持たない最貧国では，穀物が値上がりすれば，空腹を満たせない人々が増え，暴動の起こることを心配しなければならなくなる。

シカゴ商品取引所の穀物相場は，2012年7月4日の米独立記念日以降も連日値上がりしているが，しかし日本では円高によって価格高騰が抑えられている。08年6月27日には東京穀物取引所のトウモロコシ価格は，トン当たり5万320円であった（これが日本の史上最高価格になっている）。このときと比べると，ドルが107円から78円に値上がりし，海上運賃はトン当たり155.00ドルから55.00ドルへ100ドルも値下がりした。ちなみに，12年7月31日には3万5000円へ戻っている。1ドルは78円，海上運賃は53ドルである。だが今後さらに作柄が悪化すれば，穀物は買うに買えない水準まで撥ね上がる。すなわち取引禁止的な高値となり，需要は強制的にカットされる。

目下，欧州もアメリカも中国も日本も世界各国がデフレの波に飲み込まれている。かりに熱波による減産と，これに伴う食料インフレが惹起されても，コスト上昇分を消費者に転嫁することはできない。とすれば，世界経済の最大の危機は，欧州の債務危機でもギリシャのディフォールトでもなく，アメリカの旱魃と穀物の大幅減産になる。そのうえ，食料インフレが消費の足かせとなって消費需要が減退すれば，日本の輸出産業に対する打撃も避けられない。

2012年7月24日，米上院のベン・カルディン議員（メリーランド州，民主党）はエタノールの使用義務が食料品価格や食品生産コストの上昇要因になっているとして，コーンの期末在庫が一定水準を下回った場合には，更新可能燃料基準（RFS）の年間使用義務量を段階的に引き下げることを提案した。在庫率が10％を上回っている場合には見直しはしないものの，7.5％から10％へ低下したときは，使用義務量を10％削減，さらに5％を下回ったときは，50％削減する内容になっている。

しかしオバマ政権は，年内はこの提案を無視する可能性が高いと目された。どうしてか。11月6日に大統領選を控えていたからである。農業州の多くはレッドステーツで共和党の支持基盤になっている。ここでエタノールの使用義務量の削減などに手をつければ，オバマ大統領は農業州を敵に回し，念願の再

選を果たせなくなるかもしれなかった。かくなるうえは，2013年1月の大統領就任まで農家に不人気な政策の実施を先送りするのが上策と見なされたのである。

2012年夏に穀物関係者が再認識させられたことは，「GM（遺伝子組み換え）種子も母なる自然の前には無力である」という単純な事実である。GM種子と密植の組み合わせによって増産を達成してきたアメリカの穀物生産も，旱魃には勝てない。十分な降雨があって，初めて豊作が期待できるのである。

これから先，市場の関心は高価格によってどの程度まで需要が抑制されるかに向けられるに違いない。なぜなら12/13年度の需要予測から見て，急速な需要の減退が起こらなければ，需給のバランスが保てないからである。そのためには市場で価格メカニズムが働かねばならない。いやもう働き始めている。アメリカの畜産業者はブラジル産トウモロコシを150万トン買い付けたといわれる。トウモロコシ輸入は通常年なら50万トン程度だから，すでにその3倍を買い付けたことになる。それもアメリカ産よりトン当たり12ドルも安く。

人々の食糧であるトウモロコシを乗用車の燃料に使い，そのうえ，優遇税制を適用して価格メカニズムを仮死状態に陥れてまでエタノールを増産したアメリカの政策は，やはり無理があったのである。

世界穀物市場のダイナミズムを明らかにしようとするとき，その切り口は多様である。そこで本書では東西冷戦の終結を出発点とし，そこから穀物市場の構造的変化を理解しようとしている。このため本書は国別・地域別の構成をとった。

第1章は，穀物市場の新たな潮流として穀物超大国アメリカの地位の低下について述べている。まず，天候不順のもたらす減産が需給を逼迫させ，価格高騰を招いていること，次いで，GM種子の導入がアメリカの穀物生産の増大に貢献していること，それから，アメリカのエタノール政策が市場の価格メカニズムを機能不全に追い込んだこと，さらに，穀物メジャー（大手穀物商社）に対する新しい事業機会として各社のエタノール戦略を説明した。最後に，米国政府の採用した金融緩和策がドルの供給過剰を生み出し，これが投機資金の動きを活発にし，商品価格を押し上げたことに言及している。

第2章は，中国の工業化の進展が人々の所得を向上させ，食生活の欧風化の誘因となったことについて述べている。また中国が台湾に先んじてWTOに加盟するに当たって，台湾との関係を改善しなければならなかったこと，大豆需要は輸入で賄うことに決めていたことを明らかにしている。そして中国のトウモロコシ需要の急増と穀物自給の必要性に触れている。

第3章は，欧州連合の共通農業政策の変化について，生産刺激的な政策から直接払いにもとづく所得保証政策へ切り換えられた背景について述べている。これは1980年代の米欧の補助金付き輸出合戦が，勝者なき「穀物戦争」を引き起こし膨大な農業予算の赤字を計上したばかりでなく，納税者の支払った税金を使いソ連や中国への穀物輸出を増やしただけに終わった経験から，米欧が貴重な教訓を得たことを裏書きしている。

第4章は，1991年末に旧ソ連が解体すると，年間3500万トンから4000万トンの穀物輸入国が忽然として姿を消してしまったこと，旧ソ連の農業が混乱と無秩序の中に投げ込まれたこと，そしてゴルバチョフやエリツィンがソ連農業を立て直せずに終わった過程を明らかにしている。その後プーチン，メドベージェフの登場を待って，ソ連の農業改革はジグザグのコースをたどって徐々に進められ，旧ソ連が世界一の小麦輸出国に返り咲いた。旧ソ連の崩壊後15年たった2006年のことであった。もちろん旧ソ連には石油価格の高騰という追い風が吹いていた僥倖を忘れることはできない。

第5章は，新興の穀物輸出基地となった南米，ブラジルとアルゼンチンの強みと弱点を明らかにしようとつとめた。

第6章は，穀物輸入国が食糧危機に対する自衛手段として，海外に農地を取得する動きを追っている。

第7章は，穀物流通に対する日本商社の貢献について述べている。ここでは日本の商社の強みは長い経験と細かい点にも配慮が行き届いていることに言及している。このロジスティックスの運用における優位性を通して，日本商社と中国企業とのコラボレーションが可能になるかもしれないと考えをめぐらせている。

第8章は，それでも世界の穀物貿易はアメリカを主軸に展開していること，

この場合アメリカはレジデュアルサプライヤー（最後の供給者）として世界市場に対し穀物の供給責任を負っていること，またその責任を今日までよく果たしてきたことを跡付けることに努めている。そして米ドルの為替レートがアメリカの穀物輸出に対し，向かい風にも追い風にもなってきたことを振り返っている。

　こうして本書の内容を概観すると，欲張り過ぎになっていると思わないでもない。けれども筆者が本書を通して読者に伝えたかったことは，日本は一国だけで存在することはできない。他の国々との相互依存によってこそ生存をまっとうすることができるという単純明快な事実である。この場合，世界の穀物の在庫率，価格，輸出余力，価格メカニズム，それに天候不順のもたらす需給逼迫と，不適切な政策のもたらす不利益を理解しておくことが決定的に重要である。その重要性の一端でも解き明かすことができたなら，筆者にとって望外の喜びである。

茅 野 信 行

目　　次

まえがき …………………………………………………………………… i
はじめに …………………………………………………………………… 1

第1章　穀物市場の新たな潮流

■第1節　穀物超大国アメリカの地位の低下 ………………………… 14
　　1．冷戦終結後の価格高騰局面は計5回 ………………………… 14
　　2．遺伝子組み換え種子の普及 …………………………………… 18
　　3．「1996年農業法」と価格メカニズム ………………………… 21
　　4．アメリカのエタノール政策 …………………………………… 24
　　5．トウモロコシのエタノール向け需要 ………………………… 25
■第2節　穀物メジャーの新しい事業機会 ………………………… 29
　　1．穀物メジャーのエタノール戦略 ……………………………… 29
　　2．トウモロコシが不作に終わった理由 ………………………… 43
　　3．価格と在庫率は逆相関の関係にある ………………………… 45
　　4．主要穀物の作付面積の変化 …………………………………… 47
■第3節　市場メカニズムによる需給調整 ………………………… 50
　　1．金融市場からあふれ出す余剰ドル …………………………… 50
　　2．商品価格の全般的な上昇 ……………………………………… 52
　　3．小麦とトウモロコシの価格逆転 ……………………………… 57

第2章　世界最大の大豆輸入国へ躍進した中国

■第1節　中国の工業化と穀物需要の増大 ………………………… 64
　　1．中国の工業化に乗り出した鄧小平 …………………………… 64
　　2．中国への投資再開の呼び水となった「南巡講話」 ………… 67
　　3．中国の経済成長と鉄鋼の生産高 ……………………………… 70

4．中国のWTO加盟交渉 ………………………………………… 71
　　5．中国の大豆輸入急増 …………………………………………… 75
　　6．中国がトウモロコシ輸入を再開 ……………………………… 78
　　7．中国の頭痛の種，三農問題 …………………………………… 81
■第2節　穀物自給率の維持に腐心する中国 ………………………… 83
　　1．畜産業の急成長と飼料需要の増大 …………………………… 83
　　2．穀物増産の切り札は単収向上 ………………………………… 85
　　3．中国のトウモロコシ輸入急増の衝撃 ………………………… 87
　　4．成長を続ける畜産業 …………………………………………… 89
　　5．押し寄せる食糧インフレ ……………………………………… 90
　　6．穀物自給の必要性 ……………………………………………… 92
　　7．穀物自給が必要なもう一つの理由 …………………………… 94

第3章　欧州連合の共通農業政策

■第1節　共通農業政策と価格支持 ………………………………… 100
　　1．欧州連合の穀物生産 …………………………………………… 100
　　2．欧州連合の穀物輸入 …………………………………………… 102
　　3．欧州共同体の共通農業政策 …………………………………… 104
　　4．米欧の穀物戦争勃発 …………………………………………… 106
　　5．米欧の貿易戦争は泥沼化 ……………………………………… 109
　　6．勝者なき貿易戦争の結末 ……………………………………… 111
■第2節　共通農業政策は直接払いへ移行 ………………………… 113
　　1．欧州共同体の大胆な農業改革 ………………………………… 113
　　2．黄，青，緑の3色に分類された農業補助金 ………………… 115
　　3．欧州連合のアジェンダ2000 …………………………………… 116
　　4．欧州連合の拡大と農業改革の継続 …………………………… 119
　　5．欧州連合のバイオ燃料政策 …………………………………… 121

第4章　旧ソ連，小麦の大輸出国へ変貌

■第1節　旧ソ連の穀物輸入 …………………………………… 126
　1．ロシアの小麦輸入の歴史 ………………………………… 126
　2．東西冷戦の終結とソビエト連邦の崩壊 ………………… 128
　3．ゴルバチョフの後を継いだエリツィン ………………… 130
　4．アメリカの信用保証の下で穀物輸入 …………………… 132
　5．誤算続きの自営農育成 …………………………………… 134
　6．新興財閥オリガルヒの台頭 ……………………………… 137
　7．経済の立て直しに失敗したエリツィン ………………… 140
　8．不振を極めるロシア経済 ………………………………… 142

■第2節　プーチン政権下での農業改革 …………………… 145
　1．プーチン政権に追い風となった原油高騰 ……………… 145
　2．ロシアの農地改革 ………………………………………… 146
　3．原油と天然ガスに依存するロシア経済 ………………… 149
　4．旧ソ連の小麦生産拡大 …………………………………… 151
　5．ロシアが世界一の小麦輸出国へ躍進 …………………… 153
　6．ロシアの小麦輸出禁止 …………………………………… 155
　7．輸出禁止の解除 …………………………………………… 157

第5章　穀物輸出基地となった南米

■第1節　自由貿易を守るブラジル …………………………… 164
　1．ブラジルの大豆生産 ……………………………………… 164
　2．ブラジルの大豆輸出 ……………………………………… 165
　3．ブラジルの砂糖キビと砂糖の生産 ……………………… 167
　4．砂糖キビの不作と砂糖の値上がり ……………………… 168
　5．ブラジル政府のバイオエタノール政策 ………………… 170

6．ブラジルのバイオディーゼルへの取り組み ……………………… 173
　　7．南米最大の工業国ブラジル ……………………………………… 174
　　8．大豆輸出大国ブラジルの弱点 …………………………………… 176
■第2節　輸出を規制するアルゼンチン ………………………………… 178
　　1．アルゼンチン農業の特色 ………………………………………… 178
　　2．アルゼンチン政府による農産物の輸出管理 …………………… 180

第6章　海外での農地取得ブーム

■第1節　穀物輸入国の農地獲得ブーム ………………………………… 184
　　1．穀物高騰の影響を受ける発展途上国 …………………………… 184
　　2．穀物輸入国のとる自衛策 ………………………………………… 185
　　3．農地獲得競争の勃発 ……………………………………………… 187
　　4．海外での農地取得は長期的リスク ……………………………… 190
　　5．輸出競争力とは流通総合力の別名 ……………………………… 192
　　6．無視できない価格下落の可能性 ………………………………… 195
　　7．韓国の穀物調達計画 ……………………………………………… 196

第7章　穀物流通に対する日本商社の貢献

■第1節　老大国日本の将来 ……………………………………………… 200
　　1．トウモロコシの輸入価格 ………………………………………… 200
　　2．飽和状態の日本の穀物市場 ……………………………………… 202
　　3．日本の稲作の位置付け …………………………………………… 205
　　4．成長市場をどこに求めるか ……………………………………… 207
■第2節　長年の穀物輸入の経験は商社の貴重な財産 ………………… 210
　　1．穀物メジャーの日本離れ ………………………………………… 210
　　2．日本の課題は過剰能力の廃棄 …………………………………… 211

3．日本商社の強み …………………………………………………… 213
　　4．丸紅，アメリカの穀物施設買収 ………………………………… 214

第8章　穀物貿易はアメリカを主軸に展開

■第1節　アメリカはレジデュアル・サプライヤー ……………………… 220
　　1．穀物高騰の陰の悲劇 ……………………………………………… 220
　　2．食糧を燃料として利用する政策は誤り ………………………… 222
　　3．エタノール政策の誘発した小麦と大豆の値上がり …………… 224
　　4．生産高を左右する降水量と積算温度 …………………………… 226
　　5．輸出規制に対する輸入国の対応 ………………………………… 228
■第2節　ドル安の放置はアメリカの利益となるか …………………… 230
　　1．穀物市場におけるアメリカの位置付けと役割 ………………… 230
　　2．米ドルの為替レートと穀物輸出 ………………………………… 233
　　3．エタノール政策の変更 …………………………………………… 236
　　4．E-15の導入によるエタノール需要の拡大は望み薄 …………… 239

　結　　び ………………………………………………………………………… 241

　　主要参考文献 …………………………………………………………… 249
　　索　　引 ………………………………………………………………… 255

は じ め に

　世界の穀物取引の中心地として揺るぎない地位を占めるシカゴ。そのシカゴの穀物定期価格（先物相場）[1]は2008年前半と11年前半に二つの頂点を形成した。しかし08年と11年の価格高騰の背景は異なっている。どこが，どう違うのか。試みに08年6月27日と11年3月3日の価格を比較してみる。

　2008年6月27日，大豆価格はブッシェル当たり前日比で0.075ドル値上がりして15.815ドルとなった。小麦は0.285ドル値下がりし8.955で取引を終えた。トウモロコシは前日とほとんど変わらず7.5475ドルで取引を終了した。他方，ニューヨークのコーヒー先物は1ポンド当たり150.15セント，ニューヨークの砂糖先物は1ポンド当たり11.38セント，綿花先物は1ポンド当たり73.41セント，ニューヨーク原油先物WTI（ウェスト・テキサス・インターミディエート）は1バーレル当たり140.21ドル，ニューヨーク金先物は1トロイオンス当たり929.30ドルで取引を終了した[2]。

　ちなみに2008年7月11日の取引中，ニューヨーク原油先物は一時過去最高の1バーレル当たり147.27ドルを付け，145.08ドルで取引を終えた。他方，11年3月8日，ニューヨーク原油は105.02ドルまで値を戻した。また外国為替レートは08年4月には1ユーロ＝1.6ドルとドル全面安の展開であった。ところが11年3月には1ユーロ＝1.4ドルとなりユーロの独歩高に歯止めがかかる形となった。

　次は2011年3月3日である。当日，大豆は14.055ドル，小麦は7.905ドル，トウモロコシは7.2975ドルを付けた。これに対して，コーヒーは274.50セント，砂糖は30.59セント，綿花は208.20セント，原油は101.91ドル，金は1416.00ドルで取引を終了した。

　さらに2011年4月4日，シカゴ商品取引所の大豆先物相場（期近）は終値で1ブッシェル当たり13.84ドルを記録した。小麦相場も7.90ドルへ値上がりした。またトウモロコシ相場は7.6025ドルと終値で史上最高を更新した。このためリーマンショック直前の08年6月27日に付けた史上最高価格（終値＝settlement price）7.5475ドルが更新された。

　この穀物価格上昇の原因として『日本経済新聞』（2011年2月6日）は「①新興国の需要増，②投機マネーなど余剰資金の流入，③天候不順による穀物の不作」をあげている。さらに「米当局の金融緩和策で余剰マネーが生じ，商品市場を押し上げた皮肉な側面もある」ことを付け加えている。しかし筆者は，この記事からは肝心な点が抜け落ちていると思う。それは何か。先進各国の導入したバイオ燃料政策が，価格高騰と食糧供給の不足を引き起こし，北アフリカや中東の暴動の伏線となったことである。

　2008年と11年の価格を比較すると，主要穀物（大豆，小麦，トウモロコシ）は，トウモロコシを除いて，08年前半の価格のほうが高い。それ以外の農産物はいずれも11年のほうが上昇している。例えば，コーヒーは08年のおよそ1.5倍，砂糖は2.7倍，綿花は2.8倍，原油だけは例外で0.7倍，金は1.5倍である。その理由は何か。世界経済のリンチピン（くさび）である基軸通貨ドルが暴落しているからである。

　筆者は2006年10月以降の穀物価格の高騰には四つの原因があると考えている。その原因は，第1に，天候不順に伴う世界的な減産，第2に，米国政府による補助金付きバイオエタノール政策の導入，第3に，新興国需要の増大，第4に，米ドルの供給超過である。

　第1は，天候異変の旱魃である。これはオーストラリアと旧ソ連を襲った旱魃に起因する。オーストラリアでは2006年7月から雨が降らなくなった。収穫期まで降雨がなく，130年ぶりといわれる旱魃になった。翌07年も同様の天候が続き，2年連続して旱魃に見舞われた。オーストラリアは世界屈指の小麦輸出国だから，生産量が急減すると世界の小麦の輸出入のバランスが崩れ，価格が乱高下することが多い。07年は，欧州連合（小麦の10％減反が実施されていた）が熱波の被害を受け，減産になった。

　さらに2010年は旧ソ連の穀倉地帯が旱魃に襲われた。6月15日から8月16日まで降雨がなく，小麦が大幅な減産となった。旧ソ連は今やアメリカを上回る世界最大の小麦輸出国である。とくにロシアは同年8月15日から，国内市場への供給を優先するため，小麦の輸出を停止した（輸出停止は11年6月30日ま

で，10カ月に及んだ）。悪いことは重なるもので，10年夏はカナダの春小麦が多雨で減産になっただけでなく，年末にはオーストラリア東部が豪雨に見舞われた。このため製粉用の高品質の小麦の供給が減少した。

　第2は，アメリカのバイオエタノール政策の導入である。これこそ市場から価格メカニズムの働く余地を奪い取り，トウモロコシ価格を高騰させた元凶である。トウモロコシ価格は2006年10月から急上昇している。米国政府は06年（暦年）からエネルギー政策法の下で，エタノール政策を実施した。これがエタノール・ブームを引き起こした。

　米国政府はトウモロコシ由来のエタノールに対して，原油から精製されたガソリンに対する価格競争力を持たせるため，優遇税制を採用した。エタノールに対する連邦ガソリン税を免除したのである。そのうえ，砂糖キビを原料に製造されるエタノールがブラジルからアメリカ市場へ流入してこないように，高い輸入関税をかけてエタノール産業を保護した。この結果，エタノール向けトウモロコシには価格メカニズムが働かなくなった。価格が高騰しても需要が抑制されないのである。これに加えて，エタノールの使用義務量は2015年まで年々拡大することが法律で決められた。

　アメリカのエタノール政策の皮肉な特徴は，トウモロコシが豊作になれば，エタノール政策の矛盾点は目立たない。しかし，不作に終わった場合には，たちまちその欠点が露呈することにある。その欠点とは何か。トウモロコシの不必要な値上がりである。というのもトウモロコシがエタノール向けに優先使用されるからである。すなわちエタノール向けに使わずに済んだ残余の部分で，飼料その他，食品用・工業用，それに輸出をまかなわなければならないのである。

　かりに生産高が125億ブッシェルへ減少すれば，そこからエタノール向けの51億ブッシェルが差し引かれる。残りの74億ブッシェルで，50億ブッシェルの飼料・その他と，食品用・エタノールを除く工業用14億ブッシェル，輸出の18億ブッシェル，計82億ブッシェルを供給しなければならない。これでは供給が8億ブッシェル不足する。どうするのか。

　その場合は，価格が法外に高騰して強制的に需要を抑え込むほかない。価格

は需給が均衡するところまで値上がりする。エタノールの使用義務量は法律で決められているから，減少させられるのは飼料・その他，工業用の一部，それに輸出だけである。需要を減らすには耐えがたいほどの価格高騰が必要になる。

　第3は，新興国需要の増大である。その典型が中国である。2010年，中国はアメリカから150万トンを超えるトウモロコシを買い付けた。1994年以来16年ぶりの大量買い付けであった。その原因は経済成長に伴う需要増大にある。中国では食生活の欧風化が進み，人々が肉を大量に食べるようになった。とくに牛肉と豚肉である。牛肉（精肉）1kgを生産するには26.2kgの配合飼料と牧草を，豚肉（精肉）1kgを生産するのは5.8kgの配合飼料を食べさせなければならない[3]。中国では近年その消費が着実に増加している。

　砂糖の代替甘味料である異性化糖の消費も急速に伸びている。この異性化糖の原料はトウモロコシである。その甘味料が工場で生産される。異性化糖は砂糖とは異なり，甘みにしつこさがなくすっきりしている。それに液体だから清涼飲料水に簡単に混合できる。それに冷やすと甘さが増す。コカコーラは1980年，それまでコーラの甘味料に使っていた砂糖を全面的に異性化糖に切り替えた（日本では1982年に切り替え）。これが異性化糖の普及に拍車をかけた。これを筆者は「コカコーラ・ショック」と名付けている。なぜか。砂糖価格は74年11月，1ポンド65セントの史上最高価格を記録したが，コカコーラが異性化糖を採用して以来，1ポンド30セントを上回ることはほとんどなくなったからである。たいていの場合，15セントから20セントくらいの間で落ち着いている。

　それに段ボール製造に使うトウモロコシ澱粉の使用量も増加している。段ボールは波型の中敷きを，天・地2枚の紙で挟み込んで作る。これら3枚の紙を貼り合わせるのに，糊としてトウモロコシ澱粉を使う。水を加えると即座に糊になり，紙を貼り合わせた後は，すぐに乾く。これが段ボールの高速度生産に適している。中国が金額ベースで世界最大の輸出国になってすでに久しい。その製品輸出を陰で支えているのは段ボール箱だが，段ボールの生産が拡大するにつれ，トウモロコシ澱粉の消費量も伸びている。

まだある。中国の畜産業の発達が飼料用リジン（アミノ酸）の増産を促している。飼料用リジンは家畜の増体率の向上に欠かすことができない。2011年，中国では配合飼料の生産が年間1億トンを上回ったが，これにリジンが混合され，使用されている。このようにトウモロコシ需要が急増する中国では，生産の伸びが需要の伸びに追いつけない。そこで供給不足を解消するために輸入を再開したのである。

第4は，国際投機資金の跋扈である。これは，短期利益の獲得を目指して商品市場に流入してくるファンド，例えばヘッジファンド，コモディティ・ファンド，商品インデックス・ファンドなど，各種の投資資金である。これらのファンドは運用成績を上げるため，まず投資対象（商品）を選ぶ。そして金融機関から資金を借り入れ，この資金を元手に，極端なまでのレバレッジ（梃子の作用）を効かせた投資をする。代表的なファンドが，1998年9月末に破綻したLTCM（ロングターム・キャピタル・マネジメント）である。ファンドがその資金を原油や金や穀物へ移すや否や，狙い撃ちされた商品はたちまち値上がりする。

2008年2月，1ブッシェル当たり12.80ドルへ値上がりした小麦や，同年7月，1ブッシェル当たり16.58ドルへ上昇した大豆，1バーレル当たり147.27ドルへ跳ね上がった原油がそうであった。トウモロコシは11年6月，供給逼迫の懸念が拭えなくなり，一時7.9975ドルへ高騰した。

さて米国農務省は毎月，農産物の需給予測を発表する[4]。新年度（2010/11年度）の生産予測は5月から発表されるが，この予測は3月31日に発表される作付意向面積の調査結果にもとづいて立てられ，7月からの生産予測は6月30日に発表される実際作付面積を基礎として立てられる。この生産予測が月を追うごとに引き下げられたのである。

2010年7月9日に発表された生産予測は132億4500万ブッシェル（エーカー当たり単収163.5ブッシェル）であった。在庫は13億7300万ブッシェル，在庫率は10.3％であった。それが11月には125億4000万ブッシェル（単収154.3ブッシェル），在庫は8億2700万ブッシェル，在庫率は6.2％まで引き下げられた。極め付きは翌11年1月発表であった。生産（これは前年の確定生産高である）は124億4700万ブッシェル（単収は152.8ブッシェル），在庫は7億4500万ブッシェル，

はじめに　5

在庫率は5.6%へ落ち込んでしまった。穀物市場では在庫の減少は，すなわち相場の上昇を意味している。このような需給逼迫が，急速な価格高騰を招いたのも無理はない。

アメリカで大豆収穫が終わる頃，南米産地ではアメリカに半年遅れて大豆を作付けする。ところが2010年はラニーニャ現象が発生した。ラニーニャはエルニーニョと好対照をなす現象で，ペルー沖の東太平洋赤道付近の海面水温が平均より低下する。数年に一度発生し，数カ月にわたって続くが，エルニーニョと同様，世界各地に異常気象をもたらす原因といわれ，日本では厳冬になりやすいといわれる。このため，アルゼンチンでは10月（作付けが開始されないうち）から乾燥気味の天候が続いた。産地に雨が降り始めたのは11月に入ってからである。

その間も，中国の大豆輸入は増加していった。大豆の需給は逼迫し，価格高騰は容易に収まらなかった。大豆の需給予測は2010年7月の生産予測33億4500万ブッシェル（単収42.9ブッシェル），在庫率11.4%から出発し，2011年1月の33億2900万ブッシェル（単収43.5ブッシェル），在庫率4.2%へ低下して終わった。

第5は，構造的かつ慢性的なドル安である。ドルは世界経済の要だが，1980年を境に，その役割を果たせなくなった。筆者はドル安は長期的かつ構造的な要因，中期的な要因，それに短期的な要因が重なり合って起きていると考える。

まず，長期的な要因は，後述するように，1960年代半ばから始まったジョンソン大統領によるベトナム戦争の拡大と長年にわたる巨額の戦費支出，71年8月のニクソン大統領による金とドルの交換停止とブレトンウッズ体制の崩壊，OPEC諸国が引き起こした73年10月の第1次石油危機，それにイランのイスラム革命の煽りを受けた79年2月の第2次石油危機が遠因となっている。

次に，中期的な要因としてGDPの潜在成長率の低下，貿易収支の赤字という趨勢がある。

最後に，短期的な要因としてアメリカの金利水準と他の主要国通貨との金利差がある。2008年前半の穀物価格の高騰はFF（フェデラルファンド）金利の引き

下げも一因と見られる。このことはドルとユーロの交換レートに如実に表れている。

短期的要因は2008年9月のリーマンショック直後の金融恐慌からアメリカ経済を救い出すためにFRBの採用した，超低金利（実質ゼロ金利）であった。

さて，ソビエト連邦崩壊後すでに20年が経過した。この間，世界穀物市場には，①アメリカのエタノール政策の導入，②欧州連合における補助金付きのバイオ燃料普及政策，③中国の大豆輸入とトウモロコシ輸入の急増，④旧ソ連の小麦輸出国への転換，という構造的な変化が起こった。

これらの諸要因に旱魃による世界的な小麦の減産が重なったため，小麦需給が逼迫した。その結果，小麦在庫率は著しく低下し，価格が高騰した。それが玉突き現象でトウモロコシ価格を押し上げた。さらに大豆も連れ高となった。

それなら穀物価格が大きく変動するようになったのは，いつからなのか。このような疑問が読者の脳裏に浮かぶのは当然である。そこでチャートを見ると，2003年に入ってからである。その理由について，著名な投資家ジョージ・ソロスは，「変動幅の拡大は，商品先物が機関投資家の投資対象資産になった結果である」[5]と断言している。

21世紀初頭の穀物市場は，少数の輸出国に多数の輸入国が群がる構図が鮮明になっている。これを一幅の絵画になぞらえると，大作の全体を貫くモチーフ（主題）は，世界の需要増大と穀物価格の高騰である。構図の中央には，先進各国のバイオ燃料政策と新興国需要の増大がくる。遠景には，地球温暖化に伴う旱魃や局地的豪雨の頻発と，その結果である供給減少が入る。新生ロシアの小麦輸出国への転換，新しい穀物輸出基地南米の成長，世界穀物市場におけるアメリカの地位の低下，それに大口輸入国日本の存在感の喪失を加えて遠近感を出す。

このほかの画材にはアメリカ金融市場の暴走と自己破壊，それにFRBが採用した超低金利政策を使う。サブプライム住宅ローン問題に対処するため金融緩和によって市中へ追加供給されたドルは，アメリカ経済の再建には役に立たなかった。アメリカ経済が「流動性の罠」に落ち，投資刺激効果は表れなかった。そのうえ，株式市場や債券市場の下支えもできなかった。米ドルは余剰と

なり，浮利を求めて商品市場へ流れ込んだのである。

　筆者はこれに投機資金の変質を加えたい。投機資金の変質とは，「自分の立てた見通しに全財産をかけるスペキュレーター」から，ゴールドマン・サックスやJ.P.モーガンなどの「抜け目ない投資銀行家」のアドバイスに従って遊休資金を動かすだけの「貴方任せの投資家」への変貌である。この種の投資家は「利益は投資銀行のファンド・マネジャーのポケットへ，損失は投資家の財布の中のお札で穴埋めする」という貪欲で不公平なファンド・マネジャーの利益優先の原則を受け入れている（筆者はこのタイプの投資家を「経験も思考力もない投資家＝ignorant speculator」に分類すべきであると信ずる）。

　ノーベル経済学賞を受賞したコロンビア大学教授ジョセフ・スティグリッツは「90年代は金融がすべてを支配した時代であった」[6]と簡潔に述べている。というのも1990年代は，大恐慌後の30年代に作られた規制の体系がほとんど姿を消した，秩序と倫理なき金融の暗黒時代だったからである。つまり94年のリーグル・ニール法で銀行の州際営業規則は事実上撤廃され，銀行持株会社は他州の銀行の買収や他州での支店開設が自由にできるようになった。

　その原因は，ジャグディシュ・バグワディが1998年に発表した論文で「ウォール街・財務省複合体」[7]と名付けたウォール街主導による金融自由化の進展であった。金融業界の自己規制に任せるほうが政府が規制するより望ましいという，誤った考え方が金融業界のパラダイム（通説）となり，99年にグラム・リーチ・ブライリー法が成立して，グラス・スティーガル法が33年から禁じてきた商業銀行と投資銀行の兼業が，実質的に可能になった。金融業界の最後の砦が破壊されたのである。

　21世紀の穀物市場には，上述のような，構造的変化が生まれている。そこで筆者は穀物の需給，とりわけ在庫率（＝stock to use ratio）の推移に着目し，その経緯を跡付けてみたいと思うようになった。在庫率とは期末在庫を総需要で割った数字であるが，需給実態を明らかにするのにこれくらい適切な指標はない。なぜなら在庫率は需要と供給の全要素を集計して期末在庫を導き出し，それを総需要で割った数値だからである。

　まず，供給側には期初在庫（前年度からの繰り越し在庫），生産，輸入がきて，

その合計が総供給となる。次に，そこから国内需要（小麦の場合は，主食用と種子用，それに飼料用）と輸出を足し合わせて総需要とする。さらに，総供給から総需要を引き，残った部分が在庫である。これが期末在庫（翌年度への繰り越し在庫になる）となる。最後に，期末在庫を総需要で割ったものが在庫率である。言い換えれば，年々の総供給から総需要を差し引いた残りが期末在庫であり，これが増減することによって最終的に需給の調整がなされる。つまり市場メカニズムの根底にあるのが在庫率なのである。

　穀物の需要は，一面で，人口と所得の関数である。穀物市場にはこれに加えて「在庫率の低下は価格の上昇を招く」という古今不変の鉄則がある。天候に恵まれて豊作を享受できる年は，供給過剰が起こりやすい。在庫率が上昇し，穀物は値下がりする。逆にいえば，旱魃に見舞われて不作に終わった年は，生産が減少し供給不足になりやすい。

　新興国で工業化が進展して農村から都会への人口移動が顕著になり，耕地面積と農業生産人口の両方が減少すれば，やがて穀物の生産は減少に向かう。穀物の期末在庫が，天候の影響を受けて，年ごとに増減するのは当然としても，例えば，政策の変更によって需要だけが一方的に増えるような事態になれば，穀物価格は高値に固定され長期化することは避けられない。

　旧ソ連による米国産穀物の大量購入が始まった1972年以降の穀物価格の推移を見ると，2004年を境に価格上昇のスピードに加速度がついている事実に，否応なく気づかされる。そのため「地球は爆発的に増加する世界人口を養えるか」という自問は一層切実なものになってきた。そこで在庫率に集約して示される穀物需給の変化の跡をたどり，世界穀物市場の拡大の過程を通観し，さらに一歩を進めて，穀物市場がどこへ向かうのかを考えてみたいという気持ちがひとしお強まる。

　しかもなお，それだけではない。世界の農業は爆発する世界人口，とりわけ発展途上国の人口に十分な食糧を供給し続けられるか，アメリカは今後も穀物供給の最後の拠り所たり得るか，人類の貴重な食糧であるトウモロコシや小麦，それに菜種を供給原料として使いバイオ燃料を製造することは許されるのか，天候不順や異常気象が起こるたびに穀物生産は減少するが，生産の急減は

輸出国の輸出政策にどのような影響を与えるのか，また穀物輸入国による海外での農地取得ブームと生産拡大は食糧安全保障の切り札となるかなど，筆者の問題意識は多方面に及んでいる。

とはいえ，筆者の考え方は穀物トレーダーとしては常識的である。ということは，メディアが伝えるような一般的な見方や意見とは異なっているという意味である。もしかすると筆者の意見は楽観的に聞こえるかもしれない。なぜなのか。その理由は，穀物市場には価格メカニズムが働いていること，穀物価格の高騰が既存需要の代替品への切り替えを促すこと，また種子や栽培方法にイノベーションを起こす誘因となること，政治には非現実的で効率の悪い政策を撤廃する自浄力が備わっていることである。

アメリカのエタノール政策は2012年1月1日から連邦優遇税制が打ち切られ，また輸入関税が撤廃されるなどの変更が加えられた。また「2008年農業法」も2012年には改定される予定になっている。具体的に議論されていることは，ガソリンスタンドの設備改善を推進すること，エタノールの混合比率を現行の10%から15%に引き上げること，トウモロコシの在庫率が7.0%を割り込んだときは，エタノールの使用義務を免除することなどである。これまで物議を醸すことの多かったエタノール政策も，もう少し合理的なものに変更され，その結果，価格メカニズムが働くようになると思われる。

「2012年農業法」では作物保険がカバーする範囲と金額を拡大し，天候被害に対する補償を厚くすればよい。近年は穀物価格が上昇しているから，豊作に恵まれれば農家の所得は増加するはずである。反対に，不作に終わったときは保険で所得の減少を補えばよい。「2012年農業法」がより効果的に，より合理的に変わることを期待してもよさそうである。

コメについては紙幅を割くことはしないが，筆者は2010年初め，ワシントンD.C.から来日していたシンクタンクの講演者に対し，「ミニマム・アクセスは，実施後15年が経ち，すでに歴史的な使命を終えている。ところが，輸出国は自国の市場を守ろうとして輸出規制を行っている。このため市場メカニズムは仮死状態に陥り，コメ価格は不必要に値上がりした。このような状況下でも，米国政府は日本に対しミニマム・アクセスを履行することを望んだ。し

かし，これは他方では，日本国民に対し余計な支出を強いることである。こんなアンフェアな約束など，日本政府が守る理由はない。米国政府はミニマム・アクセスを完全撤回するか，見直すべきではないか」と迫った。しかし返ってきた答えは「撤回する」ではなかった。どうだったのか。彼は「別の方法を考えたい」といったのである。コメ市場から価格メカニズムの働く余地を奪うミニマム・アクセスなど撤廃すべきである，という筆者の考え方は2012年の今日も変わらない。多くの日本国民の不利益になるような国際公約など，公的結果責任の視点から見れば，しないほうがましだからである。コメ市場の環境が変わったのだから，国際公約を見直すのは当然ではないか。筆者が米国政府に向けて主張したいのはこの点である。

　余談になるが，TPP協議ではミニマム・アクセスは撤廃される（はずである）。そして日本に年間85万トンの玄米需要が戻ってくる。これは農家には朗報だろう。農家はTPP参加を機に環境変化に迅速に適応して，コメ作りを続けられるからだ。もちろん政府の農業政策も劇的な変更を迫られるだろう。

注

1）先物取引とは，公設の取引所で，あらかじめ定められた期間内に，証書（倉庫会社はこれと引き換えに現物の穀物を引き渡すことを保証している）を売買し，その差額だけを清算する取引のこと。先物取引はすべてこの方式にもとづいて行われる。
2）本稿の価格情報は，特段の断りがない限り，『日本経済新聞』（配信元はロイター）に拠っている。
3）中部飼料株式会社，大府研究所，2011年9月22日。
4）United States Department of Agriculture, "World Agricultural Supply and Demand Estimates" (USDA-WASDE). 世界の穀物需給については，米農務省が毎月発表するこの月例報告の信頼性が高い。農産物の需給に関しては，特段の但し書きがない限り，ここで発表された数字にもとづいている。
5）『日本経済新聞』2011年5月2日。
6）Joseph Stiglitz (2003) he Roaring Nineties, Penguin Books, London, England, p. XXI.
7）「1990年代半ばには，ウォール街はワシントンを支配する勢力となっていた」。Simon Johnson and James Kwak, 13 Bankers.（邦訳：村井章子『国家対巨大銀行』ダイヤモンド社，2011年，160ページ。）

※ 本書の表記法について

　アメリカの正式な国名はアメリカ合衆国である。したがって本書では「アメリカ」を国名として使う。ただし「合衆国」という表記は省く。アメリカを表すために必要に応じて「米国」も使用する。新聞では，米大統領，米農務省，米通商代表部などのように「米」で代用することも多い。しかし「米」はアメリカの略記に過ぎないから，米ドルや一部の事象，企業，機関に限って使うことにしたい。

　穀物の米はコメと表記する。米農家と表記すると，コメを作っている農家なのかアメリカの農家なのか，紛らわしくなるからである。

第1章
穀物市場の新たな潮流

第1節 穀物超大国アメリカの地位の低下

1.冷戦終結後の価格高騰局面は計5回

　1991年末にソビエト連邦が連崩してから20年になる。この間，穀物の定期価格が高騰したことが5回ある。平均すれば4年に1回である。初回は，ミシシッピ川が集中豪雨で大洪水を起こした93年，2回目は，中国がトウモロコシ輸出国から輸入国に変わった95年，3回目は，アメリカの旱魃で大豆が減産になり供給が逼迫した2004年，4回目は，オーストラリアの大旱魃にアメリカのエタノール政策の実施が重なった06年11月～08年7月まで，5回目は，エタノール需要の急増とトウモロコシの不作，それに投機人気によって作り出された10年9月～11年9月の価格高騰である。いずれの年も天候不順（旱魃，集中豪雨，冷夏）によって減産になり，在庫が逼迫して穀物価格が値上がりした。

　先に在庫率の低下が穀物価格高騰の原因であると指摘したが，この場合，在庫率とは世界の在庫率ではなく，アメリカの在庫率であることに注意しなければならない。なぜなら，アメリカは世界最大の穀物輸出国であるだけでなく，供給の最後の砦だからである。言い換えれば，世界の穀物市場はアメリカを主軸に展開している。穀物価格に与える影響の度合いからいえば，アメリカの在庫率のほうが世界の在庫率より大きいのである。

　これまでの経験に照らせば，アメリカのトウモロコシや大豆の在庫率が10％を割り込めば黄色信号が点滅し，5％を下回れば赤信号が点灯する。在庫率が5％未満へ低下すれば，供給逼迫はいよいよ深刻になり，在庫は綱渡りを強いられる。しかし，小麦は例外である。小麦は在庫率が20％を切れば相場が高騰することが多い。というのは，小麦は世界中で冬小麦（北半球では9月作付け，翌年7月収穫）と春小麦（4月作付け，9月収穫）が栽培されているうえ，アメリカを上回る輸出国としてロシア，ウクライナ，カザフスタンを筆頭とする旧

ソ連が台頭してきたからである。ただアメリカのほうが気温や降水量などの気象条件に恵まれているから，年々の輸出余力という点ではアメリカのほうがずっと安定している。

　ここで冷戦終結後20年有余の在庫率と価格の推移を振り返れば，第1の価格高騰は1993年に起こった。アメリカが93年6月，7月に未曾有の豪雨に見舞われたのである。穀倉地帯西部に平年の4倍から5倍もの雨が降ったのである。アメリカ中央部を流れるミシシッピ川が，ロッキー山脈の東側を流れるミズーリ川との合流地点で氾濫を起こし，180万エーカーから200万エーカーもの畑が水に浸かった。そのうえ，産地では8月後半に気温が下がりトウモロコシは大幅減産，大豆も減産となった。その結果，93/94年度のトウモロコシ在庫率は前年度の24.9％から11.2％へ半減した。価格も94年1月13日の立ち会い中（取引時間中），ブッシェル当たり3.1175ドルを記録した。他方，大豆の在庫率は10.7％となり，前年度の13.4％よりさらに低下した。価格は93年7月19日の立ち会い中，7.55ブッシェルを付けた。

　第2の価格高騰は1995年であった。この年は作付け期の5月に低温と長雨にたたられ，トウモロコシと大豆は記録的な作付け遅れとなった。トウモロコシ畑の中には，種子が流出し播き直しを余儀なくされたところも少なくない。作付け適期を逃したために作付けを断念した畑もあった。それだけではない。7月には中西部と東部が熱波に襲われ，トウモロコシの単収が低下して大幅減産となった。また，トウモロコシの大輸出国だった中国が輸入国に変わり，アメリカから大量のトウモロコシを輸入した。このため95/96年度の在庫率は前年度の16.7％から過去最低の5.0％へ激減した。価格は96年7月12日の取引時間中，一時5.545ドルを付け，5.48ドルで取引を終了した。

　翌1996年は小麦が世界的に不作になり，小麦相場が急騰した。主要生産国のオーストラリアとカナダで小麦在庫が急減し，輸出余力が失われた。シカゴ小麦先物は4月26日，7.165ドルで取引を終え，史上最高価格を更新した。なお95/96年度の小麦の在庫率は15.8％で，前年度の20.5％から4.7％下落した。

　第3の価格上昇は2003年に起きた。03年はトウモロコシと大豆の作柄は明

暗が分かれた。トウモロコシは豊作となったが，大豆は旱魃に襲われて不作に終わったのである。トウモロコシの授粉期は7月であるのに対して，大豆の開花期・着莢期は8月である。ところが肝心な8月に降雨がなく，大豆は2年連続の不作に終わり，供給が逼迫した。このため南米から新穀大豆が出回る直前の04年3月まで値上がりが続いた。4月からは新穀が出回り始め，大豆の高騰は収まった。03/04年度のトウモロコシの在庫率は9.4％と10％を割り込んだ。価格は04年4月5日の取引時間中に3.3525ドルを付けた。これに対して，大豆の在庫率は4.4％へ急減した。価格は04年4月5日の取引時間中，10.64ドルを記録し1989年6月23日の10.995ドル以来の10.00ドル突破となった。

第4の高騰は2006年の秋口に始まった。この年からアメリカでエネルギー政策法が実施されて，エタノール・ブームが起こり，トウモロコシが収穫期を迎えた10月から価格が上昇局面に突入した。大豆も同様に10月から上昇軌道を描き始めた。

翌2007年はオーストラリアが2年連続で旱魃に襲われたばかりか，世界各国で小麦が不作となった。このため飼料用小麦の供給不足が起こり，トウモロコシ価格を押し上げる一因となった。そこへ08年前半の原油価格の高騰が追い打ちをかけた。穀物と原油の高騰が同時に出現した。その理由は何か。ドルの余剰である。アメリカでは02年から住宅ブームが始まった。低所得者にまで積極的に資金を供給したサブプライム住宅ローンが，ブームに火をつけたのである。しかし，住宅ブームは08年9月15日のリーマンショックによって敢えなく崩壊。アメリカ発の金融危機が発生した。このため，穀物価格が暴落した。

第5の価格上昇は2010年に起こった。この年6月半ばから，世界最大の小麦輸出国の旧ソ連が旱魃に襲われて凶作となった。旱魃がきっかけとなって世界的に世界的に小麦の供給が逼迫し，値上がりが激しくなった。とくにロシアが10年8月15日から小麦輸出を停止し，中東や北アフリカの小麦輸入国を大混乱に陥れた。また高価なコーンの代替品として使われていた飼料用小麦も，入手できなくなった。そのうえ，米国農務省のコーン生産予測が8月以降，毎月大幅にかつ段階的に引き下げられた。この結果，需給バランスは当初の緩和

見通しから逼迫へ急転回した。これを受けて，11年5月18日の『日本経済新聞』は2010/11年度末のコーンの在庫率が5％と，15年ぶりの低水準へ落ち込むことを伝えている。これが直後の6月10日，シカゴ商品取引所のコーン定期価格（期近）ブッシェル当たり7.87ドルと，終値の過去最高値の更新につながったのである。煎じ詰めれば，「穀物の価格変動を生み出すのが需給バランスの変化であり，その振幅を拡大させ，また縮小させるのが投機資金である」といってよいだろう。

　米国経済がリーマンショックの痛手から立ち直る兆しを見せ，株価が戻り足になったことが理由であった。FRB（連邦準備制度理事会）が米国経済の日本化を避けるため，失業克服とデフレ予防を最優先する政策をとり，2008年年末からフェデラルファンド金利を実質ゼロに切り下げ，ダメ押しに国債や住宅ローンの購入にまで手を広げて，その保有額を2兆5000億ドルにまで増やした効果が出てきたのである。しかし筆者は内心で「経済危機が発生するたびに応急措置として供給される資金すなわちドルが新たなバブルを生み出すから，バブルの発生と膨張，それに破裂（bubble and burst）の繰り返しとなり，ドル過剰は制御不能になる」ことを怖れる。

　2010年7月21日，オバマ大統領の署名によって金融規制改革法が成立した。法律の正式な名称は「ウォール街改革および消費者保護に関する法律」であり，通称をドット＝フランク法という。上院銀行委員長クリストファー・ドット，下院金融サービス委員長のバーニー・フランクの両名の姓をとって名付けられた。

　金融規制改革法が成立したというのに，アメリカの金融危機は逆に混迷の度を深めている。欧州の金融危機の引き金を引いた強欲な投資銀行の傍若無人の振る舞いは改まらず，過剰発行されたドルの価値は下落する一方である。筆者は2012年7月27日にカナダを訪れたが，米ドル100ドルをカナダドルに交換したら，90カナダドルにしかならなかった。米ドルがカナダドルより安いという経験は，生まれて初めてのことだった。ことによると，ベン・バーナンキFRB議長もティモシー・ガイトナー財務長官も，ドル余剰と財政赤字の制御がもはや不可能であることに無力感を覚えているかもしれない。

2. 遺伝子組み換え種子の普及

　1996年春，GM（遺伝子組み換え）種子を作付けしたアメリカの農家は，出来秋になって目覚ましい単収（単位面積当たり収量）の増加を実感した。在来種のハイブリッド（一代雑種）コーンに比べて10％から30％も単収が向上したからである。GMトウモロコシの害虫防除効果が如実に発揮された。農家はそれまでは年間２〜３回殺虫剤を散布していた。しかしGM種子を作付けした96年は殺虫剤を１回散布しただけだった。他方，GM大豆の単収改善効果も顕著だった。ラウンドアップという除草剤（非選択性だから，すべての雑草を枯れさせてしまう）を散布しておけば，畑に雑草は生えない。だがラウンドアップ・レディというGM大豆はよく育つ。草丈の低い大豆は草丈の高い雑草の陰に隠れて光合成が妨げられるのが弱点だが，その心配をしなくてよい。その結果，単収が向上する。GM大豆を作付けしたかどうかは，畑を見れば一目瞭然である。大豆畑に雑草が生えていれば在来種，生えていなければGM大豆が作付けされている。

　ところで農業超大国アメリカで「植物の種子」が注目されるようになったのは，1960年代に溯る。60年代にはヨーロッパ各国で相次いで「種苗法」（植物新品種保護法）が制定された。この種苗法は国によって多少の違いはあるものの，新品種が一定の条件（例えば在来品種との区別性，それに均質性や安定性）を満たしていれば，育種者に特許と同じ独占権を与えるもので，違反者に対し高額の罰金を科す国もある。さらに，この原則を国際的に承認させようという狙いで，61年にヨーロッパを中心に「植物新品種保護条約」が締結され，68年に発効した。この機関はUPOV（植物新品種保護国際同盟）と呼ばれ，本部はジュネーブに置かれている。そして70年，アメリカでも「新品種保護法」が成立した。巨大企業が種子分野に進出するための条件が整った。巨額の開発費をつぎ込んでも，世界市場を相手に特許料を稼げる時代が幕を開けたのである。

　こうして種子会社の買収合戦が始まった。これに遺伝子工学ブームが拍車をかけた。穀物メジャーのカーギル，食品大手アンダーソン・クレイトン，化学会社のモンサント，薬品会社のサンド，アップジョン，チバ・ガイギーなどで

ある。とくにモンサントやチバ・ガイギー，それにサンドなどは遺伝子工学の実用化に力を入れている。世界を支配する巨大な多国籍企業がひとたび農業分野への本格的参入を決意すれば，その対象が「種子」になることは間違いない。食糧生産はまず種子を播くことから始まるが，種子は特許に守られて利益を約束する商品になっているからである[1]。

GMトウモロコシにはコーン・ボーラー（茎に細い穴をあけて入り込み，茎を食い荒らす害虫）に対する防虫効果を持つもの，コーン・ルートウォーム（トウモロコシの根を食い荒らす害虫）に対する効果を持つもの，除草剤に対する耐性を持つもの，防虫効果と除草剤耐性の両方を兼ね備えているもの（スタック＝複合耐性と呼ばれる）がある。なかでも Bt（ビーティ）トウモロコシが有名である。これはハイブリッド・トウモロコシに土中菌（bacillus thuringiensis）から取り出した蛋白質を組み込んだもので，Btが毒性を発揮し，害虫アワノメイガの幼虫を寄せ付けない。

GM大豆はラウンドアップ・レディが有名である。これはモンサント社が販売している除草剤ラウンドアップ（これ自体が環境負荷の小さい優れた除草剤である）に対する耐性を持つ品種で，ラウンドアップを散布した畑でも枯れずによく育つ。モンサント社はラウンドアップをラウンドアップ・レディとパッケージで販売している。除草剤が売れると種子の売れ行きに弾みがつき，種子の販売が好調なら除草剤の売れ行きが増加するという「相乗効果」が発揮される。

GM大豆には単収増加に直接結びつく効果は期待しにくいが，農薬散布の量や回数を減らしたり，不耕起栽培（トウモロコシなどの根を畑に残したまま，畑を耕さずに種を播き，土壌の流失を防ぐ栽培法）を可能にしたりすることによって，生産コストの切り下げに貢献している。GM大豆のマーケティングで先行するモンサント社の市場シェアは90％と非常に大きい。

GM種子の普及は急速で，導入5年後の2000年にはその作付比率は大豆が54％，トウモロコシが25％増加した。とくに「2005年エネルギー法」の下で，06年から自動車用代替燃料としてエタノールの使用義務量が定められてから，トウモロコシのスタック種子の作付けが急速に拡大した。2010/11年の比率はトウモロコシが86％，大豆が93％となっている。

GM大豆はブラジル政府が1996年から立法措置を講じて5年間，その栽培を禁止した。政府がGM大豆に対する海外の消費者の反発が強いことに不安を覚えたのである。大豆はブラジルにとって将来性豊かな輸出商品である。GM種子を作付けすることによって，大豆輸出が妨げられるようなことになれば，ブラジル経済は打撃を受ける。それなら非GM大豆を栽培すればよい。そう考えたのだろう。

　ところが事実は予想とは違っていた。どう違ったのか。輸出市場の下した判断は非GM大豆もGM大豆も，「大豆であれば価格は同じ」というものだった。非GM大豆だからといって，消費者が割増料金を支払ってくれるほど，マーケットは生易しくなかった。これを見てブラジル政府は翻然として悟った。GM大豆と非GM大豆の価格には何ら差がないことを。ならば雑草管理の容易なGM大豆を栽培するほうが，農家にはずっと有益である。こう結論した。それ以来，ブラジルではGM大豆の生産はタブーではなくなった。農家は今ではGM大豆を自分の裁量で自由に作付けしている。

　GM種子業界の覇権争いは熾烈である。目下のところは，モンサント，デュポン，スイスのシンジェンタの大手3社と，ダウケミカルの種子部門ダウ・アグロサイエンスと，独バイエルの種子部門バイエル・クロップサイエンスの中堅2社が鎬を削っている。この覇権争いは，公平に見れば，モンサントの優位は変わらない。しかし，ハイブリッド・トウモロコシの巨人パイオニア・ハイブレッドを傘下に収めたデュポン，積極的なM&A（買収・合併）を繰り返すシンジェンタの追い上げは急で，その差は少しずつ縮まり始めた。

　種子業界では2011年，①乾燥耐性の優れたトウモロコシ，小麦などの新品種の開発，②エタノールの抽出歩留まりを向上させる，澱粉質の発酵しやすいトウモロコシの開発，③高単収の小麦の研究開発，が進められている。

　乾燥に強い種子の開発が急がれるのは，降水量の少ない乾燥地帯でもトウモロコシが栽培できるようになるからである。これまで小麦を栽培するより外なかった畑でトウモロコシが栽培できるようになれば，農家は収入が増大する。それに農家にとって地下から農業用水を汲みあげて灌漑する灌漑コストの節約になる。動力源のモーターの電力を節約できるだけでなく，地下水の揚水量を

減らせるためパイプ径を細くでき，地下水の減少にも歯止めをかけられるからである。

他方で，GM小麦の研究は中断されている。というのは，家畜にそれを食べさせ肉に替えてから供給するトウモロコシとはわけが違うからである。小麦は製粉しパンに焼き上げて食べるから，直接消費者の口に入る。かつてモンサントはGM小麦の開発に着手し，種子の開発に成功したが，「GM種子に対する消費者の理解を得ることは無理」という理由で，2004年に研究を断念した[2]（その後，09年に研究が再開された。アメリカ，カナダ，オーストラリアの生産者団体がモンサント社に乾燥耐性の強いGM小麦の開発を願い出たからである）。

GM種子の開発競争は今後も続けられるはずである。なぜか。そこにはアメリカの農家だけでなく，海外の穀物輸入国のニーズがあるからである。そして企業の存在意義は，このような顧客ニーズを満たし，社会に貢献することにある。

3.「1996年農業法」と価格メカニズム

1996年4月4日，クリントン米大統領は新農業法案に署名し，「1996年農業法」（以下，96年農業法と略記する）が発効した。この農業法は連邦農業改善改革法という別名が付けられた。96年農業法では，1933年の導入以来，60年余り続けられてきた政府減反政策が廃止された。その代わり，農家は作付け全面自由化という作付けの裁量権を得た。さらに，73年から実施されてきた不足払い制度が撤廃された。

96年農業法はアメリカ農業に構造変化を迫るものであった。というのも，農業法は需給の調整を市場に任せ，連邦政府の農業への介入を控え，農家の自立を促す目的を持っていたからである。農業法の骨子は，①政府の減反計画の廃止，②作付けの自由化，③目標価格にもとづく所得補償の廃止，④農業の市場化を支援するため，農家に対し経過払い（transition payment）を支払う，⑤融資価格に対する不足払いの制度を新設することにあった。

融資制度というのは日本の農家には馴染みが薄いかもしれないが，商品金融公社（CCC）から農家が融資を受ける制度である。農家は自分の生産した穀物

を担保に差し出せば，それと引き換えに，最長9カ月を限度とする融資を受けられる。なお融資基準価格（ローンレート）は生産コストを基礎に，カウンティー（郡）ごとに決められる。そして農家は融資を返済すれば，担保にしていた穀物を引き出す（redeem）ことができる。融資を返済できない場合には，質流れとなり，穀物の所有権はCCCへ移転する。

　他方，農家が融資を受ける権利を放棄することを申し出た場合には，権利の放棄と引き換えに，融資価格に対する不足払い（loan deficiency payment）が受けられる。不足払いというのは，穀物の実売価格がカウンティーごとに定められたローンレート（融資基準価格）を下回ったときは，米国政府（農務省）がローンレートと実売価格の差額を補塡する制度である（実際の融資関連業務はCCCが代行する）。

　政府の減反政策という長年の蹉跌から自由になった農家は，自らの危険負担で栽培作物を選択し，作付面積を決めることを歓迎した。その結果，農家は手取額の多い農作物を生産するようになり，利益重視の傾向が強まった。それだけではない。農家は出来秋に収穫した作物を，翌年の収穫まで1年をかけ，時期を選んで，なるべく高い価格で販売するようになった。そのため農家は銀行から資金を借り入れ，自前の保管能力を増強した。

　「2002年農業法」（以下，02年農業法）は02年5月，ブッシュ大統領が法案に署名して成立した。02年農業法の別名は「2002年農場安全農業投資法（The Farm Security and Rural Investment Act of 2002）」であった。その内容は，96年農業法に比べれば明らかに後退している。その理由は三つある。第1に，96年農業法で廃止された不足払い制度が復活した，第2に，価格支持政策が強化された，第3に，"counter cyclical payment"という耳慣れない言葉を使い，新しい不足払い制度の導入を隠蔽した（「そんなことはない」という反論がアメリカ側から出るかもしれない）からである。これは名前こそ「非循環払い」となっているが，術語の意味するところは「安定化払い」であって，内実は固定払いにほかならない。言い換えれば，作物ごとに目標価格を設定し，市場価格が目標価格を下回った場合には差額が補塡される仕組みである。

　不足払いといえば，かつては実際に作付けされた農産物の生産量にもとづい

て補助金が支払われた。しかし，02年農業法の不足払いは，現在の生産物とは関係なく，過去の生産面積にもとづいて支払われる。例えば，基準年に小麦を作付けした場合には，その後大豆に作付けを変更しても，対象となるのは小麦の価格である。米国政府は生産者支持を優先したと考えざるを得ない。

　また農地保全留保計画（The Conservation Reserve Program）の参加面積の上限が96年農業法の3640万エーカーから3920万エーカーへ拡大された。この計画に参加する農家は，長期間作付けを見送る農地に対し，エーカー当たり平均45.79ドルの補償を受けられる。ただし加入期間は最低10年だから，期間10年未満で計画から脱退すると，補償金に金利を加えた罰金を支払わなければならない。

　クリントン政権下で成立した96年農業法から実施された生産者に対する臨時所得政策は，非循環払いという形で制度化された。しかし一方で，作付け全面自由化という農業政策の根幹は貫かれている。

　「2008年農業法」（以下，08年農業法）は02年農業法の延長線上にある。法律は2008年6月18日にブッシュ大統領が署名して成立した。この農業法には「2008年食料・保全・エネルギー法（The Food, Conservation, and Energy Act of 2008）」という別名が付けられている。しかし，穀物価格が高騰している今こそ，農業政策を改革するチャンスと見た米国農務省の理想論は，選挙を目前に控えた議員たちの人気取りのため骨抜きにされ葬り去られた。主要穀物の融資基準価格や目標価格が引き上げられ，生産者に対する保護はさらに手厚くなったのである。

　08年農業法は穀物価格が全般的に高騰する中で成立したが，その中核をなす所得および価格支持政策は，ともに生産者を保護する施策が盛られている。米国政府はエタノール政策の導入に伴う価格高騰を一時的，短期的と見て，新しい農業法では穀物価格の高騰と補助金の増大を容認した。他方，飼料価格の高騰に苦しむ畜産農家に対する配慮は不十分なままである。09年からは，これまでの補助金を存続させたうえで，新しい平均作物収入選択（ACRE＝average crop revenue election）と呼ばれる作物保険制度が付け加えられた。この制度は作物ごとに所得保証の水準が設定され，生産者の収入が水準を下回った場合

には補填を受けることができる。09年からは，非循環払いに代えて，平均作物収入選択計画を選べるようになった。ただ平均作物収入選択計画を選んだ場合には，直接払いが20％，ローンレート（融資基準価格）が30％減額される。

いずれにせよ，08年農業法ではバイオ燃料政策と農業政策の一体化がさらに進んだ。ブッシュ（子）前大統領は06年1月31日の「一般教書演説」の中で，「アメリカはガソリン中毒にかかっている」と断言し，更新可能な代替エネルギーの生産とエネルギー節約の一層の推進を訴えた。そのひそみに倣えば，筆者は，「アメリカ農業はエタノール中毒にかかっている」といわざるを得ない。

4．アメリカのエタノール政策

2011年4月11日，シカゴ商品取引所のトウモロコシ定期（期近，終値）は1ブッシェル当たり7.76ドル，2カ月後の6月10日，7.87ドル（立ち会い中，一時7.9975ドル）という未曾有の高値を付けた。これは08年6月27日に記録した7.5475ドルを上回る史上最高価格であった。

いったい何が起こったのか。極端な供給逼迫である。2011年4月8日，米国農務省は月例の需給予測を発表した。その中で10/11年度（10年9月1日から11年8月31日まで）のエタノール向けトウモロコシ需要を，前月（3月）の49億5000万ブッシェルから50億ブッシェルへ引き上げたのである。他方，期末在庫は6億7500万ブッシェルで据え置かれ，在庫率は5.0％で変わりはなかった。米国農務省が飼料・その他需要を前月の52億ブッシェルから51億5000万ブッシェルへ，5000万ブッシェル引き下げたからである。

とはいえ翌2011/12年度へは最低限必要なトウモロコシを，期初在庫として繰り越さなければならない。これを可能にするには，さらなる需要の抑制が必要になる。しかし，残された期間は4カ月余りしかない。在庫率が5％というのは，18.25日分の在庫しかないという意味である。つまり在庫を取り崩して供給を増やすことは不可能である。だが需要を減らすには，さらに価格を高騰させる必要がある。これが市場の下した判断であった。

穀物関係者は，期近限月（取引終了日が最も早く来る取引月，当月ともいう）の価

格のほうが期先限月（取引終了日が数カ月後に来る限月）より高い状態を，インバース（inverse）と呼ぶ。穀物は収穫されてから販売されるまで倉庫で保管されるから，その間の保管料や金利が上乗せされ，価格は期先限月（数カ月後）のほうが期近限月より高くなるのがふつうである。この状態はキャリー（carry＝順ザヤ，もしくはcarrying charge market）と呼ばれる。穀物市場ではこれがノーマルな状態である。

ところが前年が極端な不作に終わったような場合には，需給の逼迫によって期近のほうが高くなることが起こる。これには二つの理由がある。第1に，高値を付けて需要を抑制する。第2に，倉庫に保管している現物（実際の穀物）を農家に早く売却させるためである。保管料や金利を払って長期間在庫しても，安い価格でしか売れないのなら，価格の高いうちに早く売ってしまうほうが得策だからである。

参考のため2011年4月11日の終値を見ると，5月が7.76ドル，7月が7.8125ドル，9月が7.185ドル，12月が6.5725ドルであった。5月より9月のほうがブッシェル当たり0.575ドル安く，5月より12月のほうが1.1875ドルも安い。先物価格がインバース（逆ザヤ）になったため農家が現物の売却を急いだのである。

2010/11年度のトウモロコシの生産量は124億4700万ブッシェル（3億1615万トン）であった。このうち50億2000万ブッシェル（1億2751万トン），40.3％がエタノール製造に使用された。その他の需要項目でこれと並ぶのは48億300万ブッシェルの飼料・その他があるだけである。輸出は18億3500万ブッシェル，エタノール以外の食品・種子・工業用は13億9500万ブッシェルである。アメリカは世界一の畜産国だから飼料用需要が多いことは容易に想像がつく。その次に多いのがエタノール向け需要である。エタノール向け需要は，10/11年度には史上初めて，これまで最大の需要項目だった飼料・その他を上回った。

5. トウモロコシのエタノール向け需要

世界のトウモロコシ需給を逼迫させ高値を生み出しているのは，繰り返しになるが，米国政府の導入した補助金付きエタノール政策である。この政策はブ

ッシュ政権下で2005年8月8日,「2005年エネルギー政策法」として成立し,06年1月1日から実施された。エネルギー政策法は2年後の07年12月19日,「2007年エネルギー独立安全保障法」に改められ,使用義務量を倍増させたうえで,08年1月1日から施行されている。

　この二つの法律の相違点は,目標に掲げるエタノールの使用義務量にある。2007年エネルギー独立安全保障法(改正エネルギー政策法)ではエタノールの最低使用義務量(更新可能燃料基準＝Renewable Fuel Standard)を,エネルギー政策法で定められた義務量の2倍に引き上げた。この法律の下では,08年のトウモロコシ由来のエタノールの使用義務量は90億ガロン,そこから段階的に使用量を引き上げ15年には目標の150億ガロンに達する。その後は150億ガロンで据え置かれることになっている。

　問題はエタノール政策がブッシュ政権によるアメリカ農家に対する隠れた補助金になっている点である[3]。農業補助金を削減した米国政府はエネルギー政策の名を借りて,バイオ燃料に補助金を付けたのである。アメリカでは2010/11年度のエタノール向け需要は50億2000万ブッシェルと見込まれている。エタノール優遇税制の導入以前は,エタノール向け需要は生産量の11〜12％程度だったから,10/11年度にも15億ブッシェルもあれば供給は足りたはずである。それが50億2000万ブッシェルへ嵩上げされた。これは優遇税制という特典がない場合の,エタノール向け需要(およそ15億ブッシェル)の3倍以上になる。これを現在の在庫に上乗せすれば,期末在庫は40億ブッシェルを超える。そうなればトウモロコシ相場は2.50ドルを下回っていても不思議はない。

　とはいえ,米国政府を一方的に非難することは難しい。なぜなら,①エタノール向けにトウモロコシの新しい販路を開いた,②トウモロコシの追加需要が作り出された結果,農家の収入が増えた,③エタノール工場の新・増設は建設業界の仕事を増やした,④エタノール工場では管理者や作業員の追加の雇用が生み出されたからである。

　このように,エタノール政策は中西部の地域経済に対し,貴重な貢献をしてきた。

表1-1：米国産トウモロコシ需給見通し （単位：百万ブッシェル）

年　　度	04/05	05/06	06/07	07/08	08/09	09/10	10/11	11/12	12/13
作付面積（100万エーカー）	80.9	81.8	78.3	93.5	86.0	86.4	88.2	91.9	96.4
収穫面積（100万エーカー）	73.6	75.1	70.6	86.5	78.6	79.5	81.4	84.0	88.9
イールド（bus/エーカー）	160.4	148.0	149.1	150.7	153.9	164.7	152.8	147.2	146.0
供給　期初在庫	958	2,114	1,967	1,304	1,624	1,673	1,708	1,128	903
生　産	11,807	11,114	10,535	13,038	12,092	13,092	12,447	12,358	12,970
輸　入	11	9	12	20	14	8	28	22	30
総供給	12,775	13,237	12,514	14,362	13,729	14,774	14,182	13,508	13,903
需要　飼料・その他	6,158	6,115	5,595	5,858	5,182	5,125	4,793	4,550	4,800
食品・種子・工業	2,686	2,981	3,490	4,442	5,025	5,961	6,428	6,455	6,320
うちエタノール	1,323	1,603	2,119	3,049	3,709	4,591	5,021	5,050	4,900
輸　出	1,818	2,134	2,125	2,437	1,849	1,980	1,835	1,600	1,600
総需要	10,662	11,270	11,210	12,737	12,056	13,066	13,055	12,605	12,720
期末在庫	2,114	1,967	1,304	1,624	1,673	1,708	1,128	903	1,183
在庫率（％）	19.8	17.5	11.6	12.8	13.9	13.1	8.6	7.2	9.3

出所）米国農務省，2012年7月11日発表。

　米国農務省がトウモロコシの需要項目に正式にエタノール向け需要を加えたのは2002/03年度からである。そのときの需要は9億9600万ブッシェル（生産量89億6700万ブッシェルの11.1％）であった。それがガソリンにエタノールを混和して乗用車の燃料として使用することが法律で義務付けられた06年（穀物年度は05/06年に相当する）には16億300万ブッシェル（生産量111億1300万ブッシェルの14.4％）へ増加した。その後，法律が改正されて使用義務量が引き上げられた08年（同，07/08年度）には30億4900万ブッシェル（生産量130億3800万ブッシェルの23.4％）へ上昇した。10年（同，10/11年度）には50億2000万ブッシェル（生産量124億4700万ブッシェルの40.3％）へ伸びている。

　エタノール向けトウモロコシの需要拡大について，米国農務省のキース・コリンズ主席エコノミストは，「1970年代にソ連が穀物市場に買い手として参入して以来の出来事」[4]であると指摘し，穀物市場は世界的規模の構造変化に直面しているという。

　コリンズは2007年3月1日，ワシントンで開かれた農業観測会議の席上で，「2007年は作物生産について重要な変化が起こると予想される。このような変

化を促進しているのはトウモロコシ価格の目覚ましい値上がりである。というのも市場ではトウモロコシを伝統的な飼料や食品と見るのではなく、バイオ燃料の原料として評価するようになっているからである。当販売年度（06/07）にはエタノール向けトウモロコシの需要が21億5000万ブッシェルに達し、翌07/08販売年度にはさらに50％増え32億ブッシェルへ拡大することが予想される。このようなトウモロコシ需要の急増は、トウモロコシ在庫を減少させ、価格を高騰させる」[5]との見通しを明らかにした。

　2007年春は、トウモロコシの作付面積が大豆や綿花の作付面積を奪い取り、おそらく春小麦の作付面積にも影響を与えるだろう。他の主要作物の正味手取りがどれくらいになるかが、トウモロコシの作付面積を決めることになる。コリンズは続けて、「2006/07年度にトウモロコシを栽培した農家の正味手取りは、生産コストを差し引いて、エーカー当たり125ドルであった。しかし07/08年度の正味手取りはエーカー当たり334ドルと見積もられている。前年度を209ドル、2.7倍も上回っている。その他の作物の正味手取りも07/08年度は増える見通しである（大豆は前年度よりエーカー当たり75ドルのプラス、小麦は42ドルのプラスになる）。綿花は、逆に、12ドルのマイナスである。コーンの作付面積は8700万エーカーで、前年度より870万エーカーの上乗せになる。これは60年ぶりの大きな面積である」と予測した。

　2008年の改正エネルギー法によって、前述のように、アメリカでは15年に150億ガロンのエタノールを使用することが義務付けられた。1ブッシェルのトウモロコシからは平均2.75ガロンのエタノールが製造できるから、150億ガロンのエタノールを製造するには、54億5000万ブッシェルが必要になる。この場合、飼料・その他、食品・種子・工業用（エタノール向けを含む）、輸出という需要項目を全部足し合わせると142億ブッシェルになる。その内訳は、飼料・その他が52億ブッシェル、食品・種子・工業用（エタノール向けを除く）が16億ブッシェル、エタノール向けが54億ブッシェル（エタノールと競合する原油価格が高騰すれば、55億ブッシェルを超える可能性もある）、輸出20億ブッシェルである。今後の需給を議論するときは、トウモロコシの総需要が15年には142億ブッシェルに達する見通しにあることを考慮しなければならない。

アメリカではすでにトウモロコシ生産の4割がエタノール製造に振り向けられている。これに対して，エタノール向けを除いた，食品・種子・工業用の需要は2002/03年度が13億5900万ブッシェル，05/06年度が14億1600万ブッシェル，10/11年度が13億8000万ブッシェルである。10/11年度は，インドの砂糖キビの不作をきっかけに砂糖が値上がりしたため，砂糖需要の一部は異性化糖へ置き換わると見られるが，その分を加味しても16億ブッシェルの需要を見込んでおけばよさそうである。

今後，エタノールの優遇税制が縮小されるか（優遇税制は2011年12月31日に撤廃された），それとも輸入関税が大幅に引き下げられるか，あるいは撤廃されるようなら（輸入関税は2011年12月31日に撤廃された），エタノール向け需要の伸びが頭打ちになるはずである。また中国がアメリカのトウモロコシ市場を刺激することを避けるため，例えばアルゼンチンやウクライナからトウモロコシを輸入すれば，アメリカの輸出はそれだけ減少する。

それでも5年後の需要予測は強気な見方をしておくに越したことはない。というのも市場は最低限これだけは次年度へ繰り越せるという，ギリギリの期末在庫を確保しておかねばならないからである。ただし農務省の担当官が全米の倉庫を隈なく見て回り，保管されている在庫をすべて確認することは不可能である。とすれば統計の専門家の心得として，「生産は少なめに，需要は多めに」予測するのは当然だろう。かりにエタノールの優遇税制が撤廃されたり，輸出が減少したりすれば，その分だけ総需要が減る。その結果，需給が緩和し相場は値下がりすることが考えられる。

第2節
穀物メジャーの新しい事業機会

1. 穀物メジャーのエタノール戦略

世界の穀物輸出の担い手は「穀物メジャー」と呼ばれる大手穀物商社であ

る。代表的な会社はカーギル（1999年7月，米国司法省はカーギルが穀物業界の名門コンチネンタル・グレイン・カンパニーの穀物部門を吸収することを正式に認可した），ADM（アーチャー・ダニエルズ・ミッドランド），バンゲ，コナグラ（穀物部門は2008年3月，本体から分離独立してガビロンになっている），LDC（ルイ・ドレファス・コーポレーション）である。穀物メジャーの取扱量は世界輸出の75％に上ると推定される。

穀物メジャーには設立経緯の違いによって，それぞれ特徴がある。カーギルはアメリカの穀物輸出の35％を取り扱う巨人である。トウモロコシ澱粉，塩，肥料などの事業においても屈指の存在である。ADMはエタノール製造の最大手であり，搾油大手の一翼も担っている。バンゲは搾油事業では世界最大手であり，南米の有力な企業でもある。コナグラはアメリカ最大の製粉会社であり，冷凍食品にも強い。LDCは伝統的に海運業に強みを持っているが，最近はジュース，食肉，米穀取引などへ事業を拡大している。

大手穀物商社は今や例外なく穀物加工の大手業者になっている。1970年代までは穀物輸出事業が主要業務であったが，その後，事業の多角化を積極的に推し進めたこともあって輸出事業の比率が低下し，対照的に，加工事業の比率が急速に高まった。

穀物メジャーは北米や南米の生産地で小麦，トウモロコシ，大豆などの主要穀物を買い付け，保管し，輸送し，海外へ輸出すると同時に，国内市場へも販売している。その機能は大量の穀物を低価格で迅速に加工業者や畜産農家に届けることにある。彼らの利益の源泉は，穀物を流通させて流通マージンを得ることにある。この点が，自ら採掘と生産に関わってきた石油メジャーや資源メジャーとまったく違う。

ただ欧米の石油メジャーは第1次石油ショック以降，資源ナショナリズムの高揚によって中東湾岸諸国から締め出されたため，現在同地域にはほとんど石油利権を持っていない。また1980年代後半から「国際石油市場」が急速に発達したため，タンカーさえ着岸できれば，石油は世界中どこからでも調達できる。石油メジャーが地球の裏側にある中央アジアからわざわざ高いコストをかけてアメリカへ原油を運び込む理由は，なくなっている。それどころか，北海

や中南米など中東以外の産油国が躍進してきたこと，30万〜50万トン級の超大型タンカーが普及し，長距離の輸送コストが低下したため，石油市場の柔軟性は以前より高まっている。このように原油はかつてないほど流通性や流動性の高い商品に変わっている。

　他方で「国際石油市場」の発達は危うさもはらんでいる。なぜなら「国際石油市場」の発達によって世界中の原油輸入国は「皆が同じ船に乗り合わせている」のと同じことになったからである。世界のどこかの地域，とりわけ中東地域で一朝事あれば，すべての石油輸入国は例外なく大きな影響を受けるからである。したがって，原油の供給と消費は２国間ではなく，国際石油市場を介した多国間の視点から議論しなければならない[6]。

　アメリカでは穀物は換金作物（cash crop）として現金で取引される。生産者はトラックにトウモロコシや大豆や小麦などを積んで，毎朝，近所の生産地エレベーター（昇降機のことだが，保管設備のてっぺんまで穀物を持ち揚げるので，集荷施設を表すのにこの名が使われる。大部分は穀物メジャーや穀物農協の所有する系列エレベーターである）へ持ち込んでくる。生産地エレベーターでは農家立ち会いの下で穀物の品質（水分，容積重，夾雑物，異物など）や重量をチェックし，その穀物をピット（受け入れ口）で受け入れる。それから農家に小切手を切って渡す。生産者は小切手を受け取り，近くの銀行へ立ち寄って取り立てに回す。それから近所のレストランへ立ち寄り，そこで他の生産者とコーヒーをすすりながら情報交換をして自宅へ戻っていく。

　穀物を買い付けた穀物メジャーは貨車やハシケを手当てし，集荷した穀物をニューオーリンズへ送り出す。ニューオーリンズの輸出エレベーターへ到着した穀物は，そこで貨車やハシケから降ろされ，大型の本船に積み替えられる。本船への積み込みが完了したところで，送り状（請求書），船積み書類，重量・品質証明書などの書類一式を揃え，それを買い手（日本の場合は商社）の指定する場所（例えばニューヨーク事務所）へ持ち込み，そこで小切手（近年はフェデラルファンドで支払われることも多くなってきた）を受け取る。これをCAD（cash against documents on first presentation＝船積み書類提示，代金全額即時払い）という。書類と引き換えに穀物の所有権は商社に移転する。これがアメリカにおける穀物の現

金取引の仕組みである。

とはいえ穀物メジャーは自ら農地を所有し，穀物を生産するわけではない。農地を所有し，穀物を生産するのは農家の仕事であると割り切っている。つまり穀物メジャーは価格変動によって損失の発生するリスクを負っていない。それなら誰がリスクを負っているのか。それは穀物の流通経路の両端にいる人々，すなわち穀物を作っている農家と，それを買って加工している加工業者である。

穀物事業は垂直的に展開する「装置産業」の側面を持っている。穀物メジャーは生産地エレベーター（country elevator）や集産地エレベーター（terminal elevator）それに輸出港エレベーター（export elevator）などの穀物サイロを所有し，穀物を流通させている。穀物の供給線は，単純化していえば，穀物を集荷し保管する倉庫，運搬するユニット・トレイン（110輌1編成の貨物列車）やハシケ（艀）によって支えられているのである。

穀物の流通における重要な概念は輸送手段，輸送量（traffic）と物流統一（logistics）の二つである。トラフィックとは輸送手段を指し，ロジスティックスとは必要な商品を，必要な時間に，必要な場所へ届けることを指す。

穀物メジャーは長い歴史を通じて必ずしも順調な発展を遂げてきたわけではない。彼らは1980年代初めに苦境に陥った。その理由は二つある。第1に，米国政府が80年，ソ連への穀物輸出を禁止したこと，第2に，アメリカが81年にレーガン・リセッションと呼ばれる深刻な不況に襲われたことである。

1980年1月4日，時のアメリカ大統領ジミー・カーターは対ソ穀物輸出を禁止した。ソ連軍のアフガニスタン侵攻に対する報復措置であった。それは契約済みの米国産穀物2500万トンのうち，米ソ長期穀物協定（75年に発効）で定められた輸入枠800万トンを上回る量の輸出を禁止の対象としていた。もっとも，輸入枠を上回る輸入についてはアメリカの同意が必要とされていたものの，実際には，ソ連は自由に輸入することができた。

ソ連はその12日前（1979年12月24日）に，突如アフガニスタンへ軍事介入し，傀儡（かいらい）政権を樹立した。ソ連の軍事介入は東西冷戦の象徴であり，「ありがた迷惑なクリスマス・プレゼント」といわれたのである。

アメリカが輸出禁止を発動した結果，行き先を失くした1700万トンの穀物が市場に溢れかえった。消費しきれない穀物は余剰在庫となって市場を圧迫する。市場が圧迫されて穀物価格が値下がりすれば，そこで新規需要が喚起され，在庫は姿を消すはずであった。だがそうは問屋が卸さなかった。

　1973年と79年の2度の石油ショック後，世界中が悪性のインフレに襲われた。FRB議長のポール・ボルカーは極端な高金利政策をとり，インフレを抑え込んだ。だがインフレ退治は強烈な副作用を伴っていた。その副作用とは，耐えがたいほどのドル高であった。ドル高は米国産穀物の輸出競争力を根こそぎ奪い取った。81年から85年まで，アメリカの穀物輸出は70年代のピーク時に比べて半減した。

　全米各地の輸出エレベーターが開店休業に追い込まれた。穀物がエレベーターを経由して流れないので，穀物メジャーにはエレベーター使用料が入らない。このため多くの中・小の穀物会社が経営難に陥った。穀物業界には再編の嵐が吹き荒れた。穀物メジャーは経営の苦しくなった地域穀物農協やエレベーター会社を次々に傘下に収め経営規模を拡大していった。

　一方で，穀物メジャーは事業の多角化に邁進した。相場変動の影響を受けやすくマージンの薄い穀物事業の弱点を補うため，製油，エタノール製造，飼料製造，畜産，ジュース，綿花，工業塩，肥料などの分野へ積極的に進出し，経営を多角化した。穀物相場が変動しても営業成績に影響を受けることがないように，経営安定を狙ってのことであった。穀物事業から得られる利益が減っても，その他の事業から生み出される利益で埋め合わせがつけられる。

　アメリカの国内市場が供給過剰から抜け出して，輸出に過度に依存しなくて済むようになったのは，2006年になって米国政府がエタノール政策を導入してからのことであった。1981年の農業大不況から数えて25年の歳月が流れていた。

　アメリカへエタノール政策が導入されてから，穀物メジャーを取り巻く企業環境は劇的に変わった。代替燃料のエタノールを生産するため，大量のトウモロコシが使われるようになったからである。すなわちトウモロコシの用途が，伝統的な飼料（Feed），食品（Food），輸出（Export）の二つのFと一つのEか

ら，飼料，食品，燃料（Fuel），輸出の三つのＦと一つのＥへと拡大したのである。企業を取り巻く環境が変われば，その環境変化に迅速適応して，企業は戦略の転換を図らなければならない。

　穀物メジャーは本業の穀物輸出事業においても多極化を進めなければならなくなった。というのは中国が世界最大の大豆輸入国として台頭し，南米から大量の大豆を輸入し始めたからである。このことは穀物メジャーに新たな多国籍化を迫った。アメリカを穀物輸出基地にしておくだけでは中国の需要を満たせないからである。南米を新しい穀物輸出基地として発展させ，輸出能力を強化することが必要不可欠になった。

　一方で，輸出能力を増強すれば，他方で，販売力を強化しなければならない。中国市場での大豆販売力を高めるためには，中国に販売拠点を設置し，スタッフを配置する必要がある。彼らはアメリカで新穀大豆の出回ってくる10月からは米国産を主体に，南米で新穀の出回ってくる4月からは南米産を主体に，大量の大豆を競争力のある価格で，中国へ向けて積み出すようになった。

● ADMのエタノール戦略

　穀物メジャーは米国政府の導入したエタノール政策にどのように対応しているのか。その対応策を一瞥すると，企業によって大きな違いがある。まず，ADMである。穀物メジャーの諸類型（4分類）[7]では，「加工業者型」に分類される。

　ADM（本社：イリノイ州ディケーター）は穀物加工会社というよりも，バイオ燃料会社というほうが事業内容を正確に言い表せるだろう。彼らはエタノール製造ではポエット社と並ぶ最大手で，「エタノールのエクソン」と称される。彼らの中核事業は菜種や大豆搾油で，カーギルと首位を争っている。またトウモロコシを原料とする甘味料の異性化糖の製造でもカーギルと並ぶ大手の地位にある。本業は穀物加工である。

　ADMはアメリカの経済誌『フォーチュン』の「アメリカ大企業上位500社」の番付によると，2010年は39位にランクされた[8]。10年の売上高は，624億8400万ドル，純利益は19億3000万ドルであった。リーマンショック前年の07

年には売上高は440億1800万ドル，純利益は21億6200万ドルを記録した。

　ADMは1975年にテーバー・グレインを買収して，穀物を取り扱う上流の施設と，サービスの自給自足という下流の事業開発に向かって大きな一歩を踏み出した。80年代半ばから，エタノールやバイオディーゼル製造へ事業を拡大している。エタノール事業は利益率が高い。したがってADMは米国政府によるエタノール政策の導入を絶好の事業機会と捉え，アンドレアス前会長の悲願であったエタノール事業の拡大を狙っている。米国政府が優遇税制を用意してくれるのなら，それを利用するのは企業として当然である。また政策が変更される場合でも，「同業他社がすべて同じ条件下で競争するだけのこと。不公平はない」と考えているようだ。

　ADMは早くからアルコール燃料，つまりガソホールの企業化に力を入れ，1986年6月には，米国政府の補助で3500万ドル相当の原料トウモロコシを無料で手に入れたこともある。ドウェイン・アンドレアス前会長は政界との深いつながりがあることでも知られる。会長は民主党の故ハンフリー副大統領と親交を結び，共和党のリーダー，ドール上院議員とも親しく，「政界のスイッチヒッター」ともいわれた。ガソホールの補助金政策導入時には，マスコミから疑惑の目で見られたこともあった[9]。

　ADMの事業分野別の営業利益（2004年実績）は食品・飼料原料（小麦粉製粉，リジンを含む）が17.0％，金融が6.0％，油脂加工19・0％，コーンスターチ・異性化糖が20.0％，バイオ関連製品22.0％，農業サービス（輸出事業を含む）が16.0％という内訳である。経営多角化が進んだため，企業収益に占める穀物事業の比率が低下していることに留意する必要がある。

　ADMは2005年末，今後2年間に9億ドルを投じ，エタノール工場とバイオディーゼル工場を建設し，バイオ燃料の生産能力を増強する計画を公表した。バイオ燃料は京都議定書の中で，二酸化炭素の排出量ゼロと見なされている。原料の植物が成長する過程で二酸化炭素を吸収しているというのが理由である。この追加投資によってADMのエタノール，バイオディーゼル関連事業への総投資額は22億ドルに拡大する。この結果，エタノールの生産能力は2005年の12億ガロンから17億ガロンへ増加する見通しである。

2006年4月29日，ADMはアメリカの大手石油会社シェブロンからパトリシア・ウォルツ上級副社長を最高経営責任者（CEO）として迎え入れた。バイオエネルギーを中核事業として発展させる方向へ経営戦略を転換する布石であった。ウォルツCEOは，「ADMは世界における（バイオ）燃料と食糧のリーダー企業を目指す」ことを宣言した。

　彼女はADMの成長戦略と現在進行中の事業について，「両者は戦略上の焦点であり，経営陣が自ら率先して，企業目標を達成するために人材を配置し，作業工程を調整し，投資を管理している。その構想には，新規投資の選別，事業計画の管理，業績の評価，開発計画の実行，成果にもとづく報酬が含まれている。」[10]と述べ，「われわれはグローバルな視点から見て五つの優れた中核能力を持つ。それは穀物の集荷能力，保管能力，サプライチェーンを横断する輸送能力である。またグローバルな農産物加工の広がりであり，多様化した製品明細表である。また経験豊かな管理チームであり，利益を管理する財務能力であり，景気循環を超える成長力である」と強調している。

　ウォルツCEOは2007年エネルギー政策法（エネルギー独立安全保障法）で更新可能燃料基準が上積みされ，使用義務量が2倍に引き上げられたことを歓迎し，「バイオ燃料は現在，エタノールとバイオディーゼルとして供給されています。今回，更新可能燃料基準が引き上げられたことは，バイオ燃料の明日が約束されたということです。バイオ燃料の供給増大は，目下の技術的な課題（セルロースを原料として利用すること）が解決できれば実現します。ADMは引き続き更新可能なバイオ燃料発展に貢献したいと念願しています。またバイオ燃料がエネルギー安全保障を強化し，地方経済を活性化させ，環境問題を改善するために幅広い役割を担ってくれるものと期待しています」[11]と，バイオ燃料に寄せる並々ならぬ熱意を語った。また，ADMは25％のシェアを持つ（全米）最大のエタノール製造業者であり，「市場には新しい競争相手が出現している。しかしADMには経験と，ネットワーク能力と，コストの優位性がある」と述べた。

●カーギルのエタノール戦略

　次にカーギルを取り上げる。カーギルは，筆者の穀物メジャーの4分類[12]では，伝統商社型に入れられている。穀物メジャーの代表カーギル（本社：ミネソタ州ミネトンカ）は搾油，工業塩，トウモロコシ澱粉，畜産，精肉，配合飼料製造，肥料などの事業へ手を広げ，経営多角化を図ってきた。カーギルは農業関連事業の多角化に焦点を合わせて投資を行ってきた。しかし，カーギルが成功を収めたのは投資戦略よりも，むしろ経験ある穀物商社としてその伝説的な洞察力に負うところが大きい。またカーギルの規模と優れた経営がビッグリーグの先頭に立つうえで，きわめて重要である。

　カーギルの2011年（会計年度は6月1日から5月31日まで）の売上高は1194億6900万ドルで，前年比18％増加し，純利益は42億4200万ドルと，同63％伸びている。なお売上高には肥料会社モザイクの株式売却益は含まれていない。株式売却益は売却に伴って1回だけ計上されるだけで，日々継続される事業からの収入とは性質が異なるからである。ちなみに10年の売上高は1013億800万ドル，純利益は26億300万ドル[13]であった。

　カーギルもネブラスカ州に1億ガロンの生産能力を持つエタノール工場の新設を計画しているが，カーギルはADMとは異なり，バイオ燃料分野への進出には消極的である。理由は保守的にして堅実な企業風土によるところが大きい。またカーギルの多角化戦略も，穀物取引と同様に，保守的な原則にもとづいて実施されている。カーギルの多角化戦略は穀物の販路拡大に貢献することが重視され，穀物取引の延長線上にある。したがって，その多角化路線と多国籍化路線は穀物関連分野に限定されている。カーギルは今後も穀物コングロマリット，穀物多国籍企業の枠を大きく逸脱することはないと見られる。

　2006年9月にカーギル会長を退いたウォーレン・ステイリーは，「穀物輸出は伝統的にカーギルの主要な事業であったが，将来の世界的な農産物輸出およびアメリカの農産物輸出について，どのような見通しを立てているか」との業界誌（ミリング・アンド・ベーキング・ニューズ）の質問に対し，次のように答えている。「アメリカは引き続き主要な穀物輸出国であると考えられる。それがどの程度重要であるかは，アメリカの供給力と国内のバイオ燃料産業の成長力に

第1章　穀物市場の新たな潮流　37

左右される。少なくともこの数年間は，北米の輸出は横這いか，若干減少するだろう。他方，南米と旧ソ連は不振から回復し輸出は増加すると見ている」。

　最近のエタノール・ブームについては，「アメリカは本物のエタノール・ブームのさなかにある。エタノール産業は2007年の年末にも，12年の使用義務量75億ガロンを達成する可能性がある。その上，州政府と連邦府はどちらもエタノールの使用義務量を引き上げ，補助金を増額することを真剣に検討している。2005年エネルギー政策法の期限切れを控えて，議会でもバイオ燃料に対する補助金を増額することを内容とする追加立法を審議中である。その政治的な議論は，私の理解している限りでは，人為的な需要増加策に見合う供給を作り出すことではなく，供給を抑制することに置かれている。この1年，アメリカではバイオ燃料の生産能力の急速な拡大が，食料品の価格を押し上げたが，このことは世界中の貧しい人々をさらに困窮させる結果に終わった。穀物価格は50％も上昇し，世界中が悪天候に襲われて供給が減り，これら（食糧と飼料と燃料）の三つの用途に十分な供給ができなくなった」[14]と，事実を冷静に語っている。

　ステイリーのバイオ燃料に対する考え方は，以下の言葉に端的に言い表されている。

　ステイリーは，「もしも世界が農地を適正に配分するだけでなく，食糧，飼料，バイオ燃料の間で穀物，油糧種子を割り当てるという困難な選択を避けようとするのなら，新規需要（バイオ燃料）の圧力を軽減するために，農業の生産性を向上させることが必要である。また食糧，飼料，バイオ燃料の各市場が，おのおのの用途間で適切なバランスを見出せるように，バイオ燃料の消費拡大のペースを落とさねばならない。さもなければエタノールの使用義務量を大幅に引き上げようと画策している圧力団体を含めて，誰の利益にもならない供給危機（supply crisis）が起こるだけである」とし，さらにエネルギー安全保障を進めるだけでなく，輸入原油への依存度を下げようとするアメリカのバイオ燃料政策の問題点を指摘して，「より大きな構図から見れば，国土保全留保計画（Conservation Reserve Program）のような重要なステップに比べれば，バイオ燃料の役割はむしろ副次的なものにとどまるだろう。例えば，アメリカの自動車

の燃費を1ガロン当たり5マイル改善するだけで，これには既存の技術で対応することができるが，450億ガロンのエタノールが節約される。したがって，遠大な目標である350億ガロンのセルロース由来のエタノールは，技術的なまた経済的なハードルに直面することになる。私はエネルギー政策が進展するにつれ，国土保全留保計画の重要性が高まり，化石燃料とバイオ燃料の両者の供給源の多様性が強調されるようになると考えている」という。

ステイリーはさらに言葉を継いで，「明確なことは，補助金と保護と使用義務量が定められなかったならば，アメリカではエタノール業界はこれほどの勢いで成長しなかったはずである」と持論を述べている。これに加えて，「現行の1ガロン当たり0.54ドルの輸入関税を撤廃すれば，アメリカのトウモロコシ由来のエタノールは，ブラジルのサトウキビ由来のエタノールとの厳しい価格競争にさらされることは明白である。しかし世界中で関税障壁が取り除かれ，エタノールが公開自由市場で取引されるようになれば，混和業者はエタノールの供給に大きな信頼を寄せるようになり，エタノール市場の規模はさらに拡大するだろう。それがいつになるかは分からないが，長期的に見て，エタノール業界に肯定的な影響を与えることは容易に想像がつく。一般論としていえば，エタノール業界も消費者も，エタノール事業が不明瞭な政治的特恵ではなく強固な経済基盤の上に構築されれば，もっと積極的にエタノールを使うようになるだろう。なぜなら政治的特恵は市場環境が変化すれば姿を消すかもしれないからだ」ともいう。

彼はまた，「経済的には，バイオ燃料はそれが競争力を持って供給されるような市場を見出さねばならない。というのも使用義務量と保護主義（高率の輸入関税を指す）はエタノール産業にとって長期の土台とはなりえないからだ」と述べ，カーギルはエタノール以外の工業用（例えば生分解プラスチック）に膨大な投資を行っていることに言及している。

ステイリーは，「一般的には，食糧と飼料とバイオ燃料の競合の問題がある。穀物業界では空腹を抱えた人々にたいする食糧と，家畜を肥育する畜産業界における飼料と，乗用車やトラックに使うバイオ燃料のいずれかを選ぶようなことを望んではいない」[15]と述べ，バイオ燃料用の比重が過大になることを警戒

している。

2006年5月初め，カーギルのCEOのウォーレン・ステイリーとADMの会長アレン・アンドリアスはイリノイ州ディケーターで記者会見に応じ，エタノールについて対照的な意見を述べた。

まずステイリーCEOが，「エタノールであれ，バイオディーゼルであれ，われわれは農地の使用について優先順位を考えなければならない。すなわち食糧が第一，飼料が第二，最後が燃料である。今日われわれはトウモロコシの燃料使用に対して補助金を付けているが，これがしばしば新しい食品や飼料の技術の間に垣根を作っている。これがはたして農地の合理的な使用法といえるのか。農地の使用法は，不作に終わった年も，豊作に恵まれた年も，どちらにも意味があるものなのか。農地の使用法は長期的に持続可能な戦略といえるだろうか」と疑問を呈し，「トウモロコシを100％エタノールの生産に振り向けても，自動車用燃料の20％にしかならない」[16]と力説した。

これに対してアンドレアス会長は，「この地球上では毎晩8億の人々が空腹を抱えたまま就寝している。これは実に悲しむべき展開である。しかし私は今日の世界のことがよくわかっている人は，栄養失調や空腹に悩まされる人々がいるのは，食糧を燃料に変えているせいではないという事実を理解してくれていると思う。これがディベートとはとてもいえない」といい，加えて「ブラジルには何百万エーカーもの耕作適地がある。この未開発の耕地を農地に変えることは，環境を犠牲にせずとも，可能である。また耕作可能地は65億の世界人口を養うのに十分な面積がある」[17]と強調した。

正直にいえば，筆者はステイリーの考え方に同感である。人々の生命をつなぐ食糧と，食卓を豊かにしてくれる肉類の生産に必要な飼料が，自動車用の代替燃料のエタノールよりも優先順位が低くなることなどあり得ないからである。その意味で，2008年，10年，11年のトウモロコシ価格の高騰は，アメリカのエタノール政策の見直しが必須であることを明示している。

● **穀物農協CHSのエタノール戦略**

最後に，穀物農協のハーベスト・ステーツである。アメリカの穀物輸出の担

い手は，穀物メジャーだけではない。穀物農協もその一翼を担っている。筆者の穀物メジャーの4類型では生産者団体型[18]に分類されている。代表的な農協はCHS Inc.（セネックス・ハーベスト・ステーツ）である。本社はミネソタ州インバーグローブに置かれている。セネックス・ハーベスト・ステーツは1998年に農業用燃料を取り扱うセネックスと穀物農協のハーベスト・ステーツが大同合併して誕生した。

　経済誌『フォーチュン』の「アメリカ大企業上位500社」によると，CHSは2010年に103位へ躍進した[19]。売上高は252億6790万ドル，純利益は5億220万ドルを達成した。リーマンショック前年の07年には145位であった。07年の売上高は172億1600万ドル，純利益は7億5300万ドルであった。CHSの株式はNASDAQ（ナスダック）へ上場され，広く取引されている。

　CHSはセネックスとの合併以前はハーベスト・ステーツという農家が出資する穀物農協であった。ハーベスト・ステーツはエネルギー農協のセネックスと合併し，ナスダックに株式を上場した。CHSは年間300万トン近い小麦とトウモロコシ，それに500万トンを上回る大豆を中国やメキシコへ輸出している。輸出基地はルイジアナ州ミアトルグローブとワシントン州タコマ（これは穀物メジャー，コンチネンタル・グレイン・カンパニーが建設したもので，現在はカーギルとの共同所有の輸出エレベーターである）にある。近年は産地の多角化を進め，ブラジルのサンパウロやアルゼンチンのブエノスアイレスだけでなく，スイスのジュネーブにも支店を開設して，旧ソ連や黒海沿岸地域（ルーマニア，ハンガリー，ウクライナ）からトウモロコシや小麦などを輸出している。

　事業の多角化も進展し，小麦粉製粉，肥料，大豆搾油，ディーゼル油，ガソリン，プロパンガスを販売している。CHSはまた，歴史のあるエタノール製造業者であり販売業者である。エタノール大手のベラサンエナジーに出資し，全米11工場で年間10億ガロンのエタノールを製造している。またエタノール大手U.S.バイオエナジーにも25.6％を出資していた（2010年，CHSはエタノール事業への投資から撤退し，本業へ回帰した）。他方，CHSは石油精製業者でもある。

　アメリカ中西部のコーンベルトは北へ西へと広がり，トウモロコシの生産高が年々増加している。トウモロコシはかつて畜産業者やトウモロコシ加工会社

へ，また輸出市場へ販売されるのがふつうであった。しかし最近は農家の出資するエタノール工場が次々に新設されるようになったため，エタノール工場へ運び込まれるトウモロコシの割合が増えている。

CHSを率いるジョン・ジョンソンCEO（2011年6月退任）は「エタノール・ブームはいずれ落ち着きを取り戻すだろうが，需要は伸び続ける」と予想している。彼は「われわれは農家のために事業を行う。われわれは株主の存在を意識しなければならない会社とは違う」と穀物農協と株主企業（おそらくADMが念頭にある）との違いを強調する。

ジョンソンCEOはブッシュ大統領が打ち上げた2017年に350億ガロンの更新可能燃料と代替燃料を使用するという提案を見て，「素直に申し上げて，使用義務量と長期計画を見て相当驚いている」という。ジョンソンは「アメリカ政府は国内のエネルギー生産者と消費者の双方が，バイオ燃料を受け入れてくれるように説得すべきである」として，「われわれは使用義務量がエネルギー供給の独立を保障する明確な手段とはならないことを理解している。そこには経済原則が貫かれなければならない（補助金をつけて価格競争力を持たせるようなやり方は邪道であるという意味である）」と主張している。

ジョンソンは，「われわれの目標は過度に野心的で大き過ぎたり，目標の達成を急ぎ過ぎたり，過剰生産能力がエタノール産業の経済的均衡を乱したり，あるいは他の問題に対処しないうちに，別の問題が発生することを警戒しなければならない」[20]と主張し，エタノール計画の実施は拙速であってはならないと戒めている。

他方，「エタノールの使用義務量を決めてしまいかねない目標を支持するより，われわれの考える最善の戦略は全米で販売されるガソリンのすべてに10%のエタノール混合を義務付けることにし，E-85を使用できる者にはE-85を選ぶ権利を与える。これに加えて，州政府が必要とする場合には，エタノールの混合比率を20%まで増やすことが認められる」[21]ことを提案している。

CHSのようなエタノール事業の拡大に熱心な穀物農協も，エタノール政策によってトウモロコシ需給が逼迫し，高価格が食糧インフレの引き金を引くようなことが起これば，消費者の反発を買うこと，またエタノール向けトウモロ

コシの需要急増が，飼料と食糧の需要にシワ寄せされることは避けるべきであると考えていたようだ。

2. トウモロコシが不作に終わった理由

　2010年のトウモロコシの作付けは，温暖な気温も手伝って史上最高のペースで進んだ。4月11日，ミネソタ州セントポールの最高気温は摂氏23度であった。4月にこの気温は異常に高い。同日，東京ではみぞれが降った。最高気温は摂氏7度であった。季節外れの温かさに後押しされたアメリカのコーンベルト（トウモロコシ地帯）の農家は，例年より早く4月半ばから作付けを開始した。5月半ばに作付けが終了したとき，市場関係者が豊作を確信したのも無理はなかった。6月も7月も天候は順調であった。これを受けて米国農務省の需給予測も豊作型で推移した。

　しかし9月に入って様子が変わった。予想単収が減少に転じたのである。それでも単収が160.00ブッシェルを上回っている間は増産の期待が持てた。10月に入るやいなや，米国農務省は単収を162.5ブッシェルから155.8ブッシェルへ引き下げた。生産高は9月予測の131億6000万ブッシェルから126億6400万ブッシェルへと，5億ブッシェルも減少した。

　発表の翌日，筆者はミネソタへ出発した。だが出発前に米国農務省へ質問状を送ることを忘れなかった。質問の要点は二つあった。第1に，作柄（クロップのレーティング）がほとんど変化していないのに，単収がこれほど悪くなった理由は何か，クロップのレーティングと単収の間に密接な関係はないのか。第2に，在庫がこれだけ減少すれば価格は当然高騰する。アメリカの大学で使う経済学の教科書には，「価格の上昇は需要を抑制する」と書いてあるはずだが，いつから「価格の上昇は需要を作り出す」に書き直されたのか。書き直されていないとすれば，喜ぶのは投資家だけである。アメリカの消費者も輸入国の消費者も，どちらも困惑する。米国農務省の需給予測は世界で最も公平で信頼性が高いと考えられているが，今回の発表は投資家を喜ばせただけに終わったのではないか。

　需給予測の発表後，トウモロコシ産地を視察してから東京へ戻った私に，米

国農務省から返事が届いていた。その返事には「8月後半に降った雨のため，土中からの窒素の吸収が妨げられた。その結果，トウモロコシは十分に発育することができなくなった。9月に実地調査を行い，畑からトウモロコシ（の穂）を採集して，1エーカー当たりの穂数，および平均穂重を計測した。計測結果を（単収予測モデルへ）当てはめたところ，この単収が導き出された」との説明であった。

この返答に対して，「雨で窒素の吸い上げが悪くなったという説明はわかる。だがブラジルのトウモロコシ生産地では成育期にアメリカのコーンベルトの2倍の降雨がある。にもかかわらず窒素の吸い上げが悪くなり，単収が低下したという話は聞かない。降水量が多いと本当に成長は阻害されるのか」と折り返し質問した。この質問に対する回答は得られなかった。だが筆者は米国農務省の二人の担当者が誠意ある解答を示してくれたことに感謝する。また外部の関係者に対する迅速な対応も高く評価したい。

さて，穂重低下の原因として考えられる理由は，①成育初期の多雨による窒素流失，②成育後期の多雨，③成育後期の旱魃，④夜間の気温が高く植物の勢いが衰えるヒートストレス（高温障害），⑤成育後期の病害，である。

つまり2010年の単収低下の原因の一部は，前の年に用意されていたことになる。

前年の2009年は秋になって大雨が降り，収穫作業が妨げられた。11月の終わりには雪が降り，12月15日になっても8％の畑が収穫未了のまま残された（平年なら11月初めには収穫は終了する）。じとじとと湿った畑で収穫作業を強行したため，畑の土壌は（コンバインで）踏みしめられ，固くなった。このような土壌の圧縮と硬化が，10年に栽培されたトウモロコシの根系の発育を阻害したのである。日照や降雨に恵まれても，根から必要な栄養成分を吸い上げることができなければ，単収は低下する。いかにGM（遺伝子組み換え）種子といえども，単収を向上させることは至難である。米国農務省が2010年8月から11年1月まで，生産高予測を毎月大幅に引き下げたのは，これが理由であった（参考のために付け加えると，12月の需給予測では，生産サイドの数字は11月発表が踏襲される。このため生産高は11月と同じになり，1月の発表をもって前年の最終生産高が確定す

る)。

　2010年，ミネソタ州では10月に素晴らしい秋晴れが3週間も続き，史上最速で収穫作業が終了した。このことを，後日，当地の農家に確認できた。出来秋の高値と秋晴れに恵まれた農家には，盆と正月が一緒に来たようなものであった。そのうえ，中国向けに150万トン以上のトウモロコシの輸出が成約され，供給はさらに逼迫することが予想された。

3. 価格と在庫率は逆相関の関係にある

　米国農務省の需給予測によると，2010/11年度のトウモロコシの在庫と在庫率，生産高と単収は以下の通りであった。これに需給予測発表当日の定期価格（期近，終値）を付け加えたのが，次の表である。この表を見ると，トウモロコシの在庫率と価格が反比例の関係にある[22]ことは明らかである。

　トウモロコシの単収と生産高は，8月発表では，エーカー当たり165.0ブッシェル，133億6500万ブッシェル，11月発表では154.8ブッシェル，生産高は125億4000万ブッシェルとなった。3カ月の間に単収が10.2ブッシェル，生産高が8億2500万ブッシェルも引き下げられたのである。注目される在庫率は8月発表が9.7％，11月発表が6.2％で，3.5％も減少した。これでは発表当日の終値が8月の4.06ドルから，11月の5.7625ドルへ急上昇するのも無理はない。

　他方，大豆の在庫率と価格にもトウモロコシと似通った傾向を見て取ることができる。米国農務省の発表によると，大豆の在庫率は9月発表では10.6％と10％を上回っていた。ところが11月発表では1桁の5.5％へ減少した。単収が9月の44.7ブッシェルから43.9ブッシェルへ引き下げられた。生産高は34億8300万ブッシェルから33億7500万ブッシェルへ，1億800万ブッシェル下方修正された。在庫率が急減したため，大豆も値上がりした。

　トウモロコシと大豆は，米国中西部で出来秋の収穫が終了する11月から，翌年の収穫が開始される10月まで，1年をかけて消費される。これまでの経験によれば，11月から3月末（4月10日くらいにはミシシッピ川上流域までハシケが自由に航行できるようになる）までは，需給相場期といわれる需要主導の相場展開

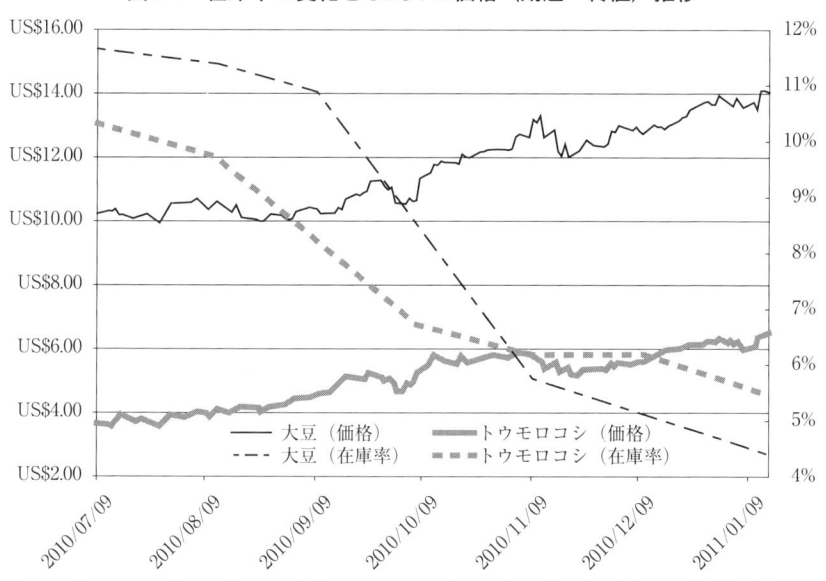

図1-1：在庫率の変化とCBOTの価格（期近・終値）推移

出所）在庫率はWASDE，価格は日本経済新聞2011年1月13日（夕刊）を資料として筆者が作成した。

になるのがふつうである。北米で雪の降る時期に越冬需要が増大するからである。4月末から5月末までは，トウモロコシと大豆作付けの最盛期である。6月から8月までが天候相場期と呼ばれる天候主導の相場展開になる時期である。この3カ月間の降水量が，トウモロコシと大豆の生産高を大きく左右する。とくに7月の降水量はトウモロコシの授粉期に，8月は大豆の開花期に当たるため，天水によって潤沢な水分が補給されることが望ましい。4月と5月は需給相場期から天候相場期への移行期（transition period），9月と10月は需給相場期への移行期となる。これが穀物市場の季節的変動である。

2010年，米国農務省は10月，11月の需給予測で，トウモロコシの生産高予測を引き下げた。トウモロコシ相場の地合いは8月までの豊作型から，不作型へと一気に暗転した。

10月初め，筆者はミネソタ州セントポールにいた。収穫期の産地の天候と作物の作柄を自分の目で確かめるためであった。10月10日午後，ブルームバ

ーグのテレビ・ニュースで目にしたのは,「商品熱狂,盛り上がる農産物関連商品への関心」というヘッドラインであった。筆者は商品市場の熱狂ぶりが,常軌を逸しているように思えてならなかった。穀物だけでなく,砂糖もコーヒーも綿花も軒並み値上がりしていた。ドル安もここに極まれりというのが,筆者の正直な感想であった。

2011年1月12日の発表(これが確定生産高となる)で,大豆の単収が43.5ブッシェルへ引き下げられた。生産高は33億2900万ブッシェルへ減少し,在庫が1億4000万ブッシェル,在庫率が4.2%へ低下した。このときはラニーニャの影響からアルゼンチンが旱魃に襲われて,減産懸念が高まった。大豆価格は久方ぶりに14.00ドルを突破したのである。

近年,南米では大豆の増産が目覚ましい。その生産高は1999/2000年度が6015万トン,05/06年度は1億396万トンと,着実に増えている。ブラジル,アルゼンチン,パラグアイ3カ国の大豆生産高は,02/03年度以降,アメリカの生産高を上回っている。このため南米の大豆が開花,着莢期を迎える1月,2月の降水量が大豆価格に影響を与える度合いは年々大きくなってきた。それでも大輸出国のアメリカの在庫率が低下すれば価格は上昇する。なぜなのか。大豆市場もアメリカの在庫率の低下に敏感に反応するからである。

4. 主要穀物の作付面積の変化

穀物市場は期末在庫や在庫率の低下に敏感に反応する。それにどのような形で反応するのか。翌年度の作付面積の増加と減少による。というのは農家は利益を極大化するため,収入の多い作物を優先して作付けするからである。利益の上がらない作物の作付けは,後回しにされる。

ここで思い出したいのが,市場メカニズムである。その意味は,市場で自由な競争が行われているときは,需要と供給の働き(相互作用)によって財やサービスの価格が決まり,その価格に応じて社会全体の生産や消費が調整されることである。市場メカニズムの下では,有限な資源を用いて何を,どれだけ,どのように生産するかということが,価格を媒介にして決定されていく。とくに農産物については市場メカニズムがよく働く。

穀物農家の収入は基本的に生産高に価格を掛けたものと考えてよい。生産高はもちろん作付面積とイールド（単位面積当たり収量）によって決まり，そのイールドは降水量と積算温度に左右される。このため農家の関心事は成育期間中の天候と出来秋の価格に絞られる。他方，支出は肥料，農薬，種子，農機具，燃料，労務費，地代，保管料などの項目に分かれる。最近，アメリカの農家の頭痛の種になっているのが，作物の収益に直接影響する肥料と燃料の値上がりである。とくに燃料の高騰は秋収穫されたばかりのトウモロコシを乾燥させる乾燥コストを押し上げる。乾燥コストを引き下げる有効な方法は，トウモロコシを畑で長期間自然乾燥させることである。

　アメリカの農家はふつう収穫作業の終わった11月くらいから翌年のおおその作付計画を立てる。そのとき目安にするのが「大豆・トウモロコシ比価」である。これは翌年の新穀限月（大豆は11月，トウモロコシは12月）の定期（先物）価格に着目し，大豆の価格を単純にトウモロコシの価格で割った比率である。これは2.5を中間値として，2.0に近づけばトウモロコシを作付けするほうが採算がよくなり，3.0に近づけば大豆を作付けするほうが採算がよくなるという，伝統的に使われる尺度である。

　この尺度を用いて作付計画を決めたら，種子会社に種子を注文する。12月中に種子を購入すれば種子代が割引になるからである。もしも購入した種子を使いきれずに余らせてしまったら，農家はどうするのか。その答えは，「そのまま翌年まで倉庫で保管し，翌年の作付けに使う」である。種子にとっては発芽率が重要（ふつう96％が保証されている）だが，1年余計に保管しても，発芽率はそれほど低下しない。

　米国農務省は毎年3月31日に，作付意向面積を発表する。これは3月初めに全米7万8000戸の農家にアンケート用紙を配布して，それに記入してもらう。その後アンケート用紙を回収し，統計上の処理を加えて，意向面積として発表する。ところが中西部の穀倉地帯でトウモロコシの作付けが本格化するのは4月25日〜5月10日。大豆が作付けされるのは5月5日〜25日である。つまりトウモロコシも大豆の種子も意向面積の発表後，1カ月近く経ってから作付けされる。その間に現物や定期の価格がどう変化するか，あるいは作付け時

の天候がどうなるかは神ならぬ身の農家には予想できない。そこで価格や天候を見ながら，現実的な対応を考えていく。毎年3月31日に発表される意向面積と，実際の作付面積が違うのは自然なことである。もちろん偶然に一致することも起こり得る。

　米国農務省が毎年6月30日に発表する作付面積を調べてみると，1980/81年度はトウモロコシが8400万エーカー，大豆が7000万エーカー，小麦が8060万エーカー，主要穀物3種の作付面積は合計で2億3460万エーカーであった。80年に世界経済はどんな状況下に置かれていたのか。前年（79年）にイランでイスラム革命が起こり，宗教指導者であるアヤトラ・ルーホッラー・ホメイニが政権を掌握した。これが第2次石油ショックを誘発したため原油が急騰。世界経済はハイパー・インフレの波に飲み込まれた。

　それが1980年代初めに第2次世界大戦後最悪の農業不況と価格低迷を経験した後の90/91年度には，トウモロコシが7420万エーカー，大豆が5780万エーカー，小麦が7720万エーカー，計2万920万エーカーとなった。10年間で2540万エーカーも減少した。

　2000/01年度には穀物価格は依然低迷から抜け出していなかった。とくに大豆は南米の増産によって価格が圧迫され，01年4月24日にはブッシェル当たり4.22ドルへ落ち込んでしまった。それにもかかわらず，トウモロコシは7960万エーカー，大豆は7430万エーカー，小麦は6260万エーカーが作付けされた。主要穀物の作付面積は合計して2億1650万エーカーであった。

　それから10年後の2010/11年度の作付面積はトウモロコシが8820万エーカー，大豆が7660万エーカー，小麦が5360万エーカー，主要3穀物計では2億1840万エーカーであった。このとき市場が注目していたのは，エタノールの消費拡大と，中国の大豆輸入の急増であった。

　2006年から導入されたエタノール政策の需要創出効果は目覚ましかった。トウモロコシ需要は一気に拡大したが，その勢いは10/11年度に入っても衰えなかった。06年，07年のエタノール・ブームはピークを過ぎたものの，エタノール向けトウモロコシの需要は50億2100万ブッシェルに達した。1ブッシェルのトウモロコシからは2.75ガロンのエタノールが抽出されるから，50億

第1章　穀物市場の新たな潮流　　49

2100ブッシェルのトウモロコシからは138億ガロンのエタノールが製造されたことになる。エタノール計画の下では，138億ガロンは2013年暦年の最低使用義務量（RFS＝更新可能燃料基準）と同じである。この年（10年秋収穫）のトウモロコシの最終生産高は124億4700万ブッシェルであったから，生産高の40.3%がエタノールに変えられたのである。

アメリカの作付面積の変化から明らかになることは，①小麦の作付面積が年々減少している，②これとは逆に，トウモロコシの作付面積は増加している（2007/08年度には1944年以来64年ぶりに9000万エーカーを上回った。11/12年度にも9000万エーカーを超えた），③大豆の作付面積が97/98年度から7000万エーカー台へ回復し，その後ずっと右肩上がりに拡大している，ことである。

アメリカの③のような大豆作付面積拡大の背後には，中国の需要増大が見え隠れしている。それならアメリカは増加した作付面積をどこから持ってきたのか。主に綿花とコウリャンの畑からの転作によったのである。収入の多い作物から優先的に作付けする農家の行動原理が明らかになる数字である。

第3節
市場メカニズムによる需給調整

1. 金融市場からあふれ出す余剰ドル

米ドルは第2次世界大戦中に世界の基軸通貨となった。ドルの代わりに基軸通貨の役割を果たせる通貨が存在しなかったからである。ということは，世界の主要商品の価格はたいていドル建てで表示されており，ドルで取引されるということである。主要商品の代表的なものが石油であり，金であり，穀物である。とくに原油はドル建てで取引されてきた。原油がドルで決済される限り，アメリカ以外の原油輸入国は，ドルを調達して輸入代金を支払わなければならない。ドルを獲得するには商品やサービスの輸出を増やすか（外国人旅行客が日本でお金を使うことも，これに入る），直接投資に出るかのどちらかの方法をとるこ

とができる。

　注意しなければならないのは，アメリカ自体の中東産原油に対する依存度は，石油消費量の20％にも満たないことである。天然ガス，石炭，原子力，水力を含めた1次エネルギー消費に占める比率は5％にもならない。その少ない中東原油の大半は，サウジアラビアがアメリカ市場での存在感を誇示するために，意図的に，値引き販売を行った結果なのである。このような政治的背景がなければ，アメリカの1次エネルギー市場における中東原油のシェアはおそらく2％程度がいいところだろう。この程度なら，あってもなくても差し支えない量といえる。

　原油は典型的な国際商品であり，世界は単一の市場になっている。アメリカの中東依存度は低いものの，中東地域で一朝事あれば石油市場は混乱の中に投げ込まれ，中東原油に依存しているアジア諸国と同じように，アメリカ経済も大きな打撃を受ける。市場が単一であるから，中東の原油が急騰すれば，原油市場では次々に玉突き現象が起こる。すなわち米国産原油，中南米産原油（アメリカの最大の輸入先），カナダ産原油がただちに値上がりする。そしてアメリカの消費者，ヨーロッパや日本の消費者は，すべて同じように痛い目に遭う。アメリカは冷戦終結後の唯一の超大国として，国際石油市場が正常に機能するよう，中東地域に政治的にも軍事的にもコミットせざるを得なかったといえる。

　かりに中東の産油国が暴落するドルに愛想を尽かし，石油代金をドル以外の通貨で支払うことを要求したらどうなるか。アメリカは為替市場でドルを売り，必要な外貨を手に入れて代金を支払わなければならなくなる。すなわちドルは暴落する。

　ニューヨーク市立大学の霍見芳浩教授はその政治的背景について，夕刊紙『日刊ゲンダイ』（2003年3月13日）のコラムで以下のように説明している。その要点は，ブッシュ（小）大統領のイラク侵略の真意はイラクの石油制圧と植民地化にあるとしたうえで，「昨年（02年）末から『ユーロ高・米ドル安』へ世界経済と金融の土台が動き，第2次世界大戦終了以来の米ドル支配体制が崩れ始めている。ブッシュ帝国によるイラク占領後はイランもサウジアラビアも，そしてノルウェーとロシアの産油国も，それまでの米ドル建ての石油価格をユ

ーロ建てにシフトする。これで米ドル安となり，米国はインフレ基調へ動くと同時に内外の資本はユーロ圏に逃げる。中国や台湾を含めて日本以外の賢い国々は米ドル建ての外貨準備からユーロ建てへ移り，米ドル安は加速される。大損するのはブッシュと米ドルにしがみつき続ける小泉日本（当時）だけ」ということである。

原油がドル離れを起こせば，影響はその他の国際商品へ波及し，原油以外の商品のドル離れが加速する。その結果，ドルは交換や価値保蔵の手段として信頼感を失う。もちろん財やサービスの国際取引の決済手段として使いにくくなる。このような事態を回避しようとすれば，米国政府はドル相場を下落させるような財政赤字の累積を慎まなければならない。

他方で，アメリカは世界最大の穀物輸出国であると同時に，最終的な供給者である。本来なら，輸入国にとってドル安は歓迎すべきことである。なぜなら為替の対ドル・レートが下落すれば，輸入国は同じ金額を支払って，より多くの穀物を輸入できるからである。これに加えて，年々生み出される財やサービスに対し，それに見合うドルが供給される限り，インフレは起こらない。しかし，財やサービスを上回るドルが供給されれば，ドルは下落しインフレが起こる。ドルの供給過剰が「過剰流動性インフレ」を生むのである。

いま海外の新興国市場で穀物需要が増大し，それが引き金となって穀物価格が法外な水準へ値上がりすることは，アメリカの富裕階級に属する人々にとって受け入れがたい現実である。また為替レートがドル安の方向に振れて，ドル資産が目減りするのもこれまた癪にさわる。かくなるうえは，失われる以上にドル資産を増やして当面の目減りを防ぐことである。ここに富裕階級の人々が投資に打って出る動機が生まれる。彼らが資産価値の目減りに歯止めをかけようとして利用するいくつかの選択肢の一つが投資ファンドだからである。

2. 商品価格の全般的な上昇

冒頭でも述べたように，2008年2月から7月までの商品価格の高騰（これはリーマンショックによって暴落の憂き目を見た）と10年12月から11年4月までの商品価格の全般的高騰の一因は投機資金，なかんずくヘッジファンド，コモディ

ティ・ファンド，商品インデックス・ファンドの商品市場への流入にある。

　2008年前半に投機資金の動きが活発になった理由の一つはドル安とドル過剰であり，10年末から11年初めにかけて商品市場に大量の投機資金が流れ込んだ原因の一つは，実質ゼロという低金利にあったはずである。08年4月には1ユーロ＝1.6ドルまでドル安が進んだが，これが原油価格を未曾有の水準へ押し上げる一因となった。原油の供給過剰が明らかになっていたにもかかわらずである。それだけではない。異例の低金利が投機資金をしてリスクをとりやすくさせた。つまり08年5月から7月にかけて，原油価格は需給実態を反映せず，市場心理に突き動かされ急騰を演じていたことになる。これと対照的に，10年後半から始まった価格高騰の特徴は，08年の高騰場面で出遅れが目立った商品がそれを先導したことにある。

　2008年6月27日（トウモロコシが史上最高値を付けた日）の穀物以外の商品の価格はニューヨーク原油先物が140.21ドル，金が929.30ドル，綿花が73.41セント（0.7341ドル），砂糖が0.1138ドル，コーヒーは1.5015ドルであった。もちろん価格高騰の背景には，翌28日の『日本経済新聞』の記事の伝えるように，「27日の米株式相場は続落し，ダウ工業株30種平均は前日比106ドル91セント安の1万1346ドル51セントと，2006年9月以来の安値で取引を終えた。1週間の下落幅は4.2％に当たる495ドルに達した。原油先物相場が過去最高値を更新（一時142.99ドル）し，企業収益が悪化するとの見方が広がった」ことがある。その一方で，「株売りを受けて安全資産である債券に，資金が集まり債券相場は続伸した」のであった。

　2008年に穀物価格が高騰した局面で注目されたのが商品指数ファンドの積極的な買いであった。商品指数ファンドとは金，原油，穀物など複数の先物価格を数値化した総合指数を売買する機関投資家である。

　伝統的な投資ポートフォリオ理論では，資金のおよそ90％は株式と債券で運用する。残りの10％を株式や債券との相関性の低い，独立した価格変動をする商品を組み込んで運用する。こうすればリスクとリターンのバランスが改善し，投資パフォーマンスが向上する。『週刊エコノミスト』（臨時増刊2008年8月11日号）によれば，「商品指数投資の残高は04年には180億ドルであったが，

4年後の今年，08年3月時点で2600億ドルにまで増加している。とくに今年第1四半期だけで550億ドルも急増したと見られる」という。

米国商品先物取引委員会（CFTC）が2008年9月11日，米国議会へ提出した報告によると，原油や穀物の定期に分散投資する商品指数ファンドの残高は6月末時点で2000億ドル。うち1610億ドルが商品先物取引委員会の管轄下にある米国商品に関する取引である。年金基金などの機関投資家がその42％を保有している。

なお商品指数ファンドについては，米国上院の超党派の小委員会が1年間にわたる調査を行い，議長であるカール・レビンは247ページに及ぶ報告書をまとめ，それを公表した。報告書によると，「2008年半ばまでに商品インデックス・ファンドが20万枚以上の小麦の先物契約を買い漁り，昨年の空前の暴騰に油を注いだため，結局，業界と消費者の双方が高いコストを支払った」ことが明らかにされた。この報告書ではシカゴ商品取引所における大量の小麦（先物）の購入が先物価格を押し上げ，これが先物価格と現物価格の収斂を妨げ，農家と穀物業界と消費者に対するコストを上昇させたことが確認されている。

レビンは「商品指数ファンドはロング・ポジション（先物の買い持ち）をとってそれを長期間持ち続けるが，彼らは2006年以降，シカゴ商品取引所の35％から50％の未決済の小麦先物契約を保有していた」ことも明らかにした。さらにレビンは「CFTCは今こそ方針を変更し，商品指数ファンドを牽制し，商品価格を混乱に陥れる過大な投資を取り締まるべきである」と提言した[23]。

2008年9月15日のリーマンショック後，商品価格は年末まで暴落した。09年3月半ばから商品価格もようやく出直り，そこから長期の上昇トレンドをたどり始めた。その典型がシカゴのトウモロコシ定期であった。10年は春先の高温に後押しされ，史上最速のペースで作付けが進んだ。当初は成育も順調で豊作は間違いなしと予想された。しかし生産見通しは8月をピークに減少に転じた。

2010年9月に米国農務省が生産見通しを大幅に引き下げると，折からのドル安も手伝って，穀物価格が高騰した。シカゴのトウモロコシ先物の出来高は10月11日に57万38枚，11月9日には76万2387枚となり，過去最高を更新し

た（それまでの記録は2008年6月12日の51万6076枚であった）。そして10年11月10日には，トウモロコシは5.6675ドル，大豆は13.0950ドル，小麦は7.10ドルへ値上がりした。これに対して，原油は87.71ドル，金は1399.10ドル，綿花は145.65セント（1.4565ドル），砂糖は0.3281ドル，コーヒーは2.1225ドルへ上昇した。つまり2年5ヵ月の間に原油価格は38％下落したものの，金は50.5％の値上がり，綿花は98.4％で2倍近く急伸，砂糖は288％でほぼ3倍へ，コーヒーは41.4％も上昇したのである。

　2011年4月21日の『日本経済新聞』はヘッジファンドの運用資産が過去最高の2兆ドルを超えたことを伝えている。その記事の内容をかい摘んでいうと，「世界のヘッジファンドの運用資産が3月末，2兆199億ドル（約166兆円）と1年前より約21％増え，初めて2兆ドルの大台に乗せたことが分かった。米リーマンショック前に記録した08年6月末（1兆9314億ドル）を上回り，過去最高を更新。米金融緩和で低金利が続く中，運用利回りの確保を狙う資金が積極的に株式や商品相場を押し上げており，マネーの膨張が鮮明になってきた」のである。

　これに加えて，「2008年9月のリーマンショック直後には金融市場を信用不安が襲い，ヘッジファンドにも機関投資家の解約が相次いでファンドの運用残高は09年3月末に1兆3316億ドルまで急減した。だが，その後は運用成績の向上やファンドの透明性の高まりなどで，機関投資家のマネーが再び流入。今年3月末の運用残高は当時よりも約5割増えた。ファンドに資金を振り向けているのは，年金基金をはじめとする米欧の機関投資家である。米国では超低金利政策が続き，長期金利は3％台半ばで推移していた。一般的に目標利回りが8％前後の年金基金や大学の財団が，高い利回りが安定して見込めるとしてファンドへの投資配分を増やしている」とし，「米国の景気の回復への期待などから，ファンド勢は株式や商品の買いの比率を高めに保っているとの見方が多い」と述べている。

　日本経済新聞（2011年4月26日，夕刊）は別の記事で，ドルの対主要通貨の実効為替レートが，08年3月の安値を下回り変動相場制導入以来の歴史的な安値を付けたことを取り上げている。その要点を摘記すると，「25日公表のFRB

（米連邦準備理事会）の指数（1973年3月＝100）は21日時点で69.03と08年3月の安値（69.28）を下回った。対ユーロや対英ポンドで1年4～5カ月ぶり，対カナダドルでは3年5カ月ぶりと幅広い通貨に対し記録的な安値にあるのが響いた」という。

ドル安の主因はFRBと他の中央銀行との政策スタンスの違いであるとされ，「FRBは6月末の量的緩和策終了後も当面は低金利を続けるとの見方が多い。一方，欧州中央銀行（ECB）はインフレを懸念し今月7日に2年9カ月ぶりの利上げを決め，英国も利上げ観測がくすぶる。ブラジル，韓国，インドなども利上げを続けており，ドル売り・高金利通貨買いの動きが加速」している。

ドル安は輸出増加を通じて，「米経済回復の一助となってきた。ただ原油などの国際商品はドル建てで取引されており，ドル安が進めば他（国）の通貨を持つ投資家から見た価格は割安になる。これが商品市場への資金の流入を促しているとの指摘もあり，ドル安を通じた世界的なインフレ圧力の高まりが，回復基調にある世界経済の安定を揺るがすという懸念が台頭している」と解説している。

このような記事の中で注目されるのは，「食料高に揺れる世界」という，日本経済新聞2011年5月2日の解説記事である。その中で，「世界的な投資家ジョージ・ソロス氏が『変動幅の拡大は，商品先物が機関投資家の投資対象資産になった結果』だと断じている。ここ10年足らずの間に，商品定期市場はヘッジファンドや年金などの巨額の資金の流入・流出に左右される金融市場の一部になった。金相場の動きには独自性があるが，原油，穀物，金属など個々に需給状況が異なるはずの商品の値動きが似てくる傾向も強まっている。商品指数連動型の投資の拡大によって連関しやすくなったと考えられる」という観察が語られている。これは議論の余地のない卓見である。

ただ筆者の見方はいくらか違う。ドルに対する信頼が失われる局面では，金が値上がりする。これに対して，世界的なインフレ懸念が浮上するような場面では，原油も金も同時に値上がりする。その根底には1967年から深刻になり始めた40年余りに及ぶドル凋落の歴史が潜んでいる。

金が他の商品から離れて独立した動きをしているように見える理由を，筆者

はインフレに対する恐怖心のゆえであると考えている。ファンド筋はおそらくドルと金の価格が逆相関の関係にあることを前提にして投資戦略を立案し、一般投資家がドル安の結果もたらされるインフレに対して恐怖心にも似た警戒心を抱いていることを承知したうえで、中東や北アフリカ諸国をめぐる政治情勢の緊迫など投資家の不安心理に抜け目なく付け込んでくる。ファンドは単に一般投資家と富裕階級の不安心理に相乗りしているのである。

儲かりさえすれば投資対象は何でもよいという道徳なき醜悪な金融業界は、「金融資本が支配する社会における資本主義の本質は、資本中心主義であり、資本の自己増殖本能を満たすために経済が存在する」[24]という原則に支配されている。したがって、金融資本の目的は、突き詰めていえば、「純粋に金融収益を上げること、安く買って高く売って儲けること、金が金を生み出すこと」[25]にほかならない。

サブプライム住宅ローン・バブルが破裂した結果、アメリカ金融機関、アメリカ経済、米ドル、それにアメリカ自体への不信感が、遼原の火のごとく広がった。アメリカ発の金融恐慌であった。金融恐慌がドルの暴落をもたらしたため、海外（アメリカ）以外の投資家はドル建て資産の圧縮に動いた。これがドルの価値の下落に追い打ちをかけたのである。

金融資産が信頼できないようになれば、ファンド筋の頼りになるのは、現物の裏付けのある商品である。このためファンド筋は原油、金、穀物、その他の金属や商品へ持てる資金を振り向けた。その結果、商品が異常に高騰し、これが商品市場へのさらなる資金流入を促した。原油も穀物も格好の投資対象に変わった。それ以来、原油と穀物は同時に値上がりすることが多くなった。とくにニューヨーク原油先物市場で取引されている油種WTIの投機的性格が強まり、これが実需家のニューヨーク原油離れを加速した。実需家は投機色の強いWTIを離れ、北海ブレントへ移動している。これこそ北海ブレントがWTIを上回る価格で取引されるようになった理由である。

3. 小麦とトウモロコシの価格逆転

穀物関係者にとって小麦価格（シカゴ定期）がトウモロコシ価格（シカゴ定期）

を下回ることなどめったに経験できるものではない。小麦がトウモロコシより安くなる価格の逆転現象が起こったのは，最近では1996年と2011年の2回だけだからである。それが11年には4月半ばと6月初めの2度にわたって起きた。世界的な生産回復もあって小麦の供給が潤沢であるのに対し，トウモロコシの在庫が極端に逼迫していたからである。15年ぶりの逆転劇であった。

　2011年6月10日，米国農務省が月例の需給予測を発表した翌日，トウモロコシ（7月）は立ち会い中一時7.9975ドルを付け，7.855ドルで取引を終了した。小麦は同様に7.495ドルまで値上がりし，7.45ドルで取引を終えた。トウモロコシは小麦より0.4ドルも高くなって取引を終了した。

　米国農務省の発表によれば，トウモロコシの2010/11年度の期末在庫は7億3000万ブッシェル，在庫率は5.4％であるのに対して，11/12年度の期末在庫は6億9500万ブッシェル，在庫率は5.2％となり，需給逼迫がさらに進む見通しになったからである。他方，小麦の期末在庫は10/11年度が8億900万ブッシェル，在庫率は32.7％。これに対して11/12年度は期末在庫が6億8700万ブッシェル，在庫率は30.0％が維持される。在庫率の差が5.2％と30.0％では，余裕がまったく違う。トウモロコシの在庫率が10％を割り込むと赤信号が点滅し，在庫は綱渡り状態になる。一方，小麦の在庫率は25％を超えると供給潤沢と見なされる。それが30％なら供給過剰である。これが価格逆転の主な理由である。

　また小麦価格の下押し圧力になっているのが世界の小麦需給＝在庫率である。2010/11年度の世界小麦生産は6億4821万トン，輸出は1億2640万トン，期末在庫は1億8712万トン，在庫率は28.4％であった。これに対して11/12年度の小麦生産は6億6434万トン，輸出は1億2759万トン，期末在庫は1億8426万トン，在庫率は27.6％である。

　2011/12年度は欧州連合の主要小麦生産国であるフランスとドイツが旱魃気味の天候になったが，6月早々の降雨で作柄の悪化に歯止めがかかった。旧ソ連も前年のような深刻な旱魃から抜け出して生産が回復した。このため11年7月から小麦輸出を再開した。中国の冬小麦地帯も10年10月から11年2月初めにかけて旱魃になった。けれども2月中旬から雨が降り始め，生産高の落ち

表1-2：米国産小麦需給見通し　　　　（単位：百万ブッシェル）

年　度		04/05	05/06	06/07	07/08	08/09	09/10	10/11	11/12	12/13
作付面積（100万エーカー）		59.7	57.2	57.3	60.5	63.2	59.2	53.6	54.4	56.0
収穫面積（100万エーカー）		50.0	50.1	46.8	51.0	55.7	49.9	47.6	45.7	48.8
イールド（bus/エーカー）		43.2	42.0	38.7	40.2	44.9	44.5	46.3	43.7	45.6
供給	期初在庫	546	540	571	456	306	657	976	862	743
	生　産	2,158	2,103	1,812	2,051	2,499	2,218	2,207	1,999	2,224
	輸　入	71	81	122	113	127	119	97	115	120
	総供給	2,775	2,726	2,505	2,620	2,932	2,993	3,279	2,977	3,087
需要	食　品	910	915	938	948	927	919	926	940	950
	種　子	78	78	82	88	78	69	71	77	73
	飼料・その他	182	160	121	16	255	150	132	169	200
	輸　出	1,066	1,003	908	1,263	1,015	879	1,289	1,048	1,200
	総需要	2,235	2,155	2,049	2,314	2,275	2,018	2,417	2,234	2,423
期末在庫		540	571	456	306	657	976	862	743	664
在庫率（％）		24.2	26.5	22.3	13.2	28.9	48.4	35.7	33.3	27.4

出所）米国農務省，2012年7月11日発表。

込みは少なくて済んだ。

　北米は違っていた。アメリカでは冬小麦地帯が乾燥した天候になった。またアメリカとカナダの春小麦地帯が低温多雨にたたられ作付けがずるずると遅れた。アメリカとカナダでは，2011/12年度の小麦生産は減少する見込みである。それにもかかわらず，在庫率は供給潤沢な25％を上回る。トウモロコシに比べて小麦の価格が安い大きな理由である。

　ちなみに2008年2月27日にシカゴ市場で小麦が12.80ドルという史上最高価格を記録したとき，世界の小麦在庫率は20％を割り込み17.7％へ減少していた。小麦は「世界の主食」であり，世界各地で広く栽培されている。それだけでなく，冬小麦と春小麦の両者が作付けされる。北半球と南半球の小麦産地から3カ月に1度，新穀が出回ってくる。にもかかわらず12ドルを超す高値になった。在庫率の急低下が原因であった。

　穀物の供給逼迫を解消するには，需要を減らすか，供給を増やせばよい。これに対して，供給超過を克服するには，需要を増やすか，供給を減らす。供給が逼迫した場合，最も効果があるのは，価格高騰による需要の抑制である。次

が，生産者に増産を促すこと。価格が高騰して（見込み）利益が増加するようになれば，農家は利益の多い作物の作付けを増やす。作付面積の増加は生産の増加＝供給増加を意味する。それでも供給逼迫が解消しなければ奥の手を使う。それが輸入である。

注

1）拙稿「加速する遺伝子組み換え穀物種子開発競争」『週刊エコノミスト』2010年11月9日。
2）NHK取材班『日本の条件食糧②一粒の種子が世界を変える』日本放送出版協会，1982年，189-190ページ。

　モンサント社はBtコーン以外にも，ニューリーフ・ポテト，Btコットン，ラウンドアップ除草剤を商品化している。ニューリーフ・ポテトは，バイオテクノロジーを用いて，有害なコロラドハムシの被害を受けずに済むように設計されたジャガイモである。このジャガイモが普及すれば，毎年何百万ポンドもの化学物質や廃棄物の製造，輸送，流通，空中散布が不要になる。

　Btコットンは綿花の芽を食べる有害な幼虫を撃退するか殺してしまう。幼虫がBtバクテリアを食べると死んでしまうからだ。Btコットンがあれば，殺虫剤を購入したり散布したりする必要がなくなる。

　ラウンドアップ除草剤は優れた除草剤である。ラウンドアップは穀物を作付けする前に畑に散布すれば，雑草を枯死させるので，畑を耕す必要がなくなる。ラウンドアップは初回に散布した時点で成長している雑草だけを枯死させるが，発芽している「種子」には影響を及ぼさない。ラウンドアップは，土壌中の微生物の働きによって窒素，二酸化炭素，水分といった天然物に分解される。そのうえ，植物には作用するが，動物に対しては無害である。（DIAMONDハーバード・ビジネス・レビュー訳『戦略と経営』ダイヤモンド社，2001年，397-399ページ参照。）

3）滝田洋一『世界金融危機開いたパンドラ』日本経済新聞出版社，2008年，120ページ。

　2008年6月18日に成立した「2008年農業法」にもとづき，エタノール混合ガソリンに対する税優遇措置が，1ガロン当たり0.51ドルから0.45ドルに改められた。また輸入エタノールに対しては1ガロン当たり0.54ドルの関税が引き続き課せられる。

4）『日本経済新聞』2007年10月3日。
5）*Milling and Baking News*, 13 Mar. 2007, p. 42.
6）石井彰・藤和彦『世界を動かす石油戦略』筑摩書房，2003年，11-12ページ。
7）拙著『アメリカの穀物輸出と穀物メジャーの発展〔改訂版〕』中央大学出版部，2009年，185ページ。筆者はその著書の中で穀物商社を，その設立の経緯によって，①伝統商社型，②加工業者型，③生産者団体型，④異業種参入型，の4類型に分類している。
8）*Fortune*, 23 May 2011. Volume 163, Number 7.

9) 拙稿「米国のエタノール政策と穀物メジャーの戦略」『國學院経済学』第57巻第2号，2011年，61ページ。
10) *World Grain*, 1 Dec. 2006, p. 14.
11) *World Grain*, 2 Jan. 2008, p. 12.
12) 拙著，前掲書，185ページ。
13) カーギル・ホームページ，www.cargill.com/ アクセス，2011年8月8日。
14) *Meat and Poultry*, 1 Oct. 2007, p. 36-40. 長時間のインタビュー記事である。その内容は多方面にわたっており，示唆に富む。親会社がMilling and Baking Newsというアメリカの伝統ある製粉・穀物専門誌だからできた，貴重なインタビューである。
15) *Ibid*.
16) *Milling and Baking News*, 9 May, 2006, p. 11.
17) *Ibid.*, p. 12.
18) 拙著，前掲書，185ページ。
19) *Fortune, op. cit.*
20) *Food Business News*, 20 Mar. 2007, p. 2-3.
21) *Ibid.*, p. 3.
22) 東京穀物商品取引所訳『農業リスクマネジメント』2002年，24ページ。『日本経済新聞』2011年11月3日。
23) 拙稿「主要国の穀物輸出規制：コメと小麦の価格関係から考える」『國學院経済学』第58巻第1号，2010年，15-16ページ。
24) 小幡績『すべての経済はバブルに通じる』光文社，2008年，12ページ。
25) 神谷秀樹『強欲資本主義ウォール街の自爆』文藝春秋，2008年，16ページ。

第2章

世界最大の大豆輸入国へ躍進した中国

第1節
中国の工業化と穀物需要の増大

1. 中国の工業化に乗り出した鄧小平

　2010年,中国はGDP（国内総生産）で日本を追い越し,世界第2位の経済大国に躍進した。鄧小平の肝煎りで1978年に工業化に乗り出してから32年後のことである。今や中国は世界経済の主要勢力の一翼を担い,鄧小平の「韜光養晦,有所作為（能力を隠して控えめに振る舞う）」[1]という教訓から脱皮を図らねばならなくなっている。

　中国政府の統計によれば,中国のGDPは10年には5兆8786億ドルとなり,日本の5兆4742ドルを上回った。日本は世界第2位の座を中国に譲り渡したのである。これに対して,アメリカのGDPは14兆6604ドルに達している。中国のGDPは2000年に初めて1兆ドルを突破し,世界7位になった。日本のGDPの約4分の1に迫る勢いであった。同年,中国の貿易総額は4000億ドル台へ乗り,世界7位につけた。経済規模から見れば中国はすでに「主要7カ国」の一員であった。中国元建てで見た中国のGDPは改革・開放政策の始まった1978年の859億4500万元から2009年には33兆5400億元へ92倍に増加した。

　中国経済の目覚ましい発展は,言うまでもなく,鄧小平の改革開放政策の成果である。彼の経済成長路線は二つの改革を基礎にしていた。改革とは生産力の発展を阻害する古い条件,制度を打ち破ることであり,開放とは外資を大胆に導入し,外国の優れた技術,管理の経験を取り入れることである。具体的にいうと,一つは1979年の人民公社の改革であり,他の一つは経済特区の創設であった。

　共産主義体制下の中国では,生産手段はすべて国有化され,労働者はすべて有給となって,「働いても働かなくても36元」[2]と決められていた。この時代には真面目に働く者も,怠けている者も収入は同じだったから,貧富の差はあ

まり大きくなかった。それでは骨身を惜しまず働く者は馬鹿らしくなって働かなくなったから生産性は向上せず，多くの餓死者を出すほどの苦境に陥った。悪平等は不平等よりもっと始末が悪いことに気づいた鄧小平は個人の利己的な利益追求心をうまく活用することに思い至ったのである。しかし共産党体制が根づいてしまった中国では，人民公社を廃止することも企業の私有化を認めることも，鄧小平の実力を持ってしても，決して容易なことではなかった。

　鄧小平はやむを得ずまず安徽省で，次いで自分の生まれ故郷の四川省で農産物の自由市場を作った。農家は政府から割り当てられた数量の農作物を作って供出すれば，それを超える分は自由市場へ持ち込んで市価で販売してもよいことにした。いわゆる責任生産制である。人間通で実務的な性格の鄧小平は，生産を増やすには人々の利己心を生かすほうが有利であることに気がついていた。働けば働くほど収入が増えることがわかると，農家は「耕して天に至る」までになり，たちまち12億の人口を養うに足るだけの食糧を自給できるようになった。

　この実験の成功に気をよくした鄧小平は，外資の力を借りて工業改革に着手した。彼は深圳（シェンチェン），珠海（チュウハイ），汕頭（スワトウ），厦門（アモイ）の4カ所へ経済特区を建設した（経済特区は実は台湾の輸出加工区にヒントを得たものだといわれている）。中国政府は先進国から共産主義国という目で見られているから，当面先進国からの投資に大きな期待はかけられない。また日本はすぐにアメリカのいいなりになってしまうところがある。力を借りるのなら同じ中国人である香港や台湾の実業家たちのほうがよいと考えたのだろう。深圳，珠海という香港に最も近いところと，汕頭，厦門という台湾の人々と言葉の通じる場所に経済特区を設け，工業化の実験にとりかかった。

　鄧小平が改革開放路線を開始してから10年後の1989年6月4日未明「天安門」事件が起こった。いわゆる六・四事件である。改革当初の10年間がもたらした好景気によってインフレが起こり，それに不満を募らせた人民が反政府デモを起こしたのである。たまたま天安門でストライキをしている只中の5月15日，ソ連共産党のゴルバチョフ書記長が中国を訪問していた。鄧小平とゴルバチョフは翌5月16日，人民大会堂で会談した。中ソの関係正常化を確認

するためであった。アメリカを含む各国のマスコミが衛星放送の機材を持ち込んで北京にやって来た。学生たちは天安門広場で抗議のためのハンガー・ストライキに突入し，民主化要求運動は全世界に向けて衛星中継された。

　政治体制の民主化と役人の汚職防止を控え目に要求して，座り込みを続けていた学生たちを，人民解放軍戒厳部隊が戦車と銃器で鎮圧するという，あってはならない事件が起こったのである。学生や市民の死者は1000人以上とも2600人に上るとも伝えられた。香港の中立系新聞『明報』は北京の信頼すべき消息筋の話として，楊尚昆国家主席（党中央軍事委副主席），李鵬首相が決定し，楊国家主席直系の27軍が武力行使を命令，実行したと報じた[3]。天安門事件は「共和国史上最悪の政治風波」[4]といわれる。この武装衝突によって多くの犠牲者を出したため，中国政府は国際世論の総スカンを食い，海外からの経済援助も投資も，一時期，停止された。中国政府は孤立無援の状態に立たされた。

　天安門事件から5カ月が過ぎた1989年11月，鄧小平は「低姿勢で力を養い，時を待ち，なすべきところで力を振るう（韜光養晦，有所作為）」[5]ように訓示した。筆者はこの言葉の真意を，長年「楽観」を座右の銘としてきた鄧小平が，天安門事件後，中国が国際的に孤立している状況を悲観せず，捲土重来を期すことの重要性を強調したものと見ている。

　天安門事件が起こる前年，1988年の消費者物価上昇率は年間で18.5％と，中国史上最高を記録した。8月末には一部の都市では物価の一斉値上げの噂に民衆が狼狽し，建国以来かつてなかった買い占めや銀行取り付け騒ぎが起こっている。

　1988年には，高度成長の自信を背景に「改革深化」の一つとして，価格統制を撤廃し自由化を目指す価格改革の本格的推進も議論されるようになった。国務院の李鵬総理や姚依林副総理たちは，価格改革は時間をかけてゆっくり進めるべきであると慎重な姿勢を崩さなかった。これに対して，鄧小平は「長い痛みより，短い痛みの方がよい」[6]と主張し，一挙に価格改革を断行する積極論を展開した。

　1989年も物価上昇率は17.8％と高止まりした。このような高率のインフレ

に対処するため，中国政府は88年第4四半期から投資を抑制し，金融を引き締め，3年物定期預金に対する物価スライド金利を導入した。その結果，90年の物価上昇率は2.1％と，正常の範囲内に戻った。

　1989年当時，中国の対外貿易の規模はまだ小さく，海外からの対中投資も少なかった。また中国経済全体も世界から重視されてはいなかった。天安門事件以来，中国が心掛けてきたことは，経済発展に邁進すること，外国との不必要な緊張や紛糾に巻き込まれ，その目標達成を妨げられないようにすることであった。北京の中国人民大学国際関係学院の時殷弘教授の名付けた「微笑政策」[7]を実践し，中国は90年代を通じて，アジアの近隣諸国が自国を恐れないように気を配った。そして微笑に加えて，貿易や投資という形で援助を行い，近隣諸国に歓迎されるように行動した。

2．中国への投資再開の呼び水となった「南巡講話」

　鄧小平は嵐が過ぎると気を取り直し，以前にもまして改革開放路線に力を注ぐようになった。彼は1992年1月19日（春節）から，深圳と珠海の経済特区を視察し，両地区が香港に次ぐ発展を遂げたことにいたく満足した。鄧小平は上海に戻ったところで，「中国にあと二つか三つ香港を作ればよい」，「開放政策は百年不変の国策である」，「資本主義を積極的に取り入れればいい」との，いわゆる「南巡講話」[8]を発表し，経済成長の全国的展開に大号令をかけたのである。この大胆な発言をきっかけに，中国の経済発展に世界中が注目するようになり，海外からの投資が再開された。

　　＊2012年2月21日の『日本経済新聞』に「市場主義シフト『南方講話』20年」という北京発の記事が載った。中国の最高実力者，鄧小平が中国南部の都市を回り，市場経済化の大号令をかけた「南方講話」の最終日から数えて20年になる。中国共産党は鄧小平の南方講話を受けて1992年に「社会主義市場経済」を採択。中国経済はこれを機に，年平均10％を超える高成長を実現した。社会主義と市場経済を結びつけた「社会主義市場経済」というスローガンの下で，中国は急速な経済性成長を実現したが，一部に富を独り占めする特権階級を生み出し，貧富の格差拡大を招いたという。

　歴史に「もしも」がないのを承知のうえでいえば，中国が自由市場へ復帰せず，経済特区で工業化の実験も行われず，それに「鳥は鳥籠の中を飛ばせばよ

い」という「経済鳥籠論（計画経済を主として，市場による調節を従とする）」の代わりに，鄧小平の「先富起来」という「先富論」[9]が中国人の間に容れられなければ，中国はおそらく今も貧乏のどん底に喘いでいただろう。おそらく「白い猫でも黒い猫でも鼠を捕る猫はよい猫だ」という有名な諺や「みんなが金持ちになるためなら先に金持ちになる者がいてもいいじゃないか」というスローガンが鄧小平の口から出たのだろうが，この二つのスローガンを見れば鄧小平が鋭い観察者であり，経済の成り立ち方や中国人の行動原理にも精通していることがわかる。

　工業が発達すると農村人口は職を求めて大都市へ移動する。大都市で人々の所得が増えると，近郊の農村は農作物が高く売れるようになって収入が増える。これと同時に，農村では生産性の向上が始まり農家の所得が増加する。それが始まっていないとすれば，大都市の工業化が不十分で，農村からの人口移動が遅れているからである。

　筆者が香港へ駐在した年（1978年），勤務していたコンチネンタル・グレイン・カンパニーはタイ企業のチャロンポカパンと組み，広東省で配合飼料工場を建設する計画を立てた。社名は正大康地といい，年間30万トンの配合飼料を製造するだけでなく，孵化場を造り鶏卵までを一貫生産して香港市場へ供給するという，当時としては野心的な計画であった。81年9月に飼料工場が竣工したときは，広東省の工業化と都市化は押し止めることのできない流れになっていた。このため鶏卵は香港へ供給されるより，省内で消費されるほうがずっと多くなった。経済特区に指定された直後の80年，深圳の人口はわずか4万人に過ぎなかった。それが四半世紀後の2004年には人口700万人を擁する一大工業都市へ発展した。すさまじいまでの発展ぶりであった。

　こうした中，先見の明のある農家の一人が深圳郊外（東莞）に広大な土地を手に入れライチ（楊貴妃の好物だったといわれる果物）の果樹園を造成した。そこで大規模にライチ栽培を行い市内へ販売して財をなしたことも話題になった（このときの新聞記事が手元にないので，その成功談の詳細を記すことができないのが残念である）。

　一国の人口が農業から工業へ移動して農業人口が減少することは，一面で，

世の中が豊かになった証拠だから何ら憂うるに足りない。中国の農業が近代化するためには，むしろ農業人口が自然に減少するように，他の産業の雇用を拡大することが必要である。中国の農業も農地に対して不足気味になった農業労働力を使い，生産性を向上させる方向へと進んでいかなければならない。

　中国の農業就業人口は5億人で，全就業人口7億6075万人に占める割合は65.7％もある。農業に従事する人々の割合が30％になり，20％に低下することは，人々が農業より付加価値の高い分野で働くようになったという意味である。それだけ人々の所得が増え生活が豊かになっている証拠だから，中国にとってむしろ喜ぶべきことである。

　農業を営むには一定の土地が必要である。しかし工業は工場に大勢の人々が集まって，1カ所で生産する。つまり小さい土地で多くの人々を養うことができる。中国の工業化が進んで工場が大勢の人を雇用できるようになれば，それだけ国家は豊かになる。しかしそうなると必ず都会が発展し，農村は衰微する。これは政府で国全体の健全な発展を考える立場に置かれている人には頭の痛いことである。国が豊かになるためには避けて通れないプロセスだが，工業と農業の均衡を保つことは容易ではない。

　中国人には日本人に負けないだけの工業化を成し遂げる能力があることは，香港，台湾，シンガポールですでに実証済みである。大陸の場合は，香港や台湾の実業家たちが直接乗り込んで，自らが現に香港や台湾でやっていることを，支店や別工場を作るように再現しているだけだから，行政官庁の非能率によって遅延することはあっても，失敗することはほとんどなくなっている。人件費の安いところで，勝手知ったる生産事業のコスト削減をするのだから，ドルが値下がりしてもそれを上回る業績を上げられるように機動的に対処することができる。その結果，対米貿易収支は急速に黒字化が進む。こういう経路をたどることには疑いをさしはさむ余地はない。

　＊このような現実を理解する一助として，「ルイスの転換点」が注目されるようになった。「ルイスの転換点」というのはノーベル経済学賞を受賞した英国の経済学者アーサー・ルイスが提唱した開発経済の理論で，「発展途上国が工業化していく過程で，工業部門は農村の余剰労働力を吸収して成長を遂げる。やがて農村の余剰労働力が底をつけば，工業部門の労働力は逼迫し賃金は上昇する」という考え方である。ルイスの転換点は貧

困から抜け出す節目とされる[10]。

3. 中国の経済成長と鉄鋼の生産高

2011年4月，IMF（国際通貨基金）は「中国経済は2016年（5年後）にはアメリカを抜いて世界一の経済大国になる」との予測を明らかにした。この予測はIMFが為替変動と購買力平価を考慮して分析した結果であるという。中国のGDPは11年には11兆2000億ドルになると推定され，16年には19兆ドルへ増加することが見込まれている。そして中国が世界全体のGDPに占める割合は18%に上昇すると予測している。

これに対して，アメリカ経済のGDPは2011年には15兆2000億ドル，16年には18兆8000億ドルに増加するが，世界のGDPに占める割合は17.7%にとどまるという。中国経済が世界首位になるのは早まるという見方と，遅れるという見方に分かれるが，「アメリカを追い抜くのは間違いない」という点ではアナリストの意見は一致している。

中国の工業化の進展を測る尺度として，比較経営史の学徒であった筆者は，鉄鋼（粗鋼）の生産量に注目している。なぜなら先進工業国は，例外なく，鉄鋼を自国で生産し，消費しているからである。この鉄鋼を使って何を作るのか。生産財である。主として他の商品やサービスを提供するために使われる。この生産財を自国で製造できることが先進国の条件と考えられるからである。

日本でも戦後復興と高度成長を支えたのが鉄鋼であった。日本政府は敗戦直後の1947年，経済封鎖の下で生産財の増産に努めるため，傾斜生産方式を導入した。傾斜生産という考え方は，生産された石炭を鉄鋼業に投入し，そこで生産された鋼材を今度は炭鉱に投入し，生産をまずこの2部門から相互循環的に拡大させようとするもので，有澤廣巳東京大学名誉教授（1896-1988）の構想を借りたものであった。こうして47年初めから石炭，鉄鋼への資材，資金，労働力の傾斜配分が強化された。この結果，47年度の出炭高2934万トン，鋼材生産量は74万トンとなり，日本の自主的復興計画ともいうべき傾斜生産方式は辛うじてその目的を達成した[11]。

工業の発展と鉄鋼の生産量の増大との間には密接な関係があり，鉄鋼の生産

は工業化の基底をなしているという事実がある。鉄鋼の生産量は，第1次石油ショック直前の1970年には，アメリカが1億1000万トン，ソ連が1億1000万トン，日本が9000万トン，イギリスが2000万トン，中国が1600万トンであった。82年には日本がアメリカを追い抜き世界最大の鉄鋼生産国になった。96年には中国が日本から世界第1位の座を奪った。

　このあたりから中国の工業化に拍車がかかった。中国の粗鋼生産は倍々ゲームで増加し，2002年には1億8225万トン，05年3億4936万トン，08年5億31万トン，10年には6億2665万トンに達した。BRICsの一角を占めるインドの鉄鋼生産は10年に6685万トンまで増加した。これは韓国の5845万トン，旧ソ連崩壊後のロシアの6702万トンを上回る生産高である。同年のアメリカは8594万トンであった。

　これまでの経験によれば，主要工業国の鉄鋼生産は1億トンを超えると頭打ちになる。例外は中国とインドである。中国の生産高は今や6億トンを突破している。これはわれわれの想像を絶している。粗鋼の生産高から判断すれば，中国はWTO加盟以前の1996年には，高度の工業化を達成していたと考えてよいと思う。

4．中国のWTO加盟交渉

　中国政府は1986年7月，GATT（関税貿易一般協定）への復帰を申請し，のちのWTO（世界貿易機関）加盟に向けて交渉を開始した。

　1994年4月15日，モロッコの古都マラケシュで，ガット・ウルグアイ・ラウンドを正式に終了させる閣僚会議が開催された。同日，世界貿易機関設立協定に世界111の国と地域が署名し，ここに世界貿易機関の発足が合意された。

　WTOの加盟交渉の行く手は，決して平坦ではなかった。なぜなら中国にはWTOに加盟する条件として，自国通貨の外貨との交換が義務付けられていたからである。しかし1995年1月，WTOが発足。1995年7月，WTOが中国のオブザーバー資格を承認，と交渉は着々と進んだ。

　しかし，1997年7月，アジアの通貨不安が起こった。それが経済危機となってアジア各国へ波及した。これに対処するためにIMFとアメリカ財務省が

採用した政策は，誤っていた。なぜならアジアはラテンアメリカとは事情が違っていた。政府予算は黒字，物価上昇率も低く抑えられ，ただ企業だけが多額の負債をかかえていた。東アジアで始まろうとしていたのは景気後退なのだから，問題は不十分な需要であった。そこへ水をかけて需要を冷やすのは，問題を悪化させるだけである。危機が進行するにつれて失業率は大きく上昇し，GDPは急落して，多くの銀行が閉鎖された。失業率は韓国で4倍，タイで3倍，インドネシアでは10倍に跳ね上がった。IMFの政策を採用せず独自路線を歩んだマレーシアと中国は，猛威をふるった世界的な経済危機から逃れることができた。アジア諸国が経済危機を抜け出したのは，2000年に入ってからであった。

米中のWTO加盟交渉は，1999年4月の朱鎔基首相の訪米時に事実上決裂して以来，交渉停止状態になった。さらに5月にベオグラードにある中国大使館をNATO（北大西洋条約機構）軍が誤爆したことが原因となり，アメリカは目の敵にされて両国関係が険悪になっていた。交渉進展のきっかけとなったのは，99年9月11日にニュージーランドのオークランドで開かれた米中首脳会談であった。クリントン大統領と江沢民主席の会談はAPEC（アジア太平洋経済協力会議）の会合に合わせて設定された。APECの会合が開かれたとき，クリントン大統領と江沢民主席は顔を合わせるチャンスが生まれたからであった。お互いが自分たちの言い分をぶつけ合い，どちらかが譲歩したというわけではないが，最終的には中国のWTO加盟を推進するということで決着がついた。

アメリカには中国をWTOという国際組織に参加させ，加盟国としての規定を遵守してもらうほうが望ましいという思惑があった。中国としても毎年のように最恵国待遇を得られるかどうかでアメリカから文句をいわれるくらいなら，WTOに参加するほうが貿易の安定化に役立つとの読みがあり，双方の利害が一致したのである。

中国がWTOに加盟するには，その前に台湾問題を片づけなければならなかった。「中国は一つ」という中国の主張と，「台湾には中華人民共和国に支配されないもう一つの政府がある」という台湾の言い分との懸隔を埋める必要があったのである。

中台問題は1995年7月に始まり，96年3月に台湾の総統民選が実施される直前までに，中国が台湾に向けて実施したミサイルによる威嚇軍事演習に始まる。中国としては台湾の同胞に脅しをかけているのではない。「独立」，「一中一台」，「二つの中国」を阻止するためだと主張している。

　しかし，その手段として武力の行使を軍事演習の名を借りて誇示して見せたことは，明らかに逆効果であった。なぜか。中国の軍事演習を見たアメリカが，インディペンデンスとミニッツの2隻の空母を台湾海峡ぎりぎりの公海に急派して，紛争を鎮静化させたからである。

　中南海の指導者たちは自分らの所業が世界世論にどのような不評をもたらしたかを知っていたから，台湾の総統選挙が終わると江沢民，李鵬，喬石，銭其琛が手分けをして世界中に弁解してまわった。はっきりしたのは，「台湾問題は中国の内政問題だから，よその国は口を出すな」[12]と中国がいえばいうほど，台湾問題は国際問題になってしまうことであった。

　米中会談の結果，中台問題について見るべき進展があったわけではないが，ここが矛の納め時と見て，中国外交部の要人がいち早く「中国政府は会談の成果に満足している」という発表を行った。ということは米中関係をこれ以上こじらせるよりも，アメリカが詫びを入れた（「一つの中国と三不主義に対するアメリカの政策は変わらない」と，クリントンが弁解した）ことの見返りに，米中関係を修復して国内経済の安定化に力を注ぐほうが賢明であるという判断があったと見てよい。

　　＊三不主義とは，大陸と交渉せず，来往せず，通商せず，の三つの「不」を表す。三不政策ともいわれ，中国が1979年1月に呼び掛けた「三通」（台湾との間の直接的な通商，通信，通航を指す）に対抗して，台湾が国是として掲げてきた方針である。

　この中国側の矛の納め方から見ても，またWTOへの加盟を他の案件に優先させた選択から見ても，中国人が現実主義者であることは論をまたない。中南海が表立って表明しているわけではないが，中国の直面している問題は経済の立て直しである。とりわけ市場経済に対応しきれないために膨大な出血を続けている国営企業をどうやって立て直すかが課題である。そのためには最終的には外資の導入が必要であり，外資の居心地をよくする環境作りを急がねばなら

ない。WTOへの参加はその環境作りの一環であったといえる。

1999年10月の国慶節は中華人民共和国の建国50周年に当たっていた。中南海の指導者たちは半年も前から準備にとりかかった。世界中から集まる賓客に対し粗相があったら大変だという気持ちもあって，地方から北京に出稼ぎに来ている労働者たちをすべて故郷へ追い返し，通行人につきまとう浮浪者たちを厳しく取り締まった。また国慶節が近づくと，天安門沿いのホテルは一般客の宿泊を一切禁止し，マッサージ師の出入りも禁止するという厳重な対策を講じた。会談の様子を見ていた筆者には，アメリカが中国に気を遣いながら，中国をWTOのメンバーに加えようと心を砕いている様子が，ひしひしと伝わってきた。

1999年は回復基調にあった東南アジアの金融危機がまたぶり返したような感じだったし，中国国内でも内需が冷え込んで家電製品や自動車などの耐久消費財が過剰生産のため乱売合戦が続いていた。中国が先進国並みのデフレに見舞われたら政府の提唱する成長率を達成できないリスクもあった。しかしながら中国経済は高度成長の途上にあったから，積極的な公共投資を行えば，それが呼び水となって経済が再び上昇軌道に乗るかもしれない。おそらく中国政府の経済設計をしているブレーンたちがそういう提案をしたのだろう。

1999年に中国政府は西部大開発という一大プロジェクトを打ち上げた。しかしアドバルーンを上げてはみたものの，いざ実行という段になると莫大な資産が必要になる。その資金は中国だけでは調達できない。そこで日本の資金を導入しようとした。さらに2008年のオリンピックを北京へ誘致することに成功したら（その後，オリンピック招致に成功し，08年8月8日の開会式に結びつけた），中国はいよいよもって世界村のルールに従わざるを得なくなる。これがWTO加盟の含意であった。

WTOへの加盟に先立つ2001年11月，中国の朱鎔基首相は日中経済シンポジウム代表団と会見し，その席上で，「最大のチャレンジは農業だ。生産規模が小さく，競争力がない。海外から多量の農産物が入ると，農家の収入は大きな打撃を受けかねない。農業の産業化を進めているが，1日2日では達成できない。しかしどのような困難があっても中国は必ずWTO加盟交渉時の約束を

守る」と語った。

　中国は2001年12月11日，WTO（世界貿易機関）への加盟を認められたが，台湾より1日早くWTOの加盟国となったことで，大いに面目を施すことができた。1987年に加盟交渉を開始したから，振り返ると決着まで15年を要したことになる。

5．中国の大豆輸入急増

　中国の朱鎔基首相は11月21日，日中経済シンポジウム代表団との会見で，以下の点を訴えた。

>　「中国はWTO加盟に伴い，小麦やトウモロコシの国家輸入管理をやめて日本のコメと同じような関税割当制度に改める。農産物の平均関税率も22.7％（1998年）から15％（2010年）へと段階的に引き下げる。中国のトウモロコシの価格は国際価格より60％高く，小麦も15％高い。輸入が増えるのは避けられず，国務院発展研究センターは加盟後に，小麦農家と綿花農家だけでも1038万人の失業者が出ると予測している。中国の農村には9億人が暮らす。そこには今も1億5000万人の余剰労働力が滞留している。このうえWTO加盟で失業者が急増すれば，社会の安定が揺らぎかねない。中国がWTO加盟交渉で途上国並みの農業補助金を認めるようにこだわったのはこのためだ。現在の補助金率は農業生産高の2～3％程度だが，結局それを上回る8.5％の補助金を認めさせることができた」[13]

　念願のWTOに加盟したものの，中国国内には頭の痛い問題が残っていた。それは農業問題であった。『日本経済新聞』は2001年12月12日（夕刊）で以下のように説明している。

>　「中国は11日，世界貿易機関（WTO）に加盟した。外国企業は13億人の巨大市場や『世界の工場』としての魅力にばかり目を奪われがちだが，国民の70％の暮らしを支える農業は，輸入急増でかつて遭遇したことがないほどの試練に直面しようとしている」，「どうか中国の貧しい農民の状況を理解してもらいたい。中国の農産物輸出を容認してくれなければ，私の首を絞めることになる」

世界最大の大豆輸入国として，1990年代末から穀物市場で存在感を増す中国だが，それ以前は隠れた小麦輸入大国であったことは意外に知られていない。穀物輸出の長い歴史の中で，1972年7月の米国産穀物のソ連への大量輸出は，確かに驚天動地の事件であった。だが中国はそれ以前から小麦の輸入国であった。

　中国は1960年代から70年代にかけて，年間500万トンから600万トンの小麦を輸入していた。その中国の小麦輸入が80年代に入って倍増した。80/81年度は1379万トン，81/82年度は1320万トン，82/83年度は1300万トンを輸入した。それが87/88年度には1533万トン，88/89年度には1538万トンへ増加した。また91/92年度には1586万トンを輸入している。しかし95/96年度に1253万トンを輸入してからは，小麦輸入は急減した。96/97年度の輸入量は271万トン，97/98年度は192万トン，98/99年度にいたっては83万トンである。2000年代に入ってからは04/05年度に675万トンを輸入しただけでそれ以外はおおむね100万トン以下の輸入にとどまっている。

　その理由は国内生産の増加にある。中国の小麦生産高は2000年代に入って9000万トンから1億1000万トン台で安定した。中国の小麦は東北地方や河北で生産されている。なぜなら東北地方や河北一帯の気候は概して乾燥しているから，小麦の生産に適しているのである。中国の農業は自然発生的に「適地適作」の原則に従って営まれており，河南ではコメ，華北では麦が栽培されている。ただ，03/04年度は天候不順のため小麦生産が8649万トンへ減少したため，翌04/05年度に675万トンを輸入して，一過性の供給不足を補った。

　中国の大豆輸入がWTOへの加盟によってどう変化するかを知りたかった筆者は，香港にいる知人（コンチネンタル・グレイン・カンパニーのかつての同僚テリー・クォーク）に電話をかけた。彼は開口一番こういった。「中国の大豆輸入に影響はない。大豆の輸入関税は2001年時点で3％と，無視してもかまわないほど低い。それに中国は，自国で大豆を生産しても，アメリカやブラジルより安くはできない。つまり，海外から輸入するほうがずっと安上がりになることがわかっている。だから，中国は大豆需要を輸入でまかなうよ」と。

　中国の大豆輸入は1996/97年度には227万トン，98/99年度には385万トンで

表2-1：中国の大豆輸入（通関ベース）　　　　（単位：トン）

暦　年	2004	2005	2006	2007	2008	2009	2010	2011
輸入量	20,158,011	26,342,921	27,768,616	31,304,907	37,653,118	42,545,520	54,786,070	52,633,083

出所）World Commodity Analysis Corporation, Jul 7, 2012.
原出所）中国国家穀物油脂情報センター（CGNOIC），2012年1月31日発表。
注）2011年は予測。

日本を下回っていた。だが99/2000年度に1010万トンと1000万トンを突破してから勢いがつき，WTOに加盟した01/02年度には3070万トン，翌02/03年度には4002万トン，リーマンショックの起こった07/08年度には3782万トン，10/11年度には5700万トンと急伸している。中国の業界関係者は中国の搾油能力は10年末までに1億3300万トンに増加する見通しであると述べた。筆者の記憶が正しければ，06年の搾油能力は7700万トンであった。搾油能力を5年で3000万トン以上拡大したことになる。他方，大豆生産は95/96年度から10/11年度まで，多い年で1740万トン，少ない年で1322万トン，平均して1550万トンであった。うち950万トンが食品用に使われ，残りの600万トンが搾油用に回されていると推定された。

　このような中国の大豆輸入の急増を，世界穀物市場の歴史的文脈の中で，どのように捉えたらよいか。それは1970年代，80年代のソ連に代わり，2000年から中国が世界最大の穀物輸入国になったという事実である。かつてソ連の穀物輸入はトウモロコシと小麦に偏っていた。これと対照的に，中国の輸入は大豆一辺倒である。穀物の種類は違うが，輸入量に関する限り中国は完全にソ連にとって代わった。91年末にソ連が消滅し，アメリカは一夜にして4000万トンの輸出市場を失った。だが中国の大豆需要のおかげで，穀物の生産過剰と輸出能力過剰の悪夢にうなされずに済んだ。これはアメリカ農業と穀物メジャーにとって，そしておそらく米国農務省にとって，僥倖以外の何物でもない。

　その結果，世界の大豆市場は，生産が南・北アメリカの2極へ集中し，消費が中国と欧州連合の2極が並び立つ，4極構造となった。中国が大口の大豆輸入国として登場しなければ，米国政府はおそらく農家支持のため多額の財政支出（赤字）を余儀なくされていたに違いない。

　中国全体の穀物需要は確かに大きい。しかし，大豆輸入は数年以内に伸びが

鈍化する可能性がある。その根拠は中国の人口にある。中国の人口は13億4893万人（WHO 2012年統計）で日本の約10.6倍。一方、日本の大豆輸入は過去最高が520万トン。520万トンを10.6倍すれば5512万トン。これに対し、中国の大豆輸入は2010/11年度には5234万トン、11/12年度には5650万トンに達する見込みである。日本と中国は食様式が異なっており、中国の油脂摂取量は日本より多い。しかし、中国には1400万トンの国内生産がある。5650万トンの輸入に、1400万トンの国内生産を上乗せすれば、7000万トンを上回る。中国の大豆輸入も、やがて天井に頭をぶつける時がくる。一方、南米の大豆増産は簡単には止まらない。南米からの輸出が増えれば、供給が需要を上回ることが考えられる。

6．中国がトウモロコシ輸入を再開

2000年代に入ると、中国がトウモロコシの輸入国に変わった。それも恒常的な輸入国へとである。中国は1990年代初めには、アメリカに次ぐ世界第2位のトウモロコシ輸出国の地位にあり、1992/93年度には1262万トンを、93/94年度には1180万トンを輸出した。

ところが1994年12月、突然輸出を停止した。日本向けは20万トン以上のトウモロコシが契約不履行となった。日本商社は急遽、代替のトウモロコシをアメリカから買い付けせざるを得なくなった。この緊急買い付けに要した費用は総額で10億円といわれる。そして中国は翌95/96年度には1256万トンのトウモロコシをアメリカから輸入した。96年7月12日、シカゴ商品取引所のトウモロコシ先物は一時5.545ドルを付け、史上最高価格を更新した。中国の輸出停止と大量購入が理由であった。

これに先立つ1994年3月には、中国産大豆が契約不履行の寸前まで行った。契約済みの4月積み2万1000トンが積み出されないおそれが出てきたのである。中国側と掛け合った結果、大豆は船積みされ、5月、6月積みも輸入できるようになった。だが泡を食った商社がカナダやアメリカから食品用大豆を緊急買い付けするなど、市場は大混乱に陥った。中国産大豆は味噌の原料として、根強い人気があったからである。

その後，中国はトウモロコシの輸出国として輸出市場へ復帰し，2001/02年度には861万トン，02/03年度には年間1524万トンを輸出した。北京オリンピック直前の07/08年度に輸出は55万トンへ急減した。国内の供給不足が深刻になってきたからである。

　こうした中，2010年3月，トウモロコシ加工業者が中国政府に対し，200万トンの輸入許可を願い出た。次いで4月28日，米国農務省は中国向けのトウモロコシの輸出成約11万5000トンがあったことを公表した。中国の大量輸入は1995年以来15年ぶりのことであった。さらに5月13日には，36万9000トンの成約が発表された。その後も成約量は増え続け，100万トンを超えた。中国の穀物関係者の間では，輸入量はおそらく130万トンを上回るだろうと予測されていた。

　中国では人々の所得が増えるにつれて食様式が欧風化し，食肉需要が増加した。食肉需要を満たすため企業化された大規模な養鶏場や養豚場では多頭肥育が普及し，配合飼料の生産も急拡大した。配合飼料には原料として主に飼料穀物のトウモロコシと蛋白源の大豆粕が使われる。これが飼料用のトウモロコシ需要を増加させ，同時に大豆粕を生産するための大豆搾油を増加させている。

　中国の国民一人当たりの肉類の消費量は，2009年のFAO（世界食糧農業機関）の報告によれば，豚肉は1987年18.3kg，2007年が60.0kg，家禽肉は1987年2.2kg，2007年が15.3kg，牛肉が1987年の0.6kgから2007年の7.3kgに増えている。イリノイ大学の2010年の報告によると，中国の1980年の牛乳消費量が2.3kg，2005年が23.2kg，1980年の鶏卵が2.5kg，2005年が20.2kgと，急速に増加[14]している。

　飼料用のトウモロコシ需要だけではなく，工業用需要も爆発的に増加している。例えば砂糖の代替甘味料である異性化糖，段ボール製造に用いられるコーンスターチ，家畜の肥育に利用される飼料用リジン（アミノ酸の一種）の生産も年を追って拡大した。

　中国がWTOに加盟した2001年（01/02年度）の飼料需要は9400万トンであった。これに対して，食品・種子・工業用需要は2910万トンだった。ところが10年後の10/11年度には飼料需要が1億1300万トン，食品・種子・工業用が

4900万トンへ伸びた。飼料用は20.2%の増加，食品・種子・工業用に至っては68.4%もの大幅増となっている。中国政府が2007年からトウモロコシからエタノールを製造する工場の新設を認めていないにもかかわらず，である。しかも問題は需要増大による供給逼迫が一過性，短期的のものではなく，長期的，構造的なものであることである。

　中国は2010年（暦年），最終的に157万トンのトウモロコシを輸入した。輸入が100万トンを超えたのは1995年以来，15年ぶりであった。翌11年，中国は6月までにおよそ370万トンのトウモロコシの輸入契約を結んだ。輸出をしたのはもちろんアメリカ，買い付けたのはシノグレインとコフコ，売却したのは主にバンゲとカーギルとの噂であった。

　中国が穀物の自給にこだわる理由は何か。中南海の首脳の考えを確認する術を持たない筆者としては，ごく常識的な推測をするよりほかない。その理由は穀物供給の大半をアメリカに依存することに対する本能的な警戒感であると考えられる。中国が13億5000万人の人口の生活水準を向上させるには，鄧小平が始めた改革開放路線を継続し，工業化をさらに推進する必要がある。中国がその長期的な戦略目標を達成するには，石油や天然ガスの採掘権を手に入れ，鉄鉱石や銅，その他の鉱物資源を確保し，中国製品の輸出先であるアメリカ市場との関係を良好に保たなければならない。

　この場合，穀物はどうするのか。一時的な供給不足は輸入によって補うことができる。しかし，できれば輸入に需要の多くを依存することは避けたい。たとえ輸入の必要は認めるとしても，中国は7億人の農業人口を抱えている。これらの農家には収入を得る道，すなわち国内の販路は開いておかねばならない。そのためには95％以上の穀物を自給する。そう考えているはずである。1995年にワールドウォッチのレスター・ブラウンが『誰が中国を養うのか』[15]を著し，「中国が必要とする量と増大する他の国々の需要を合わせると，輸出可能な余剰を持つ少数の国々の輸入能力を超えてしまうからである」と，中国の需要増大に対する警告を発したからでは断じてない。

7. 中国の頭痛の種，三農問題

2004年初春，中国の国家発展改革委員会は，第11次5カ年計画（2006年～10年）の策定作業に当たって，国内外の有識者98人にアンケート調査を行い，中国の経済や社会の持続的発展を阻害する要因を10項目にまとめた。それは雇用問題，金融問題，貧富の格差，生態系と資源問題，台湾問題，WTO問題，信用問題などに絞られている。とりわけ農業分野では，三農問題[16]が課題とされた。

三農問題というのは，農業，農村，農民の三つの農を表している。中国では1990年代に入ると，農業は利益を上げられない産業になり，農家の収入は低迷した。農村から離れ，都市に来て職に就くのは，農民が経済的苦境から抜け出す手っ取り早い方法である。しかし彼らが都市に来てもその社会的地位は変わらない。それゆえ農村労働力の都市への移動は中国経済の構造的かつ長期的な課題になると考えられていた。

中国では全人口の半分以上，約7億人が農村に住んでいるが，農業の経営規模は零細で，生産性も低い。これが農業所得の向上を妨げている。中国はすでに工業化の後期段階に差し掛かっている。中国政府はこの辺で一度，都市と農村，工業と農業の分配関係を見直さねばならないと思われる。中国の農業は以前のように工業化を目的とした資本蓄積に貢献できなくなり，政策的支援を受ける立場に変わった。現に政府は財政，税収やその他の社会政策を通じて，農村と農業を支援している。

三農問題の抜本的な解決を目指すには，先進技術を用いて農業の生産性を上げると同時に，工業化を推進して大量の農業人口を非農業分野へ移転させなければならない。そのため農家にも移動の自由を認め，社会保障などの面で格差を解消する必要がある。

改革開放政策の下に責任生産制という制度を作り，余分に収穫できた農作物を自由市場で販売してもよいことになると，農家は働けば働くほど所得が増えた。田舎町が商業と交易の場になった。中国は1982年から3年連続して穀物や綿花などの生産高を史上最高値に塗り替えただけでなく，農家に企業家精神

を吹き込むことに成功した。改革の初期には，農村での事業は年率20%から30%の伸び率で成長し，中国経済で最も成長率の高い分野となった。

　その後，製造業とサービス業の成長が始まると，旧式の機械と狭い耕地に縛り付けられた中国農業は世の中の変化について行かれなくなった。1978年に2.6倍だった都市と農村部の所得格差は，2006年には3.2倍へ拡大した。中国経済にとって最も危惧されるのは，消費者の6割を占める人々の購買力が低いことである。人口の大半を占める農民の所得が低いのを理由に，中国政府はWTOとの交渉の末，農家による改善や機械の購入に対する補助を受ける権利を獲得した。上限が農業生産の8.5%という寛大な措置であった。また01年に発効したWTOの規定によって，中国政府は，主食となる穀物の一部は，国際水準を上回る価格で，農家から買い上げることができる。01年から04年にかけてコメ，小麦，トウモロコシの作付面積が減少したことに対応して決められた変更点である。

　WTOの規定では，中国が国有の商社や仲介業者を通さずに製品を輸入することが認められている。つまりタバコや綿花などの分野では，国が出資する独占企業の価格支配力や輸入制限の悪影響を和らげることができる。外国企業が輸送や配送などの分野に参入することが容易になった。大豆油やワイン，トウモロコシなどの関税は従来の半分に引き下げられ，人々の手の届く水準になった。このため供給圧力が高まり，中国の企業は大急ぎで合理化を進めざるを得なくなった。伝統的な小規模農家による生産体制の解体が始まっている。

　この結果，農作物の輸入は2002年の100億ドルから，04年には250億ドルへ増加した。大部分は米国産のトウモロコシや大豆，それに小麦である。輸入に依存することは中国の弱点に見えるかもしれない。だがそれは誤っている。輸入が増えたおかげで中国では食ブームが起こっている。耕地が不足しがちな中国では，小麦や綿花などの土地集約的な農作物を低コストで生産することは難しい。ならばそういうものは輸入し，自国の農家には輸出用の作物を作ることに特化してもらうほうがよい。世界銀行の試算によると，主食となる穀物の生産を10年にかけて減らしていけば，中国経済全体に50億ドルの利益がもたらされるという。

2007年7月2日，中国の新華社は，電子メディア版で「中国の穀物生産を2020年までに5億4000万トンへ拡大させる」という中国政府の計画を伝えた。その概要を摘記すると，「中国政府は中国の農家は穀物増産のため多くの困難に直面しているが，20年までは95％以上の穀物自給率を維持する計画であることを承認した。国務院は常任委員会を開き，穀物生産を10年までに5億トン，20年までに5億4000万トンへ増やすことで合意した」，「不均等な工業化と都市化の進展によって需要は増加したけれども，農地や水の不足，それに気候の変動によって中国の穀物生産は阻害されている」，「常任委員会は穀物安全保障の見地から，中長期的に中国が95％以上の穀物自給を達成することも併せて承認した」，「中国は昨年（06年）5億150万トンの穀物を生産したが，これは総需要を1500万トン下回っている」，「温家宝首相は中国が『4000万トンから5000万トンのコメを備蓄し，世界的な穀物価格の高騰に備えている』と述べた。農業省は『中国では今年の夏作が5年連続の豊作になった。これは1949年以来初めてのことである』」とのことである。

第2節
穀物自給率の維持に腐心する中国

1. 畜産業の急成長と飼料需要の増大

　米国農務省の予測（2011年9月12日発表）によれば，11/12年度，世界では27億2067万トンの穀物（油糧種子を含む）が生産されている。具体的な数字を上げれば，小麦の生産は6億7812万トン，中国の生産は1億1550万トンである。輸入は100万トンである。トウモロコシの生産は8億6618万トン，中国の生産は1億7800万トン，輸入は50万トンである。大豆の生産は2億6279万トン，中国の生産は1550万トン，輸入は5400万トンである。コメの生産は4億5639万トン，中国の生産は1億3800万トン，輸出は60万トン，輸入は40万トンである。これらの点から見ても，中国は世界屈指の農業大国である。

第2章　世界最大の大豆輸入国へ躍進した中国　　83

他方，中国国家穀物油脂情報センター（CNGOIC）の2011年11月29日の発表によれば，11年の飼料生産は1億6900万トンで，前年比4％増加する見通しである。このうち65％は配合飼料と見られるから，配合飼料の生産は1億1000万トンに上る。日本の配合飼料の生産は年間約2440万トンだから，日本の4.5倍の生産量である。

　世界市場では2010年から中国が恒常的なトウモロコシ輸入国として登場してきたことが注目されている。中国は10年2月，1995年以来15年ぶりにトウモロコシの大量輸入（暦年で157万トン）に踏み切った。供給不足が深刻になったためである。

　トウモロコシの用途は多岐にわたる。トウモロコシは家畜の飼料として使われるだけではない。飼料用リジン（アミノ酸の1種）の原料にも消費されるし，食品用にコーンフレークや異性化糖（砂糖の代替甘味料）の製造にも利用される。さらに段ボールの製造にも使われる。

　中国がWTO（世界貿易機関）に加盟したのは2001年12月であった。その年（01/02年度）の飼料需要は9400万トン，食品・種子・工業用需要は2910万トンであった。それが10/11年度には1億1300万トン，4900万トンへ増加した。飼料用は20.2％，食品・種子・工業用に至っては68.4％の大幅増加である。人々の所得が増え食生活が欧風化して，肉類・酪製品の摂取が増えたのである。

　中国の肉類の生産を見ると，牛肉は1991年が153万5000トン，96年が355万7000トン，2001年が508万6000トン，06年が576万7000トン，11年が550万トンであった。他方，中国人が好む豚肉はどうか。91年が2452万3000トン，96年が3158万トン，01年が4051万7000トン，06年が4650万5000トン，11年が5250万トンである。さらに鶏肉は91年が302万9000トン，96年が867万3000トン，01年が927万8000トン，06年が1035万トン，11年が1320万トンである。ここ20年間で，牛肉の生産量は3.6倍，豚肉は2.1倍，鶏肉は4.3倍に増えた。中国の人々が肉を好んで摂取していることがわかる。とくに生産コストの高い牛肉の伸びが目立っている。中国の人口が日本の約11倍であることを考えれば，人々の食生活は急速に豊かになり，しかも欧風化していると

いってよいだろう。

　中国の食様式が高度化への階段を上り飼料需要が増大しても，一部は飼料用小麦で代替することができる。しかし食品・種子・工業用需要はそうはいかない。代替がきかないからである。中国がトウモロコシの輸入を急いだ背景には，小麦では代替できない需要があったと考えるべきである。中国は2007年以降，トウモロコシを原料にしてエタノールを製造する工場の新設を認めていない（東北3省は除く）。それでも09年が旱魃で減産になった影響は大きかった。供給不足が露わになったのである。中国の加工業者は供給不足を輸入によって埋め合わせるよりほかなかった。

　2011年に中国のトウモロコシが不作に終われば，不足分は輸入して補わねばならない。かりに中国が年間1000万トンを上回る数量の輸入をすることになれば，日本と韓国の間に割って入る輸入国が一つ増える。中国と日本と韓国が三つ巴のトウモロコシ争奪戦を演ずるのは必至と見てよい。将来の世界穀物市場に与える影響の大きさという点では，中国が恒常的なトウモロコシ輸入国になることは，ロシアが小麦輸出を禁止したことよりはるかにインパクトが大きい。なぜなのか。トウモロコシの生産と輸出はアメリカへの一極集中が進んでいるうえ，アメリカだけが多い年には6000万トンもの潤沢な輸出余力（11/12年度は4191万トン）を持っているからである。これに対して，アルゼンチンは1950万トン，ブラジルは850万トンである。中国政府は穀物需要の95％以上を自給するという方針を変更する必要はないのだろうか。

2. 穀物増産の切り札は単収向上

　中国が穀物自給の方針を貫くには，生産を拡大しなければならない。そのためにはどうすればよいか。方法は三つある。第1は，栽培管理技術を向上させることである。第2は，肥料の投入量を増やすことである。第3は，遺伝子組み換え技術を応用して乾燥耐性を持つトウモロコシや小麦を開発し，多収穫の種子を普及させること[17]である。

　中国ではトウモロコシの作付面積は3100万ヘクタール，単収（2009年）は1ヘクタール当たり約5トンである。これに対してアメリカの作付面積は3600

万ヘクタール，単収は10トンである。いま中国の単収を5トンから7.5トンへ引き上げることができれば，中国の生産高は現在の1億5500万トンから2億3250万トンへ7750万トン増加する。これだけの増産が実現すれば，中国はトウモロコシを自給できる。もともと中国の耕地は降水量の不足しがちなところが多い。したがって，乾燥耐性の強い種子が開発できれば，その恩恵は広範囲に及ぶはずである。

品種改良と栽培管理の改善という地道な方法によって単収増加を達成した例は，欧州連合の小麦生産に見て取ることができる。欧州連合の草分けである初期の加盟12カ国は，耕地面積を拡大して生産を増やしたのではない。単収の向上によって生産増加を実現した。

中国のトウモロコシの増産も，遺伝子組み換え技術を応用した乾燥耐性を持つ種子の研究開発と普及，それに栽培技術の改善という2段構えの方法をとれば解決できると考えられる。この意味で，中国の穀物自給政策の将来について，筆者は楽観的である。この場合，重要なことは価格設定の仕方である。市場価格を高めに誘導して農家の所得水準を引き上げるのである。その目的は中国の国内需要を満たすことにあり，外貨獲得を目指して他の輸出国と価格競争を繰り広げることにはない。好天に恵まれて豊作が続き，過剰在庫が発生したときは，備蓄の積み増しで対応すればよい。それでもなお在庫が増える場合には，必要最低限のトウモロコシを輸出に回して需給を調整するのである。

中国の畜産農家が家畜を飼育するため，工場で生産される配合飼料を使用するようになったのは，コンチネンタル・グレイン・カンパニーとタイのCPとの合弁会社，正大康地が広州で配合飼料を生産するようになった1981年9月からである。それから30年を経て，中国の養豚や養鶏事業はさらに大規模化が進んだ。米国穀物協会の調査では，大規模経営による養豚事業は，全体の65％に達しているという。中国の工業化の基本理念である「規模の利益」の追求は，養豚にまで及んでいる。中国経済の発展過程を振り返れば，穀物の自給は実現可能な目標であると考えられる。このような筆者の見方は楽観的過ぎるかもしれないが。

3. 中国のトウモロコシ輸入急増の衝撃

　中国がWTO（世界貿易機構）に加盟したのは，前述のように，2001年12月であった。同年の中国のトウモロコシ需給（01/02年度）は生産が1億1409万トン，需要は飼料9200万トン，その他3130万トン，輸出861万トン，輸入は4万トンであった。10年後の10/11年度は生産が1億6600万トン，需要は飼料1億1100万トン，その他4900万トン，輸出20万トン，輸入100万トン（さらに上方修正される余地がある）である。直近の10年間に，その他用の需要が1770万トンも増えている。

　中国のトウモロコシ輸入の急増は，世界市場にどのような影響を与えるだろうか。想像されることは，中国が大量のトウモロコシを輸入すれば，世界のトウモロコシ需給はただちに逼迫し，その結果，期末在庫と在庫率が低下して価格が高騰することである。トウモロコシの生産と輸出はアメリカの一極集中が進んでいるだけでなく，ブラジルとアルゼンチンの輸出余力に限りがあり，旧ソ連の生産高も少ないからである。この点が，南・北アメリカに生産と輸出拠点が拡大してきた大豆や，世界中で生産され輸出される小麦と大きく異なる。

　世界のトウモロコシ生産（2011/12年度）は8億5467万トンである。このうちアメリカの生産は3億1744万トン，輸出は4191万トンである。他方，アルゼンチンの生産は2750万トン，輸出は1950万トンに過ぎない。またブラジルの生産は6100万トンあるが，国内の畜産需要が大きく，輸出は850万トンにとどまるからである。

　これに対して，小麦の世界生産は6億7812万トン。欧州連合の生産は1億3579万トン，輸出は1600万トンである。また2010年に130年ぶりの深刻な旱魃に襲われて生産が半減し，8月15日から輸出を停止したロシアを含む旧ソ連の生産は1億745万トン，輸出は3321万トンである。中国の生産は1億1700万トン，輸出と輸入はともに100万トンである。国際市場に与える中国の輸入拡大の影響は，トウモロコシのほうが小麦より桁外れに大きい。

　それならアメリカは短期間のうちにトウモロコシの供給を増やせるだろうか。結論を先取りしていえば，「容易ではない」と考えられる。アメリカでは

GMトウモロコシの作付比率は86％で上限に近づいており（大豆の作付比率は93％で頭打ちになっている），作付面積も9230万エーカーで史上最高水準に迫っているからである。それだけではない。GMトウモロコシの単収が頭打ちになる可能性が出てきた。2010年のコーンベルトは理想的な天候に恵まれたが，8月の降雨の影響を受けて単収（152.8ブッシェル/エーカー）が伸び悩んだからである。

　中国政府はトウモロコシを貴重な食糧と位置付け，2007年から国策でトウモロコシを原料にしてエタノールを製造することを禁止している。とはいえ食品用と工業用のトウモロコシ供給は増加させなければならない。これらの需要のうち重要なのは食品用，とりわけ砂糖の代替甘味料である異性化糖の需要である。また段ボール製造に使う工業用のコーンスターチの需要である。さらには家畜の飼料に利用される飼料用リジンの消費も着実に増加している。

　中国国内で清涼飲料水の売れ行きが増加すれば，異性化糖の消費も同じペースで伸びる。また工業用には製紙に使われる化工澱粉や，段ボール製造の際に接着剤＝糊（glue）として利用されるコーンスターチがある。段ボールは波型の中敷きを上面・下面の2枚の紙で挟み込んで作るが，その波型の中敷きを貼り合わせるのにスターチが使われるのである。水を加えると簡単に糊になり，貼り合わせが終わった後は，短時間で乾燥することが求められる。

　中国は世界最大の輸出国（金額ベース）である。工業化の進んだ中国では段ボール箱は食品だけでなく，衣料品や薄型テレビ，それに携帯電話からパソコンにいたるまで，あらゆる工業製品を梱包し輸送するのに使われる。中国の製品輸出と国内消費の両者が拡大することは，段ボール箱に対する需要が増えると同時に，これに使われるコーンスターチの消費が増加することにほかならない。トウモロコシ需要は拡大する一方である。

　トウモロコシ・ブームの拡大を憂慮する中国政府は，2011年3月，加工業者に設備拡張を止めさせるため，増値税の還付を停止することを検討し始めたといわれる。

4. 成長を続ける畜産業

　中国では企業養豚や企業養鶏の規模拡大が進んでいる。中国13億4893万人（2012年）の人口が摂取する肉類や卵の消費量は膨大だが，そこでは家畜の肥育成績を改善させるため配合飼料の配合設計の中に，肥育効率の高い飼料用リジンを混合することが奨励されている。中国では飼料用リジンの生産を増やし，国内市場へ供給するだけでなく，輸出にも力を入れている。中国は今や飼料用リジンの輸出において，世界最大の輸出国の地位を占めるまでになった。

　それなら中国のトウモロコシの供給を増やすことはできないのか。できると思う。どんな方法によってか。それはGM種子を普及させることである。中国農業省では2009年にGMトウモロコシ1品種とGM大豆2品種を承認した。しかし海外から輸入されるGM種子は「加工品の原料としてだけ利用する」目的に限られ，「作付けのための種子として使うことは禁じられている」。

　中国のGM種子の普及にはジレンマが伴う。トウモロコシが供給過多になって市場価格が下落し，農家支援のための財政支出が増加するからである。中国政府にとって，供給不足が起こらない限り，価格は高いほうが好ましい。中国各地の糧食局は市場価格を注視していて，トウモロコシが値下がりすると，すかさず高価格で買い付け，備蓄に回す。多数の貧しい農家を支援するためとはいえ，市場価格の下落に伴う財政支出の増大は避けたいところだろう。旺盛な国内需要を満たすには生産を増強しなければならないが，それは他方で財政支出の増大というリスクを冒すことでもある。

　中国の生産が増加することは，輸出余力が大きくなることでもある。中国がトウモロコシの増産を達成すれば，近隣諸国（韓国，フィリピン，マレーシア，タイ）への輸出が再開されるだろう。中国が輸出国として輸出市場へ復帰することは，国際市場に大きなインパクトを与える。年間1600万トン余りのトウモロコシを輸入する日本の輸入戦略が見直しを迫られることは必至だろう。

　中国がトウモロコシ輸入を再開した直後の2010年6月，筆者は香港の穀物関係者と真剣な議論をたたかわせた。その結論は，11年が不作に終わるようなことがあれば，「11年は500万トン，12年は1500万トンを輸入して需要を満

たす可能性が大きい」ということであった。1500万トンといえば1620万トンの日本の輸入と肩を並べる量ではないか。向こう2年間の間に，日本に匹敵する輸入国がもう一つ出現した場合，それをまかなう余裕はアメリカにはない。このことを想像して暗澹たる気持ちになったことを正直に告白したい。

　それでは増大する一方のトウモロコシ需要を満たすにはどうすればいいか。その一つは高価格に後押しされたブラジル，アルゼンチン，旧ソ連諸国の増産である。もう一つは中国の増産である。そのためにGM種子の普及と単収向上を実現することである。

　いずれにしても，トウモロコシの需給には不確定要因が多い。取り越し苦労をする必要はもとよりないが，中国が旺盛な国内需要を満たすため，一時的でかつ短期的に輸入を拡大する可能性が高いこと，それによって国際穀物市場の構造が変わってくることは，あらかじめ考慮しておかねばならない。

5. 押し寄せる食糧インフレ

　中国はリーマンショック後の世界的な金融危機を，2008年からの2年間に，総額4兆元（5860億ドル）という財政支出の拡大と，金融緩和で乗り切った。この景気対策のために供給された資金が食料品インフレの温床になった。急激なインフレは消費の足かせになるだけでなく，政治不安のきっかけにもなる。12年の政権交代を控えた共産党政府がインフレに神経質になるのは当然であった。

　2008年9月に起こったリーマンショックによって，穀物相場が暴落した。しかし，米国政府が金融緩和を推し進めたため，失業率の改善は積み残しされたまま，穀物価格は10年初夏から力強く上昇し始めた。中国政府は食糧インフレの昂進を憂慮し，インフレ退治に乗り出した。インフレが社会不安を煽ることを未然に防がなければならない理由があったからである。その理由とは何か。12年に予定されている政権交代である。中国共産党にとって世代交代を円滑に進めることは最優先の政治課題である。この交代劇を粛々と進めるには，政治的不安定という後顧の憂いを絶たねばならない。食糧インフレを抑え込むことは急務となった。食料インフレは後顧の憂いの一つであり，差し迫っ

た政治問題となったのである。

　中国政府は景気の冷え込みを招かないように注意しながら，インフレを抑制するという，難しい経済の舵取りを迫られている。ブレーキとアクセルを同時に踏みながら乗用車を運転するようなものである。というのはインフレと景気後退が同時に起こる負のスパイラル，つまりスタグフレーションに陥ることは何としても避ける必要があるからである。

　中国政府のインフレ対策は，2010年の秋口から本格化した。政府は10年11月搾油業者に対し，食用油の値上げを見送るように要請した。

　『中国日報』は2011年8月4日の記事で，「食用油を加工・生産している会社，搾油会社とビン詰会社は，レストランなどの大口顧客に対する食用油のばら売り価格を，値上げして売れるようになった。これは商品価格の高騰とインフレを反映したものである。2010年11月に販売価格の上限が定められたが，それ以来，ばら売り価格は8.5％〜9.5％値上がりし，2011年7月末はトン当たり1万200元（1570ドル）〜1万300元になっている。しかし，これらの会社はいまだに小売りの大型ペットボトル入りの価格を引き上げることを禁止され，その利益は圧迫されている」，「政府は4月と5月に備蓄していた大豆を大手5社に販売したが，これは一時しのぎの解決策である。市場ではペットボトル入りの食用油が値上げされるかもしれないとの噂が，先月（7月）から飛び交いはじめた。上限価格が期限切れになるからである。しかし加工業者は，国家発展改革委員会（NDRC = the National Development and Reform Commission）の認可待ちで，値上げには踏み切っていないが，イーハイ・ケリーとコフコには約5％の値上げを許可したといわれている」と報じた。

　その陰で，政府は以前に安く買い付け輸入した原料大豆を搾油業者に供給し，彼らの採算がとれるよう配慮することを忘れなかった。これらの業者は政府から安い原料大豆を渡され，委託生産（toll crushing）を請け負うような形で，搾油マージンを得て事業を続けたのである。

　2011年2月21日，政府は加工業者に対し農家から直接トウモロコシを買い付けることを禁止した。国家糧食局が備蓄用トウモロコシの買い付け量を増やすためであった。それだけでは実効が上がらないと考えたのか，4月27日，

工業用や食品用という「非飼料用」需要の拡大を制限する方向へ舵を切った。それだけではない。政府は加工業者の事業拡大にブレーキをかけるため優遇税制の廃止を検討中であるといわれている。他方，金融機関に対してはトウモロコシの仲買（買取）業者への融資を禁止するよう命じた。中国政府の「非飼料」需要の増大にブレーキをかけようとする意図が透けて見える。

　トウモロコシ需給逼迫の背景には飼料用と食品用，それに工業用の需要急増があることは，周知の事実であるが，それにしても，なりふり構わぬインフレ対策にはいかにも短兵急な印象を受ける。かつての中国はそうではなかった。中国は1993年，94年にも食糧インフレを経験している。そのとき，中国政府はインフレにどのように対処したのか。政府は価格凍結や統制を行わず，供給を増やしてインフレを乗り切った。供給を増やすことがインフレ克服の定石だからである。

　インフレが起これば原材料価格は高騰する。このとき価格を統制すれば，製造業者は販売価格を引き上げることはできない。原材料が値上がりしているのに，末端の小売価格を値上げできなければ，彼らは利益を得られない。利益が出なくなれば，製造業者は生産を減らす。その結果，供給不足に拍車がかかり，価格はさらに高騰する。物価凍結や価格統制はインフレ克服には逆効果となるどころか，かえってインフレを助長する。

　これを見て筆者は，「中国のテクノクラートは優秀だ。インフレを正攻法で克服した」と感心した。逆の言い方をすれば，2010年のインフレはそれほど深刻だったということである。ところが中国政府には原材料の供給を増やす余地はなかった。先高を見越した一部の人々が，短期の利益を得ようと買い占めに出たからである。だが買い占めによって得られる利益など多寡が知れている。それに買い占めは，代替品への需要の移転を促す。需要が減少すれば買い占めによって得られる利益など，またたく間に霧消してしまう。

6．穀物自給の必要性

　中国政府は1990年代から，「食糧の95％は自給する」との方針をたびたび表明してきた。それから15年が経過したが，その基本方針は堅持されている。

中国政府は2011年10月「全国種植業発展第12次5カ年計画」を発表し，コメ，小麦，トウモロコシの主要3穀物の自給率100％を達成する目標を掲げた。世界的な天候不順によって穀物が減産になり穀物価格が急騰する中，世界人口の20％を擁する消費大国として自給自足を達成することが，世界経済への重要な貢献であることを改めて表明したものだ。

　中国政府は2011年から始まる国家5カ年計画＝第11期全国人民代表大会（11年3月5日開幕）で第12次5カ年計画（今後5年間の年平均経済成長率の目標を7％に引き下げる）を発表し，計画をすでに実施している。これはその農業版という位置付けになる。

　具体的な目標として「一つを確保し，三つを達成することに全力をあげる」ことをうたっている。このうち一つを確保するとは，食糧は基本的に自給するという原則である。食料自給率は95％を維持し，栽培面積は1億700万ヘクタール，生産高は5億4000万トン以上を実現することを明記した。

　コメの生産はジャポニカ米の栽培拡大に力を入れる。東北地方の黒龍江省，吉林省，遼寧省で畑から水田への転換を進め，南部の長江流域ではインディカ米からジャポニカ米への転作を促す。これまではコメ生産高1億3500万トンの約3割に当たる4200万トンがジャポニカ米，残りの9300万トンをインディカ米が占めている。中国全体でもジャポニカ米の人気が高まっており，消費者の嗜好が反映されている。

　三つの課題とは，第1に，食用油の自給率を40％以上で安定させる。第2に，綿花と砂糖は基本的に自給する。第3は，野菜を安定供給することである。

　注目されるのは，穀物増産の障害である灌漑(かんがい)施設整備のための投資である。中国政府は今年，黄河の流量の低下や地下水の汲み上げに伴う地盤沈下，農村の水利施設の老朽化対策として30年までに4兆元（約50兆円）の予算を投入する計画である。農業投資の拡充は重要だが，今後はGM種子の開発や普及にも力を入れる必要がある。

　ところで年間5900万トンの大豆を輸入（2011/12年度）し，世界最大の大豆輸入国の地位を占める中国では，GM種子の研究開発はどの程度進んでいるのだ

第2章　世界最大の大豆輸入国へ躍進した中国　　93

ろうか。正直にいえば，研究は緒に就いたばかりである。そのうえ，中国では国内需要を満たすためにGM種子を輸入することは認めているが，国内生産を増加させるためにGM種子を栽培することは禁じられている。中国政府は遺伝子組み換え種子が国内の種子市場へ与える影響の大きさを測りかね，慎重になっているようである。

中国では8700社もの中小零細規模の種子会社が乱立している[18]から，政府が外国企業に種子市場を開放することは彼らのリスクになる。中国の種子会社はその大半が零細，中小規模の経営体で，概して社内の管理体制が不十分であり，知的所有権を保護する態勢も整っていない。中国農業省は2010年11月，国内で開発された遺伝子補強特性を持つコメ2種類，トウモロコシ1種類は中国の安全基準を満たしていたと述べたが，それでも試験栽培をし，遺伝子組み換え技術に対するパブリック・アクセプタンスを経たうえでないと，大規模生産を許可する段取りにはならないという。全国省連絡評議委員会開発研究センターの陳主任は，「中国は主要穀物については自前で開発した種子を栽培する方針を貫くべきである」と主張している。

中国のこれからの種子の研究開発の方向は明らかである。防虫効果の高い，乾燥耐性の強いスタック種子を作り出すことである。中国の気象条件を考慮すれば，防虫効果の優れた品種よりも，乾燥地へも農地を広げられる強力な乾燥耐性を持つ種子が求められるはずだからである。

7. 穀物自給が必要なもう一つの理由

中国が穀物の自給を必要とする理由はほかにもある。中国の生命線である資源外交上の配慮である。中国はアフリカ諸国へ巨額の投資を行って，高い経済成長を達成するのに必要な地下資源の確保に努めている。この投資が中国に新たな問題を突きつけている。とくにスーダンが南北に分離したことが，中国をして外交に神経を使わざるを得なくさせている。

国連は数年前から，集団虐殺を防止するためにスーダン西部のダルフール地方に平和維持軍を派遣しようとしているが，スーダン政府は受け入れを拒んでいる。中国は当初，これに対して何の行動もせず，国際社会がこの問題に目を

つむってくれるように望んでいた。だが，2007年，ダルフール問題が北京オリンピックを翌年に控えた中国のイメージを悪化させる危険性が生じた。こうした論争に巻き込まれそうになった中国政府は，国連軍を受け入れるようにスーダン政府を説得し始めた。

しかし，中国はすでに兵員4000人をスーダンに駐留させている。スーダンに対して行ってきたエネルギーと鉱物資源への投資を守るためである。中国の石油会社はグレーター・ナイル石油会社の株式の40％を所有している。だが，インドの国有企業も同社の株式25％を取得している。スーダン政府に肩入れしているインドが，中国ほど非難されないのは，中国と違って国連安全保障理事会の常任理事国ではなく，国連の決定に直接関与せず，どちらかというと傍観者の立場にあるからである。

他方，中国はアフリカや中東からの資源を調達するために，ますます気を遣わなければならなくなっている。なぜなら，中国が資源外交を繰り広げている相手国は，食糧供給が不足しているばかりか，原油も産出しない国が多いからである。かりに世界の食糧価格が値上がりしたとき，中国が輸出市場で大量に穀物を購入したらどうなるか。価格はさらに高騰する。十分な食糧を入手できない貧しい発展途上国は，犯人探しを始める。穀物の値上がりの原因が自国から地下資源を調達している中国の買い付けのせいとなれば，中国は貧しい発展途上国の非難を一身に浴びる。中国は世界各国から地下資源を調達し，原料を加工して製品に変え，先進国市場へ売り込み，工業化に成功して豊かになっている。しかし，当の発展途上国の人々は少しも豊かにならない。中国企業は学校や病院を作ってくれるが，建設の仕事をするのは中国人労働者に限られる。これでは発展途上国が不満を募らせるのも無理はないだろう。

中国はスリランカ，セーシェル，モルディブなどのインド洋の小さな島国へも，開発援助を増やしている。胡錦濤国家主席は2007年1月，アフリカ8カ国を歴訪した後，セーシェルへ立ち寄った。訪問の目的は，アフリカ諸国の場合とは異なり，資源貿易や投資案件を話し合うことではなかった。セーシェルとの間に国交を樹立し，将来中国海軍の艦艇がインドやアメリカ海軍の艦艇と同じように，セーシェルに寄港できるようにするための布石であった。こうし

た政策は，主に経済上の理由から進められているが，インドの戦略家たちに警戒され，インドと中国の間の新たな火種になっている。

インドは以前から，その最大のライバルであるパキスタンを通常兵器と核兵器の技術援助も含めて中国が支援していることに，神経過敏になっている。インドの軍関係者や戦略家が目下最も不安に思っていることは，中国海軍のインド洋への侵入である。全インド軍の研究機関であるインド軍合同研究所のアルン・サハガル准将は，こうした中国の行動は中国の「包囲つき封じ込め戦略」であるという。中国の相手国への政策は「常に中国の流儀で，インドを下位のパートナーと見なす」[19]ものであり続けるだろうと，サハガル准将はいう。筆者はサハガル准将の懸念を理解できる。中国人は一般にインド人が好きではないし，インドを一段低く見ているからである。

中国の権益が拡大し，矛盾が積み重なるにつれて，中国の外交政策はいよいよ難しくなっている。中国は目下のところ，世界の非難の矢面に立たされないように注意している。その役目はアメリカが果たしているからである。とはいえ中国はこれから先世界中どこへ行っても注目され，目立つ存在になる。自らは目立ちたくないと思っても，である。中国が控え目に振る舞うことは，改革開放に乗り出した鄧小平時代よりはるかに重要になってくるはずである。

注

1) 『週刊東洋経済』2010年11月6日，81ページ。
2) 邱永漢『これであなたも中国通』光文社，2004年，148ページ。
   著者には『中国人の思想構造』中央公論社（1997年），『わが青春の台湾わが青春の香港』中央公論社（1994年），『国冨論：現代の読み方』講談社（1988年），『香港の挑戦』中央公論社（1981年）などの優れた著書がある。これらの著書から中国人の物の考え方や行動原理について教えられたところは多い。筆者は1978年に香港に駐在して以来の愛読者の一人である。
3) 『日本経済新聞』1989年6月4日。
4) 小島朋之『中国現代史』中央公論新社，1999年，90ページ。
5) 滝田洋一『世界経済のオセロゲーム』日本経済新聞出版社，2011年，118-119ページ。
6) 小島朋之，前掲書，70ページ。
7) Bill Emmott (2009) *Rivals: How the Power Struggle Between China, India and Japan will Shape Our Next Decade*, PENGUIN BOOKS, London, England, 2009, p. 49.

8) 小島朋之，前掲書，73ページ。
9) 関志雄『中国経済のジレンマ：資本主義への道』筑摩書房，2005年，34ページ，小島朋之，前掲書，118ページ。
10) 後藤康浩『アジア力』日本経済新聞出版社，2010年，45-46ページ。
11) 香西泰『高度成長の時代：現代日本経済史ノート』日本経済新聞社，2001年，60-62ページ。
12) 邱永漢『中華思想台風圏』新潮社，1999年，15ページ。
13) 『日本経済新聞』2001年11月22日。
14) Masuda, T. and P. D. Goldsmith, *China's Meat Consumption: An Income Elasticity and Long-Term Projections*, University of Illinois, Jul. 2010, p. 1.
15) ブラウン，L. R.，今村奈良臣訳『だれが中国を養うのか』ダイヤモンド社，1995年，141ページ。
16) 関志雄，前掲書，33，35ページ。
17) 拙稿「食糧増産のカギを握る中国『遺伝子組み換え種子』戦略」『週間エコノミスト』2010年6月8日，及び拙稿「中国のトウモロコシ大量輸入が世界の穀物相場を乱す」『週刊エコノミスト』2010年10月5日。
18) *Commodity News For Tomorrow*, 17 April 2011.
19) B. Emmott, *op. cit.*, p. 54.

第3章
欧州連合の共通農業政策

第1節 共通農業政策と価格支持

1. 欧州連合の穀物生産

　2004年5月の欧州連合の第5次拡大は，東ヨーロッパへの地理的拡大が推進力となった。ポーランド，ハンガリー，チェコ，スロバキア，エストニアなど，東西冷戦が続いていた間は東側諸国として旧ソ連陣営を形作っていた国々が，一気に10カ国加盟し25カ国体制となった。さらに07年1月にはブルガリアとルーマニアが遅れて加盟し，加盟国は全部で27カ国となった。欧州連合の人口は2009年末で5億110万人となり，5億人を超えた（10年7月，欧州連合統計局ユーロスタット発表）。

　欧州連合の土地はその大部分（91%）が農地と森林で占められている。筆者にとって，欧州連合は農業国という印象が強い。英国やフランスやドイツはアメリカ型で，工業国にして農業国というイメージを思い浮かべてもらうといいだろう。

　欧州連合の専業農家は1200万人で，農村部に居住している人口は欧州連合全人口の半分強に達している。専業農家の平均保有農地は12ヘクタールで，1980年代半ばの11ヘクタールからほとんど増えていない。アメリカの専業農家の180ヘクタール（444.8エーカー）に比べると，15分の1でしかない[1]。

　欧州連合の穀物生産は小麦，ライ麦，大麦が主体で，トウモロコシは少ない。カナダと同じように，夏季の天候が冷涼で，気象条件が栽培に適していないからである。

　欧州連合の収穫面積は1991/92年度の小麦が2604万ヘクタールで最も多く，大麦が1837ヘクタール，トウモロコシが851万ヘクタール，菜種が342万ヘクタールであった。これに対し，生産高は小麦がもっと多く1億2629万トン，大麦が7409万トン，トウモロコシ5051万トン，ライ麦が1227万トン，大豆が179万トン，菜種が964万トンであった。

10年後の2001/02年度の収穫面積は小麦が2592万ヘクタール，大麦が1410万ヘクタール，トウモロコシが945万ヘクタール，菜種が415万ヘクタールであった。生産高は小麦1億2335万トン，大麦が5876万トン，トウモロコシが5802万トン，ライ麦が1196万トン，大豆が138万トン，菜種が1159万トンであった。

　それからさらに10年後，2011/12年度の収穫面積は小麦が2576万ヘクタール，大麦が1206万ヘクタール，トウモロコシが871万ヘクタール，菜種が675万ヘクタールであった。これに対し，生産高は小麦1億3749万トン，大麦5235万トン，トウモロコシ6285万トン，ライ麦が688万トン，菜種1910万トン，大豆122万トンであった。

　これを見ると，小麦が最大の基幹作物となっている。菜種もバイオ燃料の供給原料として重要性が高まっており，生産高は過去20年で2倍となった。それ以外の穀物の収穫面積は，おおむね横這いである。欧州連合の補助金が生産刺激的な価格支持から，生産抑制的な所得補償に変更されたことが大きな理由だろう。

　欧州連合には畜産国や酪農国が多い。家畜飼料に使う蛋白源は大豆粕が基本であるが，域内では大豆生産高が少ないため，アメリカや南米からの輸入に依存している。平均して年間1200万トンから1300万トンの大豆を輸入し，それを搾油して蛋白源の大豆粕に変えている（欧州連合の前身である欧州共同体では，大豆搾油事業はアメリカの穀物メジャーに独占され，地元資本の搾油会社は1990年代に姿を消した）。

　欧州連合はかつて世界最大の大豆輸入国であった。2000年から2010年までは，年によって1260万トンから1867万トンとばらつきはあるものの，年間およそ1400万トンを輸入している。他方，域内の2010/11年度の大豆粕生産量は967万5000トンであった。同年度の大豆粕の輸入量は2171万トンであった。欧州連合は世界屈指の菜種の生産国であり，10/11年度の生産高は2070万6000トンであった。ここから菜種油を搾油した残り，つまり1282万7000トンが菜種粕となる。菜種粕は自給され，10/11年度の輸入は22万5000トンに過ぎない。

2. 欧州連合の穀物輸入

　欧州連合の歴史は一面で，加盟国拡大の歴史である。欧州連合は1953年の欧州石炭鉄鋼共同体（ECSC）の発足が出発点である。ECSCの加盟国はベネルクス3国とフランス，西ドイツ，イタリアの6カ国であった。この6カ国が，57年3月にベルギー外相スパークの提唱に応えて欧州共同市場を成立させ，58年1月，欧州経済共同市場（European Economic Community = EEC）を発足させた[2]。これが62年に欧州共同体（European Communities）に改組された。大陸ヨーロッパの6カ国はこれまで貿易上の障害であった国境と関税を撤廃し，人口移動を自由にするという遠大な計画を持っていた。

　1973年に第1次拡大が起こった。60年に発足していた欧州自由貿易連合（EFTA）加盟の英国，デンマーク，アイルランドの3カ国がECに加盟した。人口の少ないEFTAより，人口の多いECのほうが経済発展の可能性が大きかったからである。第2次拡大は，81年のギリシャの加盟であった。ギリシャがECに加盟した理由は，その経済的メリットにあった。第3次拡大は，86年のスペインとポルトガルの加盟であった。ギリシャも含めたこれら3カ国は，どちらかといえば経済発展が遅れていた。これらの加盟国にとって拡大するECの魅力には抗いがたく，先発加盟国にとっても新規加盟国の安価な労働力を獲得できる利点があった。

　第4次拡大は1995年であった。91年末に旧ソ連が崩壊し，東西冷戦という政治的桎梏が取り除かれたのがきっかけであった。この場合も，スウェーデン，フィンランド，オーストリアの3カ国の加盟国にとって，拡大する市場に直接参入できる利点があった。第4次拡大によって，EUの加盟国は15カ国を数えることになった。ヨーロッパの未加盟国は，国民投票によって加盟が否決されたノルウェー，スイスの両国と，アイスランド，リヒテンシュタインなどの小国だけになった。95年の第4次拡大によって，事実上，ヨーロッパにおける拡大は完成を見た[3]。

　ヨーロッパ諸国は1970年代初めまでは，自他ともに認める世界最大の穀物輸入国であった。ヨーロッパは第2次世界大戦後の60年代に，経済的豊か

になった。食生活の面では牛肉や豚肉，それに家禽肉の消費が急増し，酪製品に対する需要も拡大した。このため，家畜の飼料として，国内生産では供給しきれないほど多量の飼料穀物や大豆（大豆油を絞るだけでなく，大豆ミールに加工し，それを貴重な蛋白源として家畜の飼料に使う）を必要としていた。ヨーロッパ諸国は71年にはおよそ20億ドルの農産物を購入した[4]。ヨーロッパにおける最大の輸入国はイギリスで，総輸入量の半分を占めていた。

　欧州共同体では共通農業政策（CAP：Common Agricultural Policy）を導入して，小麦，ライ麦，飼料穀物などの自由市場を作り上げた。共同体市場の農家が生産した農作物が，外国から安い農作物が輸入されて値崩れするのを防ぐため，輸入農作物に穀物に流動的な可変関税（輸入課徴金）を課すシステムを作り上げたのである。

　CAPは，過剰生産を引き起こしやすいメカニズムを内包していた。その理由は，第1に，海外からの輸入を締め出すから域内の自給度が高まるのは当然としても，世界最大の農産物市場の一つである欧州共同体が外部の生産国，とくに生産性の高い農業国を隔離することによって，農産物の国際市場における自由な流通を妨げたこと。第2に，域内では一定価格での農産物の無制限の買い入れが保証されているから，需給を無視した生産が行われる。その典型的な例が，ソ連へのバター輸出であった。

　1973年初頭，40万トンもの過剰バターを抱え込んでいた共同体は，在庫の山で身動きがとれなくなっていた。これに目を付けたソ連は同年4月，過剰バターのうち20万トンを引き取ることを申し入れた。その価格はトン当たり420ドルであった。共同体が農家に与えていた支持価格は2300ドルであったから，実に6分の1であった。両者の価格差に20万トンをかけた3億8000万ドルが，共同体側が負担したわけであり，この分は最終的に輸出補助金として欧州共同体各国の国民が支払った税金でまかなわれた。このため「ECの一般庶民は高いバターを食べさせられているのに，ソ連の市民はEC市民の補助で安いバターを手に入れている」[5]と批判された。

　共通農業政策の下でECの採用した課徴金には特徴があった。それは，①欧州共同体でもアメリカその他の主要輸出国でも生産されている農作物，例えば

小麦や大麦の課徴金は高い，②欧州共同体で生産されていない農作物，例えばアメリカのトウモロコシやトウモロコシ加工の副産物，例えばコーン・グルテンフィードの輸入課徴金は安い，③貧しい「南」の発展途上国で生産される農作物はその輸出を促進させ，経済の自立を助けるため低率の課徴金が課された，という特徴である。

　タイやインドネシアで生産されるタピオカ（キャッサバ）に対する課徴金は，きわめて低率であった。1970年後半のタイではタピオカ輸出の最大手カーギルのチャーターした大型船が，ヨーロッパ向けのタピオカ・ペレットを積み込むため輸出港（コーシチャン）への到着予定日が近づくとタピオカが値上がりし，積み込みを終了して出航した後にはタピオカが値下がりすることが頻繁に起こった。

　一方，大麦にかけられる輸入課徴金は高率であった。大麦は欧州で生産される主要穀物の一つだったからである。そこで欧州の配合飼料会社は，タピオカ3ユニットと大豆ミール1ユニットを組み合わせて大豆ミールとタピオカの混合品を作った。この混合品の価格が課徴金込みの輸入大麦を下回れば，飼料会社はタピオカと大豆ミールの混合品を配合飼料の基礎原料（ベーシック・ミックス）として積極的に使用していた。ECの悪名高い課徴金の重圧（コスト・プレッシャー）から自己防衛するためであった。

3. 欧州共同体の共通農業政策

　欧州共同体は1967年7月から，共通農業政策の下で単一の共通市場を形成し，域内統一価格制度を導入して農家の所得を保証するため価格支持を行った。毎年3月末ないし4月になると欧州共同体の農相理事会が開かれ，会議の席上で指標価格（index price），介入価格（intervention price），境界価格（threshold price）が定められる。この指標価格というのは，生産の目標になる目標価格（target price）のことである。指標価格はフランスのような生産性の高い農業国より，むしろドイツのように経営規模が小さく生産性の低い農業国に配慮して高めに設定される傾向が強かった。

　通常，指標価格から5％低いところに介入価格が定められる。介入価格は最

低保証価格になるから，域内の価格がこれ以下に値下がりしても，農家は生産した農産物はすべて，介入価格で無制限に買い上げてもらうことができる。介入価格による無制限の買い支えを行った結果，財政赤字が発生しても，その赤字は欧州農業指導保証基金（European Agricultural Guidance and Guarantee Fund）によって補塡される。なお基金の一部は輸入課徴金（import levy）によって，残り部分は加盟各国から一定の分担比率にもとづいて拠出される財政資金によってまかなわれた。農業指導保証基金は農作物の買い支えや農業の構造改善など多目的に使われることになっているが，実際は，保証に使われる金額が大部分を占めていた。

境界価格は域内の市場を海外の安価な農作物から保護するため，消費地に設定される。これは内陸の消費地の指標価格から陸上運賃（輸入港から消費地までの運賃）やその他諸経費を差し引いたもので，輸入農産物が廉価な場合には，境界価格と輸入価格の差額を輸入課徴金として徴収する仕組みになっている。

これとは逆に，欧州共同体の域内から海外へ農作物を輸出する場合には，介入価格と輸入価格との差額が，輸出払戻金（restitution）として補助される。こうして欧州共同体の域内で生産される農作物に価格競争力を持たせている[6]。価格支持政策によって農家の作付け意欲が高水準に保たれたため，域内の農作物の生産は1970年代に目覚ましく増加した。このためアメリカの欧州共同体向けの農作物輸出は，76年を境に減少し始めた。そして欧州共同体は80年，ついに自給を達成したのである。

だが問題はそれからであった。域内の自給を達成するために国際価格より高い介入価格を設定したため，自給達成後も農家の増産意欲は衰えなかった。いな，むしろ介入価格での無制限の買い付けが行われたため，増産に拍車がかかった。ひとたび自給が達成されると，消費しきれない農作物の在庫が積み上がる。ところが余剰在庫は市場を圧迫し，価格を下落させる。それを防ぐためにはどうすればよいか。域内の需要が不足しているのだから，域外の需要を取り込めばよい。すなわち輸出を増やすことである。そして欧州共同体は，案の定，その通りのことを実行した。

フランスは，当時，ドゴール大統領が権力の座についていたため，共通農業

政策は農業国フランスの立場に特段の配慮がなされていた。フランスは当時アメリカと似たり寄ったりの余剰農産物問題に悩まされていた。そこで共通農業政策は，フランスが小麦を他の5カ国の共同体市場へ，カナダやアメリカとの価格競争に巻き込まれることなく販売できるようにした。この共通農業政策は，農作物の輸出を増やそうとしていた米国農務省にとって，目の上のたんこぶであった[7]。

4．米欧の穀物戦争勃発

　1980年1月4日午後9時，アメリカのカーター大統領は「対ソ穀物禁輸」を発表した。10日前に「ありがた迷惑なクリスマスプレゼント」と世界中から非難された，ソ連軍のアフガニスタン侵攻に対する報復措置であった。大統領は大手穀物商社，いわゆる穀物メジャーがソ連向けに契約していた2500万トンの穀物のうち，米ソ穀物協定で保証されている700万トンを除いた，1800万トンの穀物の輸出を禁止したのである。

　この対ソ穀物禁輸はホワイトハウス主導で決定された。バーグランド農務長官は大統領府から指示を受け，有力議員や政策決定に影響力を持つ学者，穀物業界の関係者の意見を聞いた。穀物禁輸を発表する3日前のことだった。意見を求められた穀物メジャーの返事は，すべて「ノー」であった。理由は「アメリカが穀物輸出を禁止しても，他の輸出国が肩代わり輸出をし，禁輸は尻抜けになる」ことが明らかだったからである。にもかかわらず米国政府は穀物禁輸を強行した。

　シカゴ商品取引所（The Chicago Board of Trade）は，1月5日，6日の土曜日，日曜日に引き続き，7日，8日の月曜日，火曜日も取引を中止した。シカゴ商品取引所は2度の世界大戦中も取引を休まなかったのが自慢の種だったが，穀物禁輸に伴う市場の混乱を防ぐため，立ち会いを中止したのである。商品取引所が休場している間，世界の穀物取引は仮死状態に陥った。農家は作業小屋で農業機械の手入れをした。彼らがカントリーエレベーターへ穀物を販売しようとしても，エレベーターは買い付け価格を提示できなかったからである。セントルイスのコールセッション（現物バージ取引の立会場）では，若い女性の職員が

いつもならバージ取引の相場を書き入れる黒板に，いたずら書きして時間をつぶした。ヨーロッパの穀物輸入基地ロッテルダムでも，売り先未定の貨物（アフロート・カーゴ）に値段がつけられず，商談は進まなかった[8]。

取引が再開された1月9日，市場は予想通り全面安の展開になった。シカゴ商品取引所の穀物市場は，しかし，この打撃によく耐えることができた。翌10日には大豆が売られ過ぎの反動から買い戻されて上昇し，明くる11日には，小麦とトウモロコシが反発した。こうして，シカゴ市場は翌週には落ち着きを取り戻したのである。

カーター大統領は主要輸出国のカナダやアルゼンチンにも禁輸に同調するよう要請した。アメリカ一国が禁輸に踏み切っても，他の国々が禁輸に協力してくれなければ，実効が上がらないからであった。ところがカーター大統領の要請に応じて禁輸に同意したのは，カナダ，オーストラリア，欧州共同体だけであった。カナダとオーストラリアは追加輸出には応じなかったが，既契約はキャンセルされることなくすべて履行された。アルゼンチンやブラジルは禁輸それ自体に同調せず，アメリカの禁輸分を肩代わりして，対ソ輸出を拡大した。

欧州共同体は1981年，1400万トンの小麦を北アフリカ諸国へ輸出した。82年も豊作になり，輸出をしなければ倉庫から小麦があふれ出すといわれた。他方，アメリカは80年の対ソ禁輸と，その後の価格急落から農家を救い出すため，小麦とトウモロコシの融資基準価格を引き上げた。米国政府によって高価格が保証されていたため，価格が急落しても農家の作付け意欲は衰えなかった。このためアメリカは81年，82年と史上空前の豊作になった。

弱り目に祟り目，アメリカ経済は1981年，82年とレーガン・リセッションといわれるかつてない深刻な景気後退に陥り，農業は第2次世界大戦後最悪の不況に突入した。行き場を失くした穀物は在庫となって積み上がった。積み上がった在庫の山は市場を圧迫し，価格をさらに下落させる悪循環を引き起こした。しかし，過剰在庫を処理する方法が一つだけ残されていた。その方法とは何か。輸出の拡大であった。

アメリカが過剰在庫を一掃するため輸出ボーナスを付けて輸出を促進する。他方，欧州共同体は補助金付き輸出を止めない。これではアメリカと欧州共同

体が，ソ連以外の伝統的な穀物輸出市場をめぐって激しい競争に突入するのはむしろ当然であった。

1983年1月，米国政府は過剰在庫の処理を急ぐため，政府減反計画に参加する農家に対し，政府在庫の穀物を現物支給（payment in kind）して減反補償に充てる，強力な減反政策を打ち出した。この計画の対象となる作物は小麦，トウモロコシ，大豆，コメ，綿花などであった。農家が通常の10％減反に加えて，さらに10％から30％の範囲内で減反面積を上乗せすれば，その農地で栽培されるはずだった作物の平均収量の80％を現物支給で補償するという内容であった。小麦は95％補償という高率が適用された。

その一例が，1983年1月の米国産小麦粉100万トンのエジプトへの輸出であった。100万トンの小麦粉は，原料の小麦に換算すると128万トンである。当時のエジプトの小麦輸入は年間およそ450万トンだったから，この小麦粉輸入によってエジプトは小麦需要の3割をまかなうことができた。小麦粉の価格はCIF（貨物，海上運賃，保険料込み）で，トン当たり155.00ドル。欧州共同体が同時期に結んだ輸出契約179.00ドルより24.00ドルも安く，アメリカの国内価格より100.00ドルも安かった。小麦粉の輸出契約を結んだ製粉業者は補助金相当額の原料小麦を，商品金融公社（CCC）の手持ち在庫から選んで受け取ることができた。それに加えて，エジプトはフランス産小麦の伝統的な輸入国であった。アメリカと欧州共同体の対立は決定的となった。

1980年代半ばになると，小麦輸出市場におけるアメリカのシェア低下は，いよいよ深刻になった。アメリカの輸出シェアは80/81年度の44.5％から，85/86年度には29.4％に減った。これと対照的に，欧州共同体のシェアは16.7％から18.4％へとほぼ横這いで推移した。

こうした中，アメリカのブロック農務長官は「1985年5月15日，米国政府は6月1日から3年間，20億ドルの政府保有穀物を輸出業者へボーナスとして現物支給する新たな輸出奨励計画を実施する」と発表した。ブロック長官は，「この計画が必ずしもよい政策とは思わないが，他の国（つまり欧州共同体）が輸出補助金政策によってアメリカの伝統的な農産物市場を奪っているのを黙って見過ごすわけにはいかない」[9]と述べた。

農務長官の言葉通り1985年6月4日，米国政府はアルジェリアへ非デュラム小麦100万トンを，ボーナス付きで輸出することを発表した。アメリカの輸出奨励計画が始動したのである。ブロック長官は記者会見し，「79/80年度からの5年間にアルジェリアの小麦市場におけるアメリカのシェアは41%から16%へ急減したが，欧州共同体のシェアは同時期に29%から59%へ倍増した。この計画は我々にとって安易に選択できるものではないが，不公正な貿易を行っている当事国に対して反撃しなければならない」[10]との決意を表明した。アルジェリアはフランスの旧植民地であり，フランス産小麦に反撃するには絶好の標的であった。

　欧州共同体とアメリカの輸出競争は，1986年1月1日にスペインとポルトガルが欧州共同体に加盟するに及んでさらに激化した。両国が米国産小麦や飼料穀物の伝統的な輸入国だったからである。

5. 米欧の貿易戦争は泥沼化

　1985年12月23日，アメリカのレーガン大統領は「1985年農業法」（以下，85年農業法）案に署名し，85年農業法はただちに発効した。アメリカの法律は別名を持つのが慣わしになっているが，85年農業法には「食糧安全保障法」（Food Security Act）という別名が付けられた。

　この法律の主な目的は，①米国産農産物に対する政府の支持価格（融資基準価格）を大幅に切り下げ，輸出競争力を取り戻すこと，②膨大な穀物在庫を削減するため政府の減反計画を継続すること，③融資基準価格の引き下げに伴う輸出競争力の回復効果が，他の競合輸出国の価格引き下げによって減殺されるのを防ぐため，輸出奨励計画を実施すること，にあった。

　85年農業法に組み入れられた輸出奨励計画は，米国政府が輸出補助金を使って輸出を拡大することを目的とし，欧州共同体を標的にしたものであることは明白であった。米国政府の本音は，「世界の穀物生産は増え続けているのに需要は増大せずすべての生産国が余剰に悩まされている。生産が増えるのは農家に対するインセンティブ（奨励金）が高すぎるからである。そこで市場の実態に合致するように，アメリカの価格水準を引き下げる農業法案が必要」[11]と

いうものであった。

　85年農業法は，生産者に対して最低保証価格の意味を持つローンレート（融資基準価格）を段階的に引き下げ，できるだけ市場価格に近づけることを目標にしていた。ローンレートとは，生産者が農産物を担保にして政府から融資を受けるとき，担保として差し出す農産物の評価額のことである。融資の期限は最長9カ月。この期間中，生産者は融資額に金利を加えて返済すれば，いつでも担保として差し入れている農作物を引き出すことができた。そのうえ，現物の農産物の市場価格がローンレートを下回った場合には，生産者は融資を返済せず，担保として差し入れておいた農産物を担保流れにすることが多かった。担保流れになった農作物は政府在庫に組み入れられた。

　85年農業法では，小麦のローンレートが85年度までのブッシェル当たり3.30ドルから2.40ドルへ，トウモロコシは2.55ドルから1.92ドルへ引き下げられた。ところが大豆のローンレートは5.02ドルのまま87年まで据え置かれた。85年農業法にもとづく86年度融資計画は，小麦は6月終わりに収穫の始まる「冬小麦」から，トウモロコシは10月初めから収穫される新穀から適用された。

　これに加えて，85年農業法には，農務長官の裁量によって85年6月から先行実施されていた輸出奨励計画，別名「輸出ボーナス計画」も盛り込まれていた。この計画は86年度から88年度までの3年間に，10億ドルないし15億ドル相当の政府在庫の穀物をボーナスとして輸出業者に現物支給し，米国産農産物を安く輸出する狙いがあった。端的にいえば，輸出ボーナス計画には，①政府保有の在庫を一掃する，②輸出市場におけるアメリカのシェアを奪回する，という二つの目的があったのである。

　アメリカと欧州共同体の補助金付き輸出競争は，1986年1月1日にスペインとポルトガルが共同体に加盟してから，さらに激化した。加盟前年の85年に，アメリカはポルトガルへ63万トン，モロッコへ43万トンの小麦を輸出していた。ところがポルトガルの欧州共同体加盟後，アメリカのポルトガルへの小麦輸出は24万トンに急減した。一方，共同体は伝統的な小麦輸入国のモロッコへ167万トン輸出した。そこで米国政府は欧州共同体への対抗措置とし

て，モロッコへボーナス付き輸出の攻勢をかけた。そして共同体を退けて130万トンの小麦輸出に成功した。このため欧州共同体の小麦輸出は85年の167万トンから11万トンへ激減した。

　当初，アメリカが輸出奨励計画の対象として念頭に置いていたのは，欧州共同体とは地中海を挟んだ対岸に位置する北アフリカ諸国（エジプト，モロッコ，アルジェリア）であった。対象国はその後中近東，アジア，アフリカ，東欧諸国へ拡大された。1987年1月には中国と100万トンのボーナス付き小麦輸出契約を結び，4月にはソ連との間で400万トンの小麦輸出契約を締結した。87年夏からは中南米諸国も対象国に加えられた。

　米国政府がソ連との間で小麦輸出契約を結んだことは，他の輸出国を慄然とさせた。その理由は，第1に，欧州共同体との輸出競争が激しさを増すことによって，穀物の国際価格はさらに下落する。第2に，アメリカがボーナス付き輸出を拡大すれば，カナダやオーストラリアなどの同盟国の輸出が減少し，これらの国々の経済に悪影響を与える。第3に，アメリカの納税者の支払った税金を使い，共産圏の消費者へ穀物を低価格で供給するだけで，国内の生産者の利益にならず，また消費者の利益にもならない。第4に，ボーナス付き輸出契約が成立したからといって，ソ連が将来米ソ穀物協定を守るという保証はどこにもない。それどころか，ソ連の穀物生産が回復すれば，輸出ボーナスを増額させない限り，ソ連は輸入を再開しないかもしれないから[12]であった。

6. 勝者なき貿易戦争の結末

　85年農業法が施行されて最も大きな利益を得たのは，大口穀物輸入国のソ連と中国であった。他方，欧州共同体では財政支出が累積した。アメリカが国際価格を大幅に下回る輸出価格を設定したため，割高な共同体域内の農産物価格と国際価格との格差はさらに拡大した。これに加えて，欧州共同体は農産物に価格競争力を維持するため，多額の輸出奨励金を交付しなければならなかった。欧州共同体は域外へ輸出される農産物に対し，国際価格との格差を輸出払戻金として補塡する。この財政負担が85年から急増した。欧州共同体の農業予算は81年度の129億ドルから，85年度には157億ドル，86年度には218億ド

ル，87年度には262億ドルへと増加したのである。

　アメリカはその財政力に物をいわせて欧州共同体との輸出競争を続けた。その結果，農業予算の赤字が累積し，加盟各国が膨大な財政負担に耐えられなくなるのを待った。いずれ欧州共同体が支持価格（介入価格）を引き下げ，輸出補助金を大幅に削減し，輸入規制を撤廃するに違いないと踏んでいた。欧州共同体が自ら進んで交渉のテーブルに着くまで，持久戦を続ける肚であった。

　1987年7月6日，ジュネーブで開かれたガット（関税貿易一般協定）新ラウンドの農産物交渉グループの会議の席上，米国政府の代表は大胆極まりない提案をした。この提案は，①輸出補助金および貿易をゆがめる国内の一切の補助金を撤廃する，②輸入障壁をすべて取り払う，③10年以内にすべての農業補助・輸入規制を撤廃する，という大胆な内容であった[13]。

　提案を受けた欧州共同体はピンときた。アメリカ側からの「渡りに船」の休戦提案だったからである。

　米国産穀物といえども世界市場で自由な取引が行われない限り，その競争優位性を発揮できない。しかし，それが自由に取引される市場でなら，価格競争力を存分に発揮できる。その結果，アメリカは国際穀物市場における「最後の勝利者」になれる。米国政府が欧州共同体に対する報復として補助金付き輸出を拡大すれば，一時的に政府の財政負担は重くなるだろう。けれども長期的にはアメリカの国益になる。そうだとすれば，補助金付き輸出はアメリカの長期的利益を守るためのコストに過ぎない。アメリカはそう考えた。そこで「10年以内」と期限を付け，「お互いに冷静になり，この問題を考え直そうではないか」と，ボールを投げたと想像される。

　他方で，欧州共同体は内部に複雑な事情を抱えていた。アメリカとの補助金付き輸出競争や域内農産物の価格支持政策，それに価格支持政策を実効あらしめるための輸入制限は，共同体には重い負担であった。けれども共同体はアメリカが提案するような補助金や輸入障壁の撤廃には簡単には応じられない。というのも，共同体の農業分野での輸出補助金や輸入課徴金による市場保護の措置は，共通農業政策の根幹だったからである。

　ウルグアイ・ラウンド交渉における共同体の決定的な関心は，交渉の結果を

共通農業政策と矛盾しない方向に固めることに向けられていた。欧州共同体は共通農業政策の改革の必要性を認識していたが，共通農業政策の制度自体を否定するものではなかった。共同体が共通農業政策を国際貿易のルールに合致するように変更するのには，時間が必要であった。

また，共同体の意思決定プロセスも事情を複雑にしていた。ウルグアイ・ラウンドでは欧州委員会が欧州の代表として交渉に当たるが，交渉の基本方針は12の加盟国と協議して決める。だが12カ国の利害，とくにフランスとドイツの利害は複雑に絡み合っている。共同体の内部では，長年にわたる財政負担に耐えかね，生産奨励的な共通農業政策を改革すべきであるという機運が高まっていた。

第2節
共通農業政策は直接払いへ移行

1. 欧州共同体の大胆な農業改革

　欧州共同体の目指す農業改革の方向は，その後，次第に明らかになる。その基本線は最重要分野の穀物について，それまでの価格支持政策を中心とした政策から，直接所得補償を中心とする政策に転換することにあった。従来は農家が好きなだけ生産を増やしても，介入価格による無制限の買い入れが保証されていた。これを，介入価格の引き下げによる農家の所得減少を直接払いによる所得補償で埋め合わせる政策へ切り替えた。生産奨励的だったこれまでの農業政策を改め，生産抑制的な政策へ転換した[14]のである。

　欧州共同体はガット・ウルグアイ・ラウンドの農業交渉を通じて，価格支持，輸入課徴金，輸出補助金などの農業保護を減らすという原則には賛成しながらも，アメリカが要求するような大幅削減には終始抵抗した。例えば輸出補助金については，「域内の保護を削減して生産が減り，価格も下がれば，輸出補助金はおのずから減るはず」だと主張した。

輸入障壁の包括的な関税化は積極的に支持したが，その一方では，生産調整作物には輸入制限を認めるべきだという日本の立場に同調する気配も見せた。また関税率は引き下げるが，現在ゼロまたは低率にしている飼料原料などについては税率を引き上げるリバランシング（関税率の再調整）が必要ともいった。

　簡単にいえば，農業保護の削減には賛成するが，アメリカのいうほど性急ではなく，もう少し緩やかなものに止めたいというのが本音であった。なぜなら，アメリカの要求を飲めば，共同体は1993年にも着手する予定の共通農業政策改革案の練り直しを余儀なくされる。そこで，「加盟国に対してはウルグアイ・ラウンドの進展を背景に，保護削減のため共通農業政策改革案への賛同を求めつつ，アメリカには保護削減にも限界があることを認めさせようとした。内と外に向けて二正面作戦をとった」[15]のである。

　ところで共通農業政策のマクシャリー改革案の内容とはどのようなものだったのか。彼の改革案は，①農作物の支持価格を引き下げて生産の増加を抑える，②セット・アサイド（減反あるいは食糧穀物生産以外の目的への転用）を強化する，③その代償として農家に直接払いによる所得補償をする。その場合，中小規模農家に手厚くする，④環境にやさしい粗放的農法を奨励するとともに，地域社会維持のために農家が払っている努力に対し補償を行うこと，が骨子になっていた。

　つまり一方では生産抑制を強化し，他方では農家の所得維持を図る。農家にとって，初めの二つはムチ，後の二つはアメになる。マクシャリー改革のタイムフレームは1993年に着手，96年までに完全実施される予定であった。

　1992年5月，欧州農相理事会で共通農業政策改革が合意された。その骨子は，穀物については支持価格を29％，牛肉は15％引き下げる，これに伴う逸失所得は直接所得補償で補う[16]。他方，生産者は一定率のセット・アサイドを受け入れることにあった。これで生産は抑制できるが，補助金付き輸出数量を6年間で24％削減しても，なお域内での余剰発生を抑え込むのに必要な生産の圧縮は不可能であると考えられた。

　欧州共同体は現実的な妥協案を模索しなければならない。熟慮の末に思いついたのが，「共同体は小麦輸出の上限を年間2000万トンに抑える」[17]という提

案であった。これならアメリカ側も受け入れることができる。筆者にはこの提案がアメリカと欧州共同体の懸隔を埋める力になったと想像する。その結果，両者は1992年11月，農業輸出補助金などについて「ブレアハウス合意」と呼ばれる土壇場決着に至ったのである。

2. 黄，青，緑の3色に分類された農業補助金

　アメリカと欧州共同体の交渉妥結を受け，多国間交渉はただちに再開された。各国とも今度こそウルグアイ・ラウンド交渉を妥結させねばならないと強調した。しかし，そのような主張にもかかわらず交渉は進展しなかった。その原因はアメリカが12月に入って，ダンピング防止の条項について大幅な修正を要求したり，多角的貿易機関（後にWTOとなる）の設立に難色を示したりするなど，交渉をまとめる気がないと思われるような行動をとったことにある。

　1993年6月と7月の2回にわたってウルグアイ・ラウンド閣僚会議が東京で開かれ，膠着状態に陥った交渉の打開が図られた。そして93年12月，ウルグアイ・ラウンドは7年7カ月を費やして，ついに決着を見た。

　ウルグアイ・ラウンド交渉について，日本ではコメ市場の開放だけに関心が集まった。しかし，ガット交渉の主要なテーマはコメという一面的な理解では，ウルグアイ・ラウンドの重要性を見落とすことになる。というのも，ガットはこれまで工業製品の関税引き下げが議論の中心に据えられていたが，ウルグアイ・ラウンドでは，これに加えて農産物，技術やサービス，それに知的所有権も交渉の対象に組み入れられたからである。言い換えれば，ガット・ウルグアイ・ラウンド交渉は，その枠組みを工業製品以外の分野へ拡大したことが重要な変更点であった。ちなみに農業分野の交渉では輸出補助金，国内支持，自由な市場アクセスが主要な論点として議論された。

　WTOはガット・ウルグアイ・ラウンド交渉を基礎にして設立された。WTO協定はWTO設立協定にガット，農業協定，繊維協定，補助金協定，サービス協定が付属する構成になっている。ウルグアイ・ラウンド農業合意は，各国の農業保護水準の引き上げによって世界的な農産物の過剰生産がもたらされ，国際市場の混乱と財政支出の増大を招いたことを教訓として，各国が共同

して農産物貿易をゆがめている諸政策の制限や削減を行い，農業貿易を正常化するのが目的であった[18]。

　農業協定では補助金協定の特例が決められており，農業補助金については農業協定の規定が優先適用される。農業協定に特段の定めのない場合には，補助金協定が規定することになる。補助金協定では補助金を交通信号に見立て，緑（生産や貿易を歪曲しないから，保護削減の対象にはならない），青（生産調整の下での直接払い），黄（相殺措置，相殺関税の対象となる。デミニミス（最小限）＝農業生産額の5％未満の小規模補助は，保護削減の対象外とする）に分類した[19]。

　欧州共同体は輸出補助金について，金額（財政支出）ベースで6年間に36％削減（1986年から90年までの5年間の平均を基準とする），数量ベースで21％（基準年は86年から90年平均とする）削減することを申し合わせた。また新たな品目で輸出補助金を追加できないことも決められた。

　域内支持については黄色，青色，緑色の三つの政策のうち，黄色の政策の保護水準を6年間で20％（基準は1986年から88年平均）削減することで合意を見た。黄色というのは農産物の増産が補助金の増加につながる生産刺激型の保護政策をいう。関税，価格支持，補助金によって貿易が妨げられる場合も黄色に含まれる。このような政策が一定の算定方式で数値化され，これを20％削減するというものであった。

　青の政策とは直接払いのうち生産調整を前提とするものであり，これは削減の対象外であった。欧州共同体の直接払いも青の政策と見なされた。

　緑の政策は食糧安全保障のための公的備蓄，生産に結びつかない災害からの救済措置などが該当するが，これも削減の対象外とされた。

　他方，市場アクセスについては，原則として，すべての国境措置が関税化され，全品目の単純平均で6年間に36％，各品目は最低15％削減することが合意された。また欧州共同体の可変輸入課徴金（variable import levy）制度は関税化へ移行した。

3. 欧州連合のアジェンダ2000

　欧州共同体の最近の農業改革は先行する二つの改革，1992年のマクシャリ

一改革（当時の欧州委員会マクシャリー農業担当委員が提案した改革案にもとづく）と，98年に農業改革の目標に掲げられたアジェンダ2000として開始された。

　1992年改革は，ガット・ウルグアイ・ラウンド協定の農業分野での交渉を1歩前進させた。この改革は主要農作物（穀物，油糧種子，それに蛋白作物）と牛肉に焦点を合わせ，保証価格（介入価格）をかなりの程度引き下げる代わりに，農家に対しては直接払いによって価格引き下げの補償をすることを骨子とするものであった。

　1992年改革案は，ウルグアイ・ラウンドの農業分野での交渉妥結への準備を整える助けとなった。改革案は主要農産物と牛肉に焦点を合わせ，保証価格（介入価格）をかなりの程度引き下げる代わりに，直接払いによって農家の収入を補償することに置かれていた。この直接払いは農家に対する10％の強制減反と結びついていた。ただし支払いは農地に作付けし生産することが条件とされており，減反は条件とされていなかった。また，92トン以下の作物しか生産しない農家は減反する必要がなかった。少数の肉牛を肥育している農家には，割増の支払いも用意されていた。

　1992年改革以前には，保証価格（介入価格）がしばしば国際価格を大幅に上回る水準に設定されており，市場で販売しきれない農産物が何トンあっても，その数量に対して高い保証価格が欧州連合の農家に支払われていた。この結果，欧州連合各国には小麦，大麦，牛肉，バター，脱脂粉乳，それにワインが山と積み上がった。生産過剰は「バターの山，ワインの湖」[20]と皮肉られた。92年改革では牛肉の介入価格を15％，穀物の価格を30％引き下げた。欧州連合の農家は価格引き下げによって所得が減少した分を，農家が引き続き生産を継続している限り，過去の単収と家畜頭数を基礎とする直接払いによって補償された。

　1999年6月末，筆者はドイツとデンマークへ欧州穀物市場の調査に出掛けた。その途中でドイツ，ラッチェバーグの穀物集荷会社ART社長のローテンバーグ氏とEC域内，とりわけドイツ国内の穀物流通について話し込んだ。そのとき，たまたま話題がアジェンダ2000（中期財政計画）に及んだ。そこで「アジェンダ2000の目指している政策目標の中で，最も重要な点は何なのか」と

質問すると，彼は「介入価格をできるだけ市場価格に近づけることだ。EC域内では商品によって極端に高い介入価格が設定されているが，それでは財政負担が重くなる。農業予算の赤字垂れ流しは，いずれ続けられなくなるだろう。介入価格と市場価格との格差が縮小すれば，農業予算の総額はそれだけ削減され，加盟国の負担は小さくなる」と説明してくれた。アジェンダ2000の内容について，これほど簡潔な言葉で答えてくれたのは，彼が最初であった。その説明を聞きながら筆者は，大西洋を挟んだ欧州連合とアメリカの双方で，農業政策の基本が生産刺激的な価格支持から，直接払いによる所得補償へと大きく転換したことを実感した。

アジェンダ2000は主として欧州連合の10カ国の東方への拡大に備えて立案された。牛肉の保証価格はさらに20％引き下げられ，穀物の保証価格も15％引き下げられた。直接払いは農家の収入低下を補償するために行われたが，実際の補償は収入の半分を埋め合わせただけであった。直接払いを受ける農家はその支払いを受ける前提条件として，土壌や水質の汚染を防止する環境保護策を実施しなければならなかった。アジェンダ2000は将来の酪農改革の基礎となるもので，バターや粉ミルク価格の強制的切り下げを段階的に導入することが決められていた。この価格切り下げは2005年に開始された。

直接払いは，減反政策の受け入れと自然環境を保護する健全な農場経営を行うという2003-04年改革の準備を整えることも目的としていた。欧州連合の農家は低価格と引き換えに直接払いを受けることが習慣となり，他方で減反政策と環境保護に役立つ農法を採用するようになった。欧州連合の納税者は共通農業政策には高いコストがかかることを痛感していた。というのも，直接払いの原資になるのは彼らの収める税金だからである。この時期は，人々の関心が動物の多様な健康問題に向けられていた。例えば，人々の健康に関わりを持つ狂牛病や農業生産における環境問題（硝酸肥料による汚染）と，偶然にもほとんど一致していた。これらの問題について，農業の機能や欧州連合の農業政策の役割を中心にした公開討論が各地で開かれた[21]。

以前の共通農業政策の改革案は堅固に練り上げられていたし，加盟国は改革案の原則を十分に受け入れていた。そこで欧州委員会はアジェンダ2000の指

令にもとづく有効性の見直しを行った後，2002年に改革案を提案した。偶然の一致とはいえ，世界貿易機関（WTO）の主催による農業に関する多国間協議が近づいており，提案された改革案は，もし認められれば，交渉のテーブルに着く欧州連合に広範な交渉力を与えたかもしれない。提案は以前の改革案で認められたことを基礎にしており，より多くの商品分野と直接払いを含むものであった。ただし特定の作物の生産とは切り離されていた（分離払い）。改革案は03年6月に承認され，続いて04年4月に商品数を拡大した。04年7月には砂糖改革案も提案された。

4. 欧州連合の拡大と農業改革の継続

　欧州連合は2003年6月，その共通農業政策の3度目の主要な改革案を成立させた。03-04年の共通農業政策改革案は，多くの目標を達成するための主要な手段として，商品に対する支持を00-02年の平均的な商品ごとの支払いから，直接払いによって農家を支持する方法に代えた。分離払いは欧州連合の農家をして介入政策より域内市場のシグナルに敏感に反応するように促した。しかし加盟各国はその耕作地の25％の上限までは農作物に対する連動払いを維持することができた。

　農家は個別払い（the Single Farm Payment = SFP）を受けるには食品安全，家畜の福祉，環境基準を受け入れなければならなかった。もっとも，前回の改革案とは異なり，加盟国が一部で分離払いを選択した場合には，農家は作物を生産する必要がなくなった。欧州連合加盟国はたいてい，改革案の実施時期について許容範囲内（2005年，06年，07年のいずれか）で利益を得ることを目論み，支払いと生産とを結びつける比率を設定することができた。もちろん個別払いを受ける資格を得るためには，農家は作付けしていない耕作地も良好な状態に保たねばならなかった。そのうえ，牧草地には農作物を作付けすることはできず，農業以外の目的に使用することもできなかった[22]。

　新しい改革案は新しい政策手段を導入させただけでなく，一部で価格の引き下げも行われた。それでも主要商品に対する保証介入価格は概して国際価格より高くなった。介入価格は以前と同様，共通農業政策の重要な構成要素であっ

た。欧州連合は依然として高関税の壁という重荷を引きずっているため，改革案は市場アクセスについて何ら言及していない。一部で介入価格の引き下げが行われたこともあり，将来は，共通通貨ユーロの為替レート次第で，余剰農産物の単位当たりの輸出補助金を削減する効果があるはずだが，輸出補助金は余剰農産物に対し，これまで通り給付されている（WTOの制限内）。ちなみにユーロ高によって最近は欧州連合からの輸出品が値上がりし，補助金付き輸出はWTOの認める数量の上限に接近している。

　振り返れば，欧州連合は1992年に共通農業政策の包括的な改革に乗り出し，98年のアジェンダ2000を通じてかなりの改革を成し遂げ，それを2003年と04年の改革，さらに05年の砂糖改革へとつなげてきた。とはいえコメという例外を除けば，バター，粉ミルク，砂糖（砂糖改革の成功が条件になる），おそらく牛肉の改革案も，世界の商品市場に目立った影響を与えることはないと思われる。

　にもかかわらずWTOにおける多国間の農業交渉にはかなりの効果をもたらすだろう。新たに設けられた政策手段，例えば分離払いや条例と政策を強化するコンプライアンス・ルールの適用は，域内からのあるいは国際的な挑戦を迎え撃つ，欧州連合の柔軟性を高める重要な追加措置となることが期待されるからである。農地の減反，介入価格の切り下げ，生産割り当ての削減，それに多様な農村発展の諸施策のための基金創設を組み合わせた最近の改革案は，欧州連合の政策担当者に対し，国際交渉における柔軟性をもたらす。なぜなら，このような裁量権は1992年改革以前には与えられていなかったからである。

　欧州連合における生産と消費に関する2003-04年改革案の帰結は，改革案の実施が05-07年まで先延ばしされるため，はっきりしない。さらに，改革案の実施時期をいつにするかは欧州連合加盟国に認められた自由裁量に委ねられているから，先行きの見通しは一層不明確になる。また，欧州連合の拡大は，ある議題について一定の結論を得ることを難しくし，最終的な結論に達するのに時間がかかるという別の問題を生む。というのも，10カ国の新加盟国は新価格，標準，ルール，条例を定めた8万ページに及ぶ加盟国条件を満たさねばならないからである。

だが，過去の記録の示すところによれば，欧州連合の農業収入にも消費にも大きな影響は出ていない。生産や貿易に与える最終的な影響は不明だが，世界市場に対してはかなり建設的であり，影響が出るような場合にも貿易をゆがめることにはならないと考えられるからである[23]。

5. 欧州連合のバイオ燃料政策

　欧州連合では，バイオディーゼルはトラック輸送に使われる重要なバイオ燃料である。2008年にはバイオ燃料市場の75％のシェアを占めた。2番目は20％の市場シェアを占めるエタノールである。欧州連合ではドイツ，フランス，イタリアがバイオディーゼル商業化の先頭を走っている。ヨーロッパでは伝統的にディーゼル車の人気が高い。というのは長距離走行時の燃費が安上がりになるからである。

　2005年にヨーロッパ域内で販売された乗用車のうち，ディーゼル車の割合は半数を超えた。バイオディーゼルの原料に域内で生産される菜種を使えば農業振興になるし，原油の消費量も削減できる。バイオディーゼルの普及はヨーロッパでは利点が多いのである。欧州連合には80余りの工場があり，07年には535万トンのバイオディーゼルを生産した（アメリカの生産量の18倍である）。07年の上位3カ国（ドイツ，フランス，イタリア）は，欧州連合の生産高の80％を占めた。

　欧州共同体は1992年，共通農業政策（CAP）にいくつかの変更を加えたが，これがバイオディーゼル産業に強い影響を与えた。欧州共同体ではそれまで生産刺激的な価格支持を行ってきた。ところが穀物やその他の作物の生産が増え過ぎたため，新しい減反政策の導入を余儀なくされた。共同体の農家は耕作地の10％には食糧や飼料作物を作付けすることを禁止された。一方では，減反中の耕作地には工業用の菜種，ひまわり，大豆を作付けすることが認められた。この規定の下で，農家はバイオディーゼルの供給原料（feedstock）を生産することが収入を増やす選択肢の一つとなった。このため2003年の初めからバイオディーゼルの生産が急増した。

　当時，共同体では休耕を条件に直接払いを行っていたが，非食用のバイオ燃

料作物の生産は，休耕地が活用できるため例外として認められ（ブレアハウス協定ではEUが非食用の油糧種子を大豆換算で100万トンまで生産することが許されていた），補償金が支払われた。欧州共同体の輸送部門のエネルギー消費は，エネルギー消費量の3割を占めているから，ガソリンやディーゼルなどの輸送用燃料を化石燃料からバイオ燃料に切り替えることは，自然の成り行きであった。2003年には，休耕地で燃料の原料となる農産物を生産すれば，これに対して補助金が支払われた。その対象国も拡大し，休耕地の上限も引き上げられた。

　一般にバイオディーゼルの生産コストの約70％は原料代が占めている。したがって植物油の生産コストに影響を与える要因が，植物油から精製されるバイオディーゼルの価格を左右する。植物油の価格は国際市場で決められ，バイオディーゼル製造業者はその価格をコントロールすることはできない。しかし，2000年8月には史上初めて，世界市場の原油価格が植物油価格を上回った[24]。

　他方，バイオエタノールも欧州共同体における2番目に重要なバイオ燃料で，バイオ燃料生産量の18.5％を占めている。エタノール生産に使用される原料は主に小麦とライ麦である。小麦からは1ブッシェル当たり2.75～2.8ガロンのエタノールが抽出される。その精製歩留まりはトウモロコシと比べて遜色がない。小麦の大生産国である欧州共同体にとっては，将来有望な原料である。

　欧州共同体にはフランス，イタリア，スペイン，ドイツのようなワイン生産国が加盟している。このため，共同体ではワインからもエタノールが製造される。欧州連合における2005年のエタノール生産量は72.1万トンであった。国別ではスペインの生産量が24万トンで最も多く，次いでスウェーデン13万トン，ドイツ12万トン，フランスが10万トンの順になっている。

　欧州連合は原油を自給できないので，中東産原油に依存せざるを得ない（ただし依存度は日本より低い）。このため，バイオ燃料の使用拡大に熱心である。欧州連合にとってエネルギー安全保障とは，たいていの場合，ロシアからのパイプラインによる天然ガスの安定輸入を意味している。要するに，欧州連合の原油への関心はもっぱら，中東の政治を安定させて原油価格の急騰を防ぎ，石油

の消費量を削減して二酸化炭素の排出を抑制することに向けられている。

　2008年1月，欧州理事会は欧州議会に対し，バイオ燃料の持続可能性基準として，化石燃料に比較して温室効果ガス排出量を35％以上引き下げられなければ，そのバイオ燃料の普及を推進してはならないとの提案を行った（アメリカにおけるトウモロコシ由来のエタノールの製造には，石油ガソリンよりもかえって二酸化炭素の排出量が多いとの研究が発表されている。この欧州理事会の基準が国際的に適用されれば，アメリカのエタノール計画が非難を浴びることになるだろう）。

　この提案は2008年12月に「気候・エネルギー政策パッケージ（EU Energy and Climate Change Package）」として欧州議会で採択された。欧州議会は気候・エネルギー政策パッケージを採択し，「トリプル20」と呼ばれる目標を設定した。欧州理事会は気候変動の激化を阻止するため，温室効果ガス排出量の削減に本腰を入れて取り組むことを，政策課題として決定したのである。この三つの20というのは，20年までに欧州連合の温室効果ガスの排出量を1990年比で最低20％削減し，更新可能エネルギーの市場占有率を20％に引き上げるとともに，全エネルギー消費量を20％削減することを目指したのである。また，輸送用燃料の10％をバイオマス，電力，あるいは水素由来の燃料で代替することにも合意した[25]。

　バイオ燃料の生産比率は各国の裁量に委ねられている。バイオ燃料以外では鉄道，電気自動車，水素燃料などが想定された。また，域内で生産されるバイオ燃料のみならず，輸入品を利用しても域内産と同じように計算されることになった（2008年のヘルスチェックで，休耕制度は全廃され，バイオ燃料の原料への補助金の給付も停止されたが，バイオ燃料の生産は着実に増加している）。

　とはいえ，欧州連合のバイオエタノールの世界シェアは，4％に過ぎない。アメリカはトウモロコシ由来のエタノールの生産では世界首位に君臨し，ブラジルはサトウキビ由来のエタノールの生産で世界1位を占めている。他方，欧州連合はバイオディーゼルの生産では世界生産の8割と，圧倒的なシェアを持つ。国別では最大の生産国はドイツで，欧州連合域内では4割弱のシェアを持つ。次いでフランスが3割弱である。バイオ燃料の原料として穀物は域内産の2％，油糧種子（菜種）は40％近くが使用されている。

輸送用燃料に占めるバイオ燃料の比率は，2006年には3％に過ぎなかったが，今後一層の増加が見込まれる。2020年までにバイオ燃料によって10％が代替されることになれば，穀物の20％，菜種の60％ないし70％がバイオ燃料の生産に振り向けられるはずである。

注

1) 藤井良広『EUの知識』日本経済新聞社，2010年，217-218ページ。
2) 牧野純夫『ドルと世界経済』岩波書店，1964年，88ページ。
3) 藤井良広，前掲書，140-141ページ。
4) 拙著『アメリカの穀物輸出と穀物メジャーの発展〔改訂版〕』中央大学出版部，2009年，19ページ。
5) 荒川弘『欧州共同体』岩波書店，1974年，38-39ページ。
6) 荒川弘，前掲書，33-37ページ参照。
7) 拙著，前掲書，20ページ。
8) 日本経済新聞社編『先物王国シカゴ』日本経済新聞社，1983年，106ページ。
9) 薄井寛『アメリカ農業は脅威か』家の光協会，1988年，212ページ。
10) 薄井寛，前掲書，214-215ページ。
11) 『日本経済新聞』1985年7月24日。
12) 薄井寛，前掲書，225-226ページ。
13) 『日本経済新聞』1987年7月7日。
14) 久保田広正・田中友義編著『現代ヨーロッパ経済論』ミネルヴァ書房，2011年，167ページ。
15) 『日本経済新聞社』1992年1月8日。
16) USDA, "*CAP Reform of 2003-04*" WRS-04-07, The Economic Research Service, August 2004, p. 2.
17) 拙著，前掲書，36-37ページ。
18) 山下一仁『農業ビッグバンの経済学』日本経済新聞出版社，2010年，186-187ページ。
19) 服部信司『価格高騰・WTOとアメリカ2008年農業法』農林統計出版，2009年，46ページ。
20) 山下一仁，前掲書，142ページ。
21) USDA, *op. cit.*, p. 2.
22) *Ibid.*, p. 2.
23) *Ibid.*, p. 5.
24) 拙稿「中南米等バイオ燃料政策をめぐる動向」『海外農業事情調査分析事業アフリカ・ロシア・東欧・中南米地域事業実施報告書』国際農林業協働協会，2009年，275ページ。
25) 久保田広正・田中友義編著，前掲書，177ページ。

第4章

旧ソ連，小麦の大輸出国へ変貌

第1節
旧ソ連の穀物輸入

1. ロシアの小麦輸入の歴史

　ソ連の食糧問題を考えるに当たっては，まずソ連の穀物輸入の歴史，とりわけ1963年から1988年までを一瞥しておく必要がある。ソ連は63年に東西冷戦の開始後，初めてアメリカから穀物を購入した（実際の船積みは，63年11月にアメリカ大統領ケネディが凶弾に倒れたこともあって，64年の年初までずれ込んだ）。厳しい冷戦下では利敵行為になるソ連への穀物の輸出など及びもつかないことであった。このときの輸入は1回限りのワン・ショット・ディールであった。

　ソ連では1970年代に入ると，飢餓はもはや差し迫った危険ではなくなったと思われた。55年から72年の間に，ソ連の穀物生産は年間1億トンだったものが2億トン以上へと倍増した。これは半ば，ニキタ・フルチショフが，シベリア西部の広大なステップを開拓させ，小麦を栽培させたためであった。その実態は，しかし，ソ連の指導者たちもよく心得ていたように，統計上の数字ほど立派なものではなかった。ソビエトの農業はきわめて非能率的[1]であった。

　ソ連の総体的な穀物生産高は，アメリカにはるかに及ばず，集団農場や国営農場の生産性を高めるには，大きな困難がいくつもあった。また構造的，経済的な問題のほかにも，気象上の問題があった。この国の穀物農場の3分の2が，雨不足になりやすい土地にあった。1969年から72年までの4年間は，北大西洋からの強い気流のせいで，降水量が増え，冬暖かく夏涼しい，穀物にはうってつけの天候に恵まれた。ソビエト農業が主要な余剰生産を生み出したのは，この4年間だけであった。

　ソ連の食糧不足と農業システムの欠陥は政策の点でも，戦略の点でも数々の不都合な問題を生んだ。1971年ソ連は自国または他国の穀物を，東欧，キューバ，北朝鮮，北ベトナム，エジプトなどへおよそ800万トン提供することを確約した。クレムリン首脳はこの約束と，ソ連国民の食生活を向上させるため

の第9次5カ年計画（71-75年）との板挟みに陥った。その不十分な食糧供給体制が世界の指導的国家になろうとするソ連の野望にとって大きな弱点となった。それはソ連が支配する共産圏内部においても絶えず不安定を生む要因でもあった。

ソ連は1972年には1年を通じて旱魃に悩まされた。この年は春先から旱魃に襲われ，小麦畑には砂埃が舞うありさまで，小麦の生産高が激減した。ソ連はアメリカの穀物メジャーから大量の小麦やトウモロコシを輸入して，需要を満たさざるを得なかった。これは「大穀物強盗（Great Grain Robbery）」と呼ばれたが[2]，東西冷戦のさなかで対ソ穀物大型商談が極秘裏に進められていたのである。

その背景に何があったのか。考えられるのは，隣国ポーランドで1970年のクリスマス直前に起こった食糧暴動であった。この値上げにポーランドの港湾労働者が反発した。彼らは食品値上げ法案の受け入れを拒否した。港湾労働者たちは，グダニスクの共産党本部を焼き討ちし，バルチック海の港湾都市シュチェーチンの造船所を占拠した。ワルシャワの共産党指導部は，この値上げ法案を撤回せざるを得なくなった[3]。事件の一部始終を見ていたクレムリン首脳は，国民の食卓にパンと肉を載せなければ，ソビエトでも食糧暴動が起こるに違いないと考えた。暴動を防ぐには不足する穀物を輸入し，国民の食卓を豊かにするほかない。

国内の政治的動揺を防ぐため，ソ連は1972年7月から穀物の大量買い付けを開始した。それ以来，毎年3500万トンから4000万トンに上る穀物を，アメリカから恒常的に輸入するようになった。ソ連が世界最大の穀物輸入国に踊り出たのである。

ところでソ連は穀物を買い付ける資金をどうやって調達していたのか。金の売却によった。ソ連は世界有数の産金国であったから，保有する金をチューリッヒで秘密裏に売却し，資金を得ていたのである。ソ連が崩壊したのは1991年12月であった。アメリカとソ連との穀物貿易を通じた蜜月は，およそ20年という短期間で終わった。

ソ連邦崩壊後の1991/92年度から97/98年度まで，ロシアを含む旧ソ連の小

麦輸出は平均して年間600万トン台で推移していた。それが98/99年度に875万2000トン，99/2000年度に926万5000トンへ増加した。輸出が1000万トンを突破したのは01/02年度で1397万1000トンであった。01年9月11日にはアメリカのニューヨークで同時多発テロが起こった。これが原油価格高騰のきっかけとなり，ソ連経済に時ならぬ「恩恵」をもたらしたのである。

2. 東西冷戦の終結とソビエト連邦の崩壊

　1989年12月2日，3日の両日，アメリカ大統領のブッシュ（父）とソ連の共産党書記長ゴルバチョフは地中海の保養地マルタ島で首脳会談を行い，東西冷戦の終結と新時代の到来を宣言した。米ソ両超大国の覇権のもとで展開してきた国際政治の対立軸が消滅した瞬間であった。

　冷戦終焉の象徴は1989年11月9日（木）のベルリンの壁の崩壊であった。ゴルバチョフ大統領が86年から始めたグラスノスチ（情報公開）とペレストロイカ（立て直し）が，共産党官僚専制を直撃した。ソ連の共産党独裁体制の弊害と行き詰まりが明らかになり，共産主義体制の革新を求める造反の政治意識が広がった。これまで甘い汁を吸ってきた共産党幹部，軍上層部，そして秘密警察（KGB）のボスとその手先の者たちが，反ゴルバチョフで結束し，ソ連クーデターの底流となった。

　ゴルバチョフ大統領は経済の活性化を図るため企業に経営自主権を認めた。上からの計画を押しつけるだけでは，企業経営は発展しないと考えたからである。しかし，結果は商品が店頭から姿を消すという惨憺たるものに終わった。というのは企業に経営自主権を認めるやいなや，経営者たちは自分と労働者の給料を引き上げたからである。収入の増えた労働者は，商品をこれまで以上に買い求めようとした。価格メカニズムが働いていれば，需要が増えれば，まず商品の価格が上昇する。価格が上昇すれば，これを見た企業が増産に励むから供給は増えるはずである。ところがソ連では長く価格統制が続いていたため，商品の価格が低く据え置かれていた。給料の上がった労働者は安い商品の買いだめに走った。商店の店頭から商品が消え，これがまた買いだめを助長した。国民の不満が高まるのも無理はなかった。

ゴルバチョフは経済を自由化し，国民が自由に意見をいえるようになれば，社会に新しい活力が生まれ，民主化された共産党が国民の支持を得て政権を維持していけるという構想を描いていた。ところが実際には商品が店頭から姿を消し，過去の共産党による支配がどんなものだったかを知ったソ連の国民は，共産党支配への不満を募らせた。ソ連国民の不満を知ったソ連共産党の幹部は，ゴルバチョフ流の改革に危機感を抱いた。「ゴルバチョフに任せておくと，ソ連共産党は政権を失い，ソ連という国がバラバラにされてしまう」[4]，こう考えたのである。その結果が，クーデターであった。

　この保守派のクーデターに端を発した政治的混乱が「1991年8月革命」に発展し，ソビエト型社会主義は崩壊の憂き目を見た。91年8月19日，ソ連共産党のゴルバチョフ書記長が夏休みをとって黒海近くのクリミアの保養所に滞在している隙をついて，ソ連政府の高官8人が「国家非常事態委員会」を設置した。その8人はヤナーエフ副大統領，パブロフ首相，クリュチコフKGB議長，ヤゾフ国防相，プーゴ内相など，ゴルバチョフ大統領によって引き立られた者たちであった。彼らは記者会見を開き，その席上でゴルバチョフは病気のため，ヤナーエフ副大統領が政権を引き継いだと発表した。

　しかし綿密に練り上げられた計画も持たず，国民の支持もなく，軍の協力も取り付けていなかったクーデターはあっけなく失敗し，クーデターの首謀者8人のうち1人は自殺，7人は逮捕された。軟禁されていたゴルバチョフは，ロシア共和国大統領エリツィン（当時ロシアはソ連を構成する15の共和国の一つであった）の指示で派遣された，ロシア共和国の副大統領一行に救出され，モスクワへ戻った。この一連の騒動によって，ゴルバチョフとエリツィンの立場は完全に逆転した。

　エリツィンはソ連共産党中央本部の建物を封鎖し，共産党の活動を禁止した。またロシア共和国内にあるソ連の国家財産を，すべてロシア共和国の所有物にした。ロシア共和国は本来，ソ連の一部に過ぎない。しかしエリツィン大統領はロシア大統領であるにもかかわらず，ロシアの上位に位置するソ連の財産を乗っ取った。だがゴルバチョフはエリツィンのとった超法規的行動に抵抗することはできなかった。

第4章　旧ソ連，小麦の大輸出国へ変貌　　129

1991年8月24日，ゴルバチョフはソ連共産党書記長を辞任し，その道連れに党中央委員会を解散させた。ソ連共産党は1800万人の党員を擁していたが，それが一瞬にして消滅したのである。これは保守派のクーデター失敗という好機に付け込んだエリツィンの第1次クーデターであった。保守派の最初のクーデター失敗が連鎖反応を起こしたのである。

3. ゴルバチョフの後を継いだエリツィン

　エリツィン大統領は1991年12月8日，ウクライナのクラフチュク大統領，ベラルーシのシュシケビッチ最高会議議長とベラルーシ，ミンスク郊外のベロベーシの森の別荘に集まり，秘密会議を開いた。この会議の結果を受け，エリツィンはソ連の解体と独立国家共同体（CIS）の創設を発表した。これまでソ連を構成していた共和国のうち，ロシア，ウクライナ，ベラルーシの3カ国だけで独断で「ソ連解体」を宣言し，ソ連に変わるべきものとして，「独立国家共同体」[5]を発足させたのである。言い換えれば，ソ連という国家の代表や国民の意見を聞かずに，3カ国の指導者だけで国家の最重要事項を決定したことになる。すなわち明らかな不法行為であり越権行為をなしたことになる。これはエリツィンの第2次クーデターというべきものである。

　ソ連には多数の民族が住んでいるが，ロシア，ウクライナ，ベラルーシはスラブ民族が大部分を占めている。そのスラブ民族だけで独立国家共同体を作ったのである。これにはソ連を構成していたほかの共和国が猛反発した。混乱を繰り返した挙句，ソ連を構成していた15の共和国のうちバルト三国を除く12カ国が加わって，独立国家共同体が結成された。同年12月25日，ゴルバチョフはソ連大統領を辞任，ソビエト社会主義共和国連邦は正式に消滅した。1922年の建国以来，69年後のことであった。

　旧ソ連の経済体制は社会主義的，中央集権的であった。計画当局のゴスプラン（GOS＝ソ連国家計画委員会）が策定した5カ年計画にもとづいてあらゆる資源が分配され，銀行もゴスバンクで国有であり，それを政治局が監督していた。

　穀物の輸出入は，ゴスプランの下でソビエト穀物輸出公団（Exportkhleb＝エクスポートフレブ）が窓口となって行われた。公団の業務は一義的にはソビエト

産穀物（主に小麦）の輸出にあった。というのも，1960年代末までソ連は世界屈指の小麦輸出国だったからである。しかし，ソ連は72年から穀物輸入国に転換したため，輸出公団が輸入も手掛けるようになった。例えば77年にソ連は年間3500万トンの穀物を輸入している。

ところで崩壊直前のソ連は，どのような状況になっていたのか。この点についてピーター・ドラッカーは『未来企業』の中で以下のように述べている。

「スターリン主義の国では，過去40年間，だれも事実を報告することが許されなかった。60年前，5カ年計画がはじまった頃のソ連の古い小咄に，会計係を採用することになった工場長の話がある。工場長は応募者一人一人に対して，『2足す2はいくつか』と質問した。結局彼が採用した人間は，『ところで同志，答えはいくつをお望みですか』と答えた応募者だった。／この答えは，グラスノスチとペレストロイカの時代にあっても，なお正しいものとされている」，「今年なぜ，昨年秋の記録的収穫という輝かしい報告がなされたのか。それは，モスクワがそのような報告を必要としたからである。そう考える以外，今日，ソ連が飢餓に近い状況にあることを説明できない」，「スターリン主義の体制では，意思決定は，できるだけ地位の高いところで行われる。これが『計画』の本質である（そして言うまでもなく，これが中央の企画立案が機能しなかった主たる理由である）。どれだけ生産すべきか，製品はどのようなものであるべきか，費用はどれだけかけるべきなのかなどのすべてが，『計画』のなかに定められている。雇うべき人間の数，給料，ボーナス，肩書，昇進も定められている。これらすべてのことが『計画』の実行の担当者からのインプットが，ほとんどあるいはまったくなしに，高いところで決定される」，「旧共産圏を視察してきた人々の報告によれば，決断を迫られるほど，人々を恐れさせるものはないという。過ちを犯す不安で，身がすくんでしまう。際限なく会議を開き，さらなる調査を要請し，結局誰かもっと上のものが責任を負うべきであるもっともらしい理由を見つけ出す。しかし，市場経済の本質とその強みは，市場と顧客に近いところで意思決定することにある。セールスマンや現場監督にいたるまで意思決定をする。セールスマンは，期待のない

客を訪問しないことを決め，現場監督は，具合の悪い箇所を直すために生産ラインを止めることを決める。だがこれは，40年間もスターリン主義の体制下で暮らしかつ働いてきた人々には，ほとんど考えられないことである」，「最後に，経営風土というはるかに大きな問題がある。自由企業や市場経済がいかなるものかということについて理解が欠如している」[6]

これが「計画経済」の実情であった。

ソ連邦が消滅した後，政権はロシアを中心とする独立国家共同体（CIS）へ移行した。だが崩壊直後のソ連は，政治も経済も混乱の極みにあった。とくに外貨の不足は深刻であった。外貨が不足している状況下では，CISはアメリカから穀物を輸入することができない。そこでCISは穀物を輸入するため，アメリカの信用供与（簡単にいえば借金）を受けることになった。その信用供与の窓口になったのがロシアの穀物輸出公団である。CISがアメリカから信用供与を受けるには，事前の債務返済能力の査定が条件になる。ただCISのメンバーである（ロシア以外の）共和国には返済能力に懸念があるうえ，対外決済銀行が存在しないからであった。

4. アメリカの信用保証の下で穀物輸入

アメリカは1990年の10億ドルに続き，91年に15億ドルの穀物信用保証をソ連に供与した。米国農務省筋では，「そのうち8月に供与された6億ドルの穀物購入資金融資に，アメリカの金融機関は参加しなかったことを明らかにした」，「欧州の4金融機関の参加によって融資は実現した」ものの，「米国政府保証の付いた対ソ穀物融資に米国金融機関が加わらなかったのはこれが初めて」[7]だという。

米国政府の保証は元本の98％と金利（年率約7％）のうち年率4.5％の部分に付けられていたが，アメリカの金融機関は焦げ付く危険の大きい融資に慎重になったと見られる。一方，欧州の金融機関は自国の政府の働きかけもあって融資には協力したが，政府保証のつかない部分について，20％を超える高い金利を要求したといわれる。

ゴルバチョフ大統領はペレストロイカの掛け声のもとに，ソ連の経済・政治

の大胆な改革に着手した。経済面では，すでに機能不全に陥っていた古い計画経済に替えて，市場原理の導入を目指した。その第一歩として，1986年には独立採算制と自己資金調達制を主柱とする「国家企業法」を採択した（88年から実施された）。ただゴルバチョフが目指していたのはあくまで「既存体制内改革」であった。彼は共産党の一党独裁，計画経済システム，ソビエト連邦を維持することに固執していた。このため多党制による政治システムや価格自由化，それに民間企業の創設には踏み切らなかった。

　ニューヨーク・タイムズの記者で，ピューリッツアー賞を受けたジャーナリスト，デイビッド・ハルバースタムはその著『ネクスト・センチュリー』の中でロシア農業の惨状について述べている。ソ連の崩壊直前の1990年春のことである。

　　「簡単な修理ができないために錆ついて使えなくなった農業機械の話や，修理もせずに（修理をしたところでおそらく元通りにはならない代物なのかもしれないが）機械を壊してしまうという話はよく耳にするところだ。だが一番ひどい話は，流通制度に関するものと相場が決まっている。最も集権化の進んでいる社会が，物流の面で最も集中管理が遅れているのは皮肉である。収穫された大量の農作物が鉄道の駅に運び出され，冷蔵機能のない貨車に積み込まれる。ところが，貨車は退避線へ移されたまま放置され，悪臭が漂い始めるまでだれも気にとめない。こうした話はザラだ。この種の不手際で，収穫された農作物のおよそ半分が市場に届く前に消えてしまうという推計もある」[8]

という。それだけではない。ゴルバチョフの財政顧問の一人が，ある日，こう漏らしたという。

　　「西ドイツが東西ドイツの統一を早めるために，ソ連に約30億ドルの借款を提示するという話があった。数週間後話は本決まりになったが，自分は喜ぶどころか，むしろぞっとした。ソ連に最も必要なのは，こうした『たなぼた』ではない。『われわれは，この30億ドルを無駄にしてしまう。それを活用するだけの能力を持っていないからだ。現在のやり方を続ける限り，どぶに捨てるようなものだ』」[9]

この顧問はその日，西側の銀行家との会合で自国民の性格について，次のように厳しく指摘したという。

「隣の人が自分よりも立派な家に住んでいたら，同じような家を持とうと思い一生懸命働く。これが西側の世界だ。ところがロシアでは，話がまるで違う。隣人の家に火をつけたいという気になる」[10]

1992年1月5日の『日本経済新聞』はモスクワ発の記事で，ロシアの穀物生産が3000万トン不足していることを伝えている。それを摘記すると，「ロシア商業資材省穀物委員会のチェシンスキー議長は4日，モスクワで記者会見し，ロシアでは現在約3000万トンの穀物が不足していると語った。約5200万トンの穀物需要量に対し，国家資源として調達可能な量は2250万トンに過ぎないという。このため，ロシアは今後もとくにアメリカやカナダからの穀物買い付けを続けるだろうとしている。同議長によれば，ロシアはアメリカと900万トン，カナダと400万トン，欧州諸国と300万トンの穀物輸入契約を締結済み。今後は穀物輸入の新規供与枠があるアメリカ，カナダからの追加輸入により，穀物不足を補う計画という。ただ同議長は海運による穀物輸送の支払い債務が近く1億5000万ドルに達すると指摘。ロシアの外貨不足が穀物輸送面でも障害になる可能性を指摘した」のである。

この記事によって明らかになることが三つある。それは，①ロシアでは1991年に小麦が不作に終わったこと，②アメリカやカナダから信用供与を受けて小麦を買ったこと，③小麦を輸入するための海上運賃の支払いにも事欠いていたこと，である。

ロシアでは小麦は主として冬小麦（8月末から9月にかけて作付けし，翌年7月末から8月にかけて収穫する）が栽培されている。春小麦（4月作付け，10月収穫）に比べて単位面積当たりの収量が多いからである。それでも3000万トンの小麦が不足する。

5．誤算続きの自営農育成

ソ連時代の農業についていえば，農家は必要な種子や肥料はすべて支給されていた。そうした農業資材をはじめとするインプット（投入要素＝トラクターな

ど）の入手についても，アウトプット（産出物＝収穫された食糧など）を販売することについても，農家が心配する必要はなかった。ソ連の農業はコルホーズ（集団農場＝生産手段の大部分が社会化された農民の共同経営による農場）とソホーズ（国営農場＝生産手段，生産物の一切が国有化された国営の模範農場で，農民は賃金労働者である。ゴルバチョフのペレストロイカ以降，個人農が増加した）によって担われており，集団農業が中心であった。コルホーズでは平均400戸程度の農家によって集団的に，平均3100ヘクタールの農場経営を行っていた。当初は国営のMTS（機械トラクター配給所）から大型農業機械を借り受けていたが，1958年以降MTSは解散してRTS（修理技術ステーション）に変わり，さらにコルホーズ支援機関としての全ソ連邦農業機械供給公社（セリホズテフニカ）に変わった。ソホーズは賃金労働者を雇用して広大な農場を経営すると同時に，コルホーズの指導にも当たっていた。

　ソ連では農民が農地の所有権を持たないことが，生産性低迷の理由の一つになっていた。

　なぜなら，集団農場に入った農民は労働者であって，1日に決められた労働時間を働けば給料にありつけるからである。時間外に働いても給料が増えるわけではない。時間外労働をする農民がいなくなれば，農産物の収穫高は大幅に減少する。日照りになっても水を撒かない。霜の降りる危険があるのに夜通し焚き火をして霜を防ごうとする者はいない。

　そこでゴルバチョフ最高会議議長（共産党書記長）は農業の生産性を向上させるため賃貸借制度を導入して，農民に「自分の土地」を耕作させる意識を持たせる政策を推進しようとした。「土地基本法」をめぐって，保守派からは「集団農場の破壊」や「社会益不平等の拡大につながる」などの批判があった。一方，急進改革派は完全な私的所有を法律で保証すべきだと主張していた。今回採択された法案は，完全な私的所有は認めていないものの，条件付きで農民の土地世襲を認めるもので，農業生産へのインセンティブ（奨励策）として土地改革を進めようとするゴルバチョフ議長ら穏健改革派の主張が反映されていた。

　ロシア人民代議員大会が1990年12月3日に土地の私有を認め，同月27日さ

らに「土地改革法」と「農民法」の二つの法律を可決し，自営農業に道を開いた[11]。代議員たちは何百万もの農民が熱狂的に反応し，彼らが忌み嫌っていた集団農場や国営農場を去って自営農民になろうとすると期待していた。だがそのようなことは起きなかった。ロシアの耕作可能面積 2 億1800万ヘクタールのほとんどは集団農場や国営農場に属し，3800万人の食と所得を与えていたため，自営農民になろうと思っても購入できそうな土地はほとんど見当たらなかった。

1990年代初めに鳴り物入りで開始された個人農の育成プロジェクトが失敗したのには，ほかにも理由がある。もともと旧コルホーズやソホーズの土地を使った農業には，大企業的な経営手法が必要であったが，コルホーズと個人農の生産条件はまったく違っていた。「ただ単に個人に私有の農地を与えれば，営農意欲が高まり農業生産は回復するというほど簡単なものではなかった」[12]のである。

1992年4月20日，「後退するロシア農業改革」と題する記事が，イギリスの国立医学研究所研究員ジョレス・A・メドベージェフの署名入りで『日本経済新聞』に掲載された。それによると，「自営農民（ロシアでは2002年2月末までに5万8000人が正式登録された）は最悪の状態にある。彼らには概して機械も燃料もない。その所有地は合計250万ヘクタール（ロシアの耕作可能面積の1％強に過ぎない）で，個々の持ち分は狭く，しばしば道路から遠く，また方々に散らばっている」。

1991年12月25日のゴルバチョフ辞任で行動の自由を得たエリツィン大統領は，その2日後に，最も急進的な大統領令「ロシア連邦における農業改革実施のための緊急措置」に署名した。これは92年春の種まきシーズン前に速やかに強制的な非集団化を目指したものだった。

しかし，1992年3月，同大統領は「92年春の種まきと収穫を組織的に行う措置」という新しい大統領令に署名，農業の市場経済化を事実上タナ上げした。同年3月6日のロシア政府の決定もまた，農場の強制的な再編を求めた91年12月29日の指令を修正したものであった。集団農場や国営農場という組織を将来どうするかは，地方行政当局よりも農場員たちの決定にかかってくる

だろう。もし大多数の農場員が従来通りの組織の中で働き続けることを望むなら，農場員たちは自分に配分される土地を集団農場や国営農場に登録することができるからだ。

1990年代のロシア経済は「極貧（destitution）」と「無秩序（disorder）」という言葉で表現する以外にない，破綻寸前の窮地に陥っていた。これらは，92年に旧ソ連から穀物輸出を開始する準備にソ連へ出張していたコンチネンタル・グレイン社の営業担当ジョージ・パウエルが，出張から帰ってわれわれに語ったソ連の実情であった。

ちょうどその頃『日本経済新聞』（1992年8月21日）は「旧ソ連，クーデターから1年」というコラムを掲載した。その記事の冒頭部分は，以下のようなものである。

「ソ連の解体を促した保守派によるクーデター事件が失敗してから21日で1年がたつ。旧ソ連は昨年，非鉄，貴金属などを大量に売却し国際相場の下落に拍車をかけた。しかし，ロシアを中心とする独立国家共同体（CIS）に移行した今年は，経済混乱による生産量の落ち込みなどが響き，輸出が減少。外貨不足から，穀物，羊毛の輸入も減っており，国際商品市場に及ぼす影響力は著しく低下している。1-7月のロシアの輸出額が前年同期にくらべ34％減少したのも，天然資源を柱とする国際商品の落ち込みが響いている模様。市場経済への移行に伴う混乱から生産設備の更新が遅れ，資材不足も深刻になっている」

6. 新興財閥オリガルヒの台頭

1990年代に入るとロシア，ウクライナ，カザフスタンの畜産業は劇的に縮小した。旧ソ連時代には輸入飼料や油糧種子を使用して高コストの畜産物を生産していたが，ソ連崩壊後は畜産物の供給を輸入でまかなうようになったからである。この結果，国内の飼料穀物需要は大幅に減少した。それだけではない。国内で消費しきれない飼料穀物を輸出市場へと向かわせた。

旧ソ連とかつての共産圏諸国の経済が直面した問題は，誰もがたじろぐほど大きかった。まず共産主義の下で機能していたゆがんだ価格制度を，単一価格

制度から市場価格制度へと移行させる必要があった。市場とその制度的基盤も作らなければならなかった。それまで国家のものだったすべての資産を民営化しなければならなかった。政府の定めた規則や法律の抜け穴を探すことに長じた人間の代わりに，これまでにないタイプの起業家を育成し，かつて非能率の代名詞であった資源の再配分を，新しい企業に委ねなければならなかった。

　市場経済への移行に当たってロシアは困難な選択を迫られた。最大の争点は，改革を導入するペースをどうするかであった。専門家の中には，迅速に民営化を進めなければ資本主義を利用して既得権益を手に入れる集団が生まれ，共産主義体制に逆戻りしてしまうことを懸念するものがおり，他方で，移行があまりに急速に進められると，政治腐敗が経済破綻の引き金になり，極左か極右への反動が生ずることを危惧するものもいた。前者を主張する専門家は「ショック療法」派，後者は「漸進主義」派と呼ばれた[13]。

　エリツィンが影響を受けていたのは，「アナトリー・チュバイスやエゴール・ガイダルといった多くの若いエコノミストたちと，改革は政治的推進力を行使して迅速に行うべきである」[14]と考える人々であった。

　これらの人々は，当時，数カ月という短期間で大きな変化を遂げたポーランドを手本にし，変化をスピーディに推し進めようとした。しかしモデルに使ったポーランドはロシアとは決定的な違いがあった。ポーランドはロシアと違って農業は社会主義化されてはいなかった。またエリツィンは政治権力を完全に掌握しておらず，守旧派の共産主義者たちが多数残っている中で，ロシアにビッグバンを起こそうとした。この試みは予想もしない事態を引き起こした。何が起こったのか。少数の富裕の人々の手に企業の株式が集中したのである。

　　「1992年に民営化が始まり，1万6000もの国営企業が民営化された。企業は国民に株式を分配し，誰もがそうした企業を所有できるようにした。ところが通貨価値が急激に下落したために，金に困った人々は価値の激減した株式を売却した。その結果，ごく少数の富裕な人々の手に企業の株式が渡ることになった」[15]

　市場経済化を推進しようという熱気の中で，1992年にはほとんどの物資の価格が一夜のうちに自由化された。インフレが起こり，貯蓄の価値は目減り

し，マクロ経済を安定させることが急務となった。1カ月に2桁台のハイパー・インフレが引き起こされるに至って，市場経済への移行は失敗に終わるのではないかとの不安が浮上してきた。それに対処するため，ショック療法の第2段階としてインフレ抑制が緊急課題となった。そのために金利を引き上げ，金融引き締め策を実施することを余儀なくされた。

　ところでロシアの法的制度は資金不足のゆえに崩壊したのではない。というのはロシアには契約制度をはじめとする西側のような法制度が存在しなかったからである。裁判所も腐敗していたし，税制も同様であった。増税をしようとしても，国民には税金を納める習慣がなかった。腐敗した企業も税金を納めようとしなかった。税金の徴収は命がけの仕事であった。飲酒の問題も深刻な社会問題になっていた。ロシア人は酒を飲む習慣を持つ者が少なくなかったが，1990年代から2000年代になると飲酒の習慣はさらに深刻化した。こうして機関や組織は崩壊し，すべてが機能停止状態に陥った。ロシア経済はなおも迷走を続けていた。

　1992年8月21日，『日本経済新聞』は「旧ソ連，クーデターから1年」という記事を載せた。その一部は137ページにも引用したが，その記事にはほかにも重要な内容が含まれている。それを摘記すると，「原油も生産量が落ち込んでいるが，それ以上に内需が減少しているため輸出量は上向きつつある。貴金属の売却量が大幅に減るとなると頼みの外貨獲得源は原油だけであり，無理をしてでも輸出せざるを得ないという事情もありそうだ」，「小麦，トウモロコシなどの穀物の輸入量も減少する見込みだ。米国農務省によると，1992-93年度は2500万トンで，前年度を34％下回る。穀倉地帯が天候に恵まれ，生産量が1億6000万トン余りと，前年より約11％増えると見られているためだが，米国政府の信用供与を受けて穀物を買い付けている旧ソ連は，今や市況の波乱要因とは見なされなくなった」というのである。

　もっとも，外貨獲得の手段となる一次産品については，大半の輸出入公団を民営化する一方で，貴金属，穀物は引き続き政府の管轄に置き，窓口を一本化した。食料は国民生活への影響を考慮したうえのことであり，貴金属は原油や天然ガスと並ぶ国家財政の要だからである（10年後の2002年になって，漸進主義の

処方をとるべきであったことが明らかになった。カメがウサギに勝ったのである。漸進主義者のショック療法派に対する批判は，ショック療法が失敗に終わることを正確に予測していただけでなく，その理由についても的確に指摘していた。唯一の誤りは失敗の度合いを控え目に予測していたことである）[16]。

7. 経済の立て直しに失敗したエリツィン

　ソ連経済の発展が輸送インフラの立ち遅れによって妨げられていたことも無視できない要因である。例えば道路は広大な国土にもかかわらず，総延長は60万km弱で，日本の半分以下にとどまっている。また施工技術が未熟なため舗装のひび割れや陥没も絶えない。構造規格は旧ソ連時代の中小型トラックを想定したままで，改善されていない。このような道路の未整備のため，輸送時間が長くなり不良品が発生し，「輸送コストが3割〜5割高くなっている」[17]と指摘されている。毎年国内総生産（GDP）の6％に当たる経済損失が発生するという。巨額な汚職も問題を悪化させている。道路の建設費用は欧州の2.5倍，中国の4倍に達するといわれる。道路整備のため毎年巨額の予算が投入されるが，多くは汚職によって消えてしまう。

　このことはロバート・ルービン米国財務長官の回顧録にも，

　　「（私が政権入りする前の）1992年，妻をともなってモスクワを訪れた際，すでに汚職と経済の混乱が広がりつつあるという印象を受けていた。当時，駐ロ米国大使を務めていた友人のロバート・ストラウスからも，いくつかの話を耳に入れていた。とくに驚いたのは，ロシアの高官が，ごく普通の取引を進める際にも，アメリカのビジネスマンに多額の賄賂を要求するという話だった。ストラウスは内々の会談で，この収賄を表沙汰にすると脅かして事態を収拾したそうである」[18]

と述べられている。このように90年代の旧ソ連の穀物生産は，ロシア経済と同じく不振が続いていたし，穀物の保管，輸送，マーケティングにも問題が山積していた。

　こうした中，1992年2月，米国農務省は6名の専門家をモスクワとキエフに送り，旧ソ連の食品マーケティング組織の非能率を改める手助けをすること

を発表した。グループは3名の農務省の農業マーケティング局の専門家であり，3名のアメリカ農業団体の代表であった。その中には，モスクワ商品取引所の顧問で，かつて北米穀物輸出協会の（NAEGA）会長の職にあったマイロン・ラサーソン（1970～80年代にかけてコンチネンタル・グレイン・カンパニーの筆頭副社長を務めた）も含まれていた。

　チームのメンバーは三つの分野に焦点を合わせて作業を進めることを要求された。第1に，市場情報を収集するための組織を作り上げること。第2に，商業を活性化するため共通の技術用語にもとづいた品質基準を定めること。第3に，取引規則の指導要領になるような仕組みを作り上げることであった。

　旧ソ連を訪問した米国農務省と民間の代表は，食品流通制度には組織化された卸売市場が根本的に欠けていることを明らかにした。農場から小売店までの流通過程で高水準の食品の損失が発生している。これは州境を超えると商品の所有権がなくなること，構造的な非能率が存在していること，実際の流通制度に多くのボトルネックがあることが理由である。

　チーム・リーダーであるAMSの役員ウェス・クリーベルは，「われわれは食品の損失が40％ないし50％生じていることを承知している。これは信頼できる輸送網や傷みやすい商品のマーケティング網が不在だからである。われわれの仕事はこれらの共和国に，どのようにして所有権を守り，利益による刺激を与えることが効果的で能率的な農産物の移動を円滑にしてくれるかを示すことにある」[19]と述べた。旧ソ連には，アメリカのような流通制度や所有権を保障する制度は存在しないも同然であった。

　旧ソ連の穀倉地帯であるウクライナ，ロシア，カザフスタンではインフラは未整備のままになっている。あるヨーロッパの銀行（ドイツ銀行）の試算によれば，これらの共和国では農作物は収穫されたが，貯蔵施設や輸送能力が著しく不足していたため，約1億ドルもの農作物が無駄になったといわれている。これでは1970年代半ばの旧ソ連と何も変わらない。

　1994年5月27日の連邦議会下院では，ロシア穀物購入公社のチェシンスキー総裁は，同年の国内の穀物生産は前年比1900万トン減の8000万トンになるという見通しを明らかにした。総裁は，「穀物不足が想定されるが，その輸入

に必要な輸出信用も独自の資金もない」と述べている。これに対して，ロシア当局者はこれまで，「今年（94年）の穀物輸入はきわめて少量で済むだろう」と語っていた。

　1995年に入ると，状況はさらに悪化した。8月にロシア農業省のアブドリバリソフ次官は，95年の穀物生産量が7000万トンの水準を割り込み，過去30年で最低に落ち込む見通しであることを明らかにした。穀倉地帯として知られる隣国ウクライナの穀物生産も伸び悩んでいた。ロシアの減産は中部の旱魃など天候不順が大きな原因であるが，両国とも肥料の供給不足や機械化の遅れが生産の不振を招いたのである。

　1995年8月23日の『日本経済新聞』は，「穀物生産，ロシア，過去30年で最低」という記事を掲載した。その内容を要約して示すと，「ロシア農業省のアブドリバリソフ次官によるとロシアの今年（95年）の小麦，大麦，トウモロコシ，コメなどの穀物生産量は前回の予測（7500万トン―7800万トン）をさらに下方修正し，6700万トンから6900万トンにとどまるとしている。ロシアの穀物生産は92，93年とも約1億トンの水準を維持したが，94年には8130万トンまで落ち込み，今年はこれをさらに下回る見込みだ。地域別には5月，6月と猛暑と日照りに見舞われた中央部の落ち込みが特に激しかった。また農業省では，肥料や農業機械の不足も穀物生産の低下につながっていると見ている」という。

　ただ，今回の不作に伴うロシアの穀物輸入量は小幅にとどまるとの予想が一般的であった。これは従来，家畜の飼料用の穀物需要が大きかったのに対し，農業経営の不振から家畜頭数が減少し，飼料需要が極端に細っているためで，西側の農業問題の専門家は「食用の穀物の年間需要は3500万トンから4000万トン」と見積もっていた。

8. 不振を極めるロシア経済

　エリツィン政権下（1991-99年）で改革派が当初思い描いていたのは，「小口株主が多数いるような企業構造であった。ところが95年になると，翌年の選挙でエリツィンの再選が危うくなったため，改革派は総数の有力実業家と取引

を行う。主要国営企業の持ち分を安値で買い占められるよう便宜を図る見返りに，エリツィンの選挙運動を資金とメディアで支援してもらうという取引だった。こうして新興財閥が誕生し，90年代のロシア経済を支配するようになる」「だが新興財閥が手にした力は自律的な経済成長にはつながらなかったし，政府の財政安定にも寄与しなかった」。

エリツィン政権下のロシアは，ロシアを民主化し，資本主義国家に，そして民主主義国家に生まれ変わらせることができると考えていた。ところが，機構や組織なしには国を統治することはできず，そのうえ，十分に機能する組織を作り上げることがいかに困難であるかに，エリツィンは気がついていなかった[20]。

1996年，エリツィンは僅差で再選を果たし，以後4年間の任期が与えられた。しかし経済は好転しなかった。ロシアの脆弱な経済は97年7月に始まった金融危機に襲われるとひとたまりもなかった。

経済成長が世界的に鈍化すると，原油をはじめとするロシアの主要な輸出品である1次産品の相場は下落し，企業収益も大打撃を受けた。1998年半ばには，政府と民間部門はともに深刻な事態に直面した。どちらも世界中の銀行と外国人投資家から多額の短期資金を借り入れていたが，その債務がルーブルの下落に伴って何倍にも膨れ上がったからである。同年7月，ロシアはIMFから緊急支援を受けたが，それでも間に合わず，8月にはロシアは対外債務のディフォールト（債務不履行）を余儀なくされた。その結果起こったことは，ロシアからの大規模な資本逃避であった。

それでもロシアは経済的にはすでに欧州の一員になりつつあった。国家関税委員会の発表によれば，1998年の国別貿易額の首位はドイツ，第2位はアメリカ，第3位はイタリア，第4位はオランダと，欧州勢が主要勢力になっている。ロシアは98年8月に経済危機に襲われたが，欧州とロシアの関係は冷え込むことはなかった。

1998年11月5日の『日本経済新聞』の記事はロシア経済の窮状を伝えている。その大筋を示すと，「クリントン米大統領は4日，ロシアに対して穀物など310万トン（5億ドル相当）の食糧援助を実施すると発表した。経済危機に加

えて農作物の収穫不足で深刻化が予想されるロシアの食糧事情に対応する措置。停滞するロシアの経済改革を促す意図もあると見られ，米国政府は追加支援を示唆している。大統領は声明で援助の狙いについて，今冬に深刻な食糧不足に直面するロシアを支援するためと説明。農産品の価格低迷で打撃を受けたアメリカの農家を支援することにもなるとしている。内訳は150万トンの小麦を無償で提供するほか，150万トンの穀物や食肉を購入する低利融資を実施。10万トンの人道援助を加える。ロシアではルーブルの下落などで食糧の輸入価格が急騰。国内の農業不振が重なったため，国際社会に支援を要請している。ロシアのマスリュコフ第一副首相が4日明らかにしたところによると，ロシアの食糧備蓄は現在，2～3週間分減少している」という。

さらに対外債務の繰り延べについても言及している。この報道によると，同じ11月4日，ロシアのマスリュコフ第一副首相は記者会見し，「外国の債権者との間で近く対外債務の返済繰り延べ交渉を開始するつもりだと表明した。ロシアは深刻な財政危機に直面しているが，経済政策をめぐる意見が対立したため国際通貨基金（IMF）による対ロ融資実現のメドは立っておらず，旧ソ連時代を含めた公的対外債務の支払い不履行（ディフォルト）の懸念が強まっていた。／マリュコフ第一副首相は1998年中に35億ドル，99年には175億ドルの対外債務の返済義務を負っているとしたうえで，国内経済が弱体化した現状では，（対外債務の返済問題は）緊急課題の一つになっていると指摘。政府として近く，返済繰り延べを要請する意向を示した」と述べた。

1999年8月16日エリツィンはプーチンをロシア共和国の首相に任命した。エリツィンは持病の心臓病と胃潰瘍が悪化したため辞任を決意し，新首相のウラジーミル・プーチンを大統領に指名したのである。プーチンが政権を握ったとき，ロシアでは資金の枯渇が大きな問題になっていた。あらゆる公益事業に必要な資金は底をつき，取引はもっぱらバーター，すなわち物々交換によって行われた。98年までは取引全体の7割がバーターであった。例えば政府が戦車を発注すると，戦車を製造した業者は代金による支払いの代わりに，鶏を受け取った[21]。

第2節
プーチン政権下での農業改革

1. プーチン政権に追い風となった原油高騰

　1991年から98年まで,ロシアの実質GDPは55％も下落した。これは明らかな経済崩壊といえる。投資は142％も減少した。ルーブルの価値が下落して人々の収入も減った。皆が共産主義時代のわずかな年金をもらっていたが,1年分の年金で,わずか1週間分の食料品を買うのがやっとであった。旧ソ連消滅後のロシア経済は90年代には不振の極みにあった。これには計画経済体制の破綻に伴う農業経済全般の混乱,すなわち投入資材の不足（肥料使用量の低下はその典型である）と90年代後半の天候不順という二つの原因があった。このため小麦の単収の伸びが低く抑えられた。

　エリツィンが持病の悪化を理由に表舞台から去り,プーチンが権力を掌握したとき,強い政府が必要とされていることは内外共通の認識であった。プーチンもそれをよく理解していた。2000年5月7日,ロシア大統領に就任したプーチンは就任演説で,「ロシアには強い国力が必要である。国力が明らかに衰えていることをロシア人は懸念している。国力が強化されれば,人々はもっと自由になれる」[22]と強調した。プーチンは人々が自由を得るためには,まず国と組織を再建しなければならないことを痛感していた。

　ロシア経済が勢いを取り戻したのは,プーチン政権に代わってからである。ロシアはルーブル切り下げの効果と原油価格の上昇に助けられ,1998年のルーブル危機から立ち直った。プーチンが着手したことは83のすべての共和国や州を承認することであった。それからこれらの地域を七つに区分し,腹心の部下たちをそれぞれの統治に当たらせた。かつての部下たちはプーチンから直接指示を受ける。さらにプーチンは新しい法律を制定し,マクロ経済を運営し,マネーサプライを管理し,通貨ルーブルの価値の維持,強化に努めた。

　プーチンは2000年の大統領就任後から新興財閥の政治への関与を嫌い,「政

界の黒幕」と呼ばれたボリス・ベレゾフスキーなどのオリガルヒ排除に乗り出した。ベレゾフスキーを事実上の国外追放として，その資産を国家の管理下に取り戻し，「シロビキ」と呼ばれる自分と同じ治安機関出身者に近い企業家を，利権の大きい資源エネルギーや輸送，軍需部門に配置した[23]。そして石油最大手ロスネフチの会長として，資源業界に強い影響力を及ぼしたセチン副首相はシロビキの「頭目」とされた。

ロシアは欧米に比肩する産業大国になることを欲してきた。だがプーチンは権力を掌握したとき，「ロシアが欧米には決して追い付けないことを悟り，天然資源の開発，探査に重点を置く国家経済戦略への転換を図った。天然資源とは，金属，穀物，そしてとくにエネルギーである。この戦略はロシアが維持でき，しかもロシアを維持できる経済を生み出したという点で，称賛に値した」[24]と評価されている。

ところが2001年9月11日に同時多発テロが起こり，これをきっかけとして石油価格が高騰した。この追い風に乗って，ロシアの急成長が始まった。プーチン政権のロシアが達成した成果は，各種の経済指標を見れば一目瞭然である。例えば，1999年に1870億ドルだったGDPは，08年に1兆6710億ドルへ拡大し，国民一人当たりでは1282ドルから1万1776ドルへ，可処分所得の平均も100ドルから600ドル近くまで急増した。その半面，外貨準備高は99年の85億ドルという厳しい水準から，03年には730億ドル強まで増加した（ちなみに08年に3780億ドルへ，09年には4200億ドルへ増加している）。対外債務は，逆に，99年の1480億ドルから03年には1060億ドルへ減少した。

2．ロシアの農地改革

2001年10月，ロシアは農地改革を実施した。01年10月27日の『朝日新聞』は，「ロシアのプーチン大統領は26日，土地の私有，売買を認める連邦土地法に署名し，ソ連時代から続いていた『土地公有』の原則にようやく終止符を打った。ただ，農地は対象から除外されており，売買できるのは主に都市部の住宅地，国土の約2％だけだという。土地私有化は『プーチン改革』の目玉の一つとして議論され，法案は今月10日に連邦上院で可決，成立した。土地使用

権をめぐる不明朗な取引を正常化する一方，外国からの投資を保護，勧誘する目的だ。これにより外国人でも土地を購入することができる」と報じている。この法改正によって，民間の投資家が農地を購入することが正式に認められた。

またロシア農業に新しい経営体（new operator）が現れ農場経営を行うようになって，廃れていた農場を再興させられる可能性が出てきた。その一般的な形態は「法人化された大農場」であった。その多くは旧ソ連時代の国有農場や集団農場がほとんど変革されないまま，2000年代に至ったものである。このような大農場を糾合し改良して投資を行い，高品質種子の輸入やよりよい経営方式を導入するなど，食糧システムの全体の高度化に取り組むダイナミックな経営体が登場した。新しい経営体が目指したのは，輸出によって外貨を獲得できる穀物，とくに小麦の増産であった。

旧ソ連農業の中心地はチェルノーゼムの黒土地帯であり，小麦，甜菜が主な作物であった。小麦の栽培はシベリアでは春小麦，ウクライナと中央アジア南部は春小麦と冬小麦の混合地帯，ウラル産地以西は基本的に冬小麦が栽培されている。夏になるとソ連中部を横切って東から西へ吹く乾燥した熱風を「スホベーイ」と呼ぶが，この風の吹き方がカザフスタンの小麦生産を左右することが多い。

2000年代に単収が向上したのには，それ以外の要因もあった。投入される肥料の量が増加したこと，霜害に遭わなかったこと，十分な降雨に恵まれたことなど全般的に天候が良好だったことである。それに単収の低い春小麦から単収の高い冬小麦への切り替えが進んだことも貢献した。米国農務省は10年に発表した報告の中で，ロシア，ウクライナ，カザフスタンにおける新しい経営体の数とその影響力がさらに増大し，肥料等の資材投入は引き続き拡大すると予想していた。

新しい経営体とは何か。それは農場所有者である投資家である。彼らが専門経営者を雇用して農場を経営させている。

「その一人がウラジミール・ヤインシンキン。かれはモスクワの東400キロメートルにあるニジェゴロド州で農場を経営する会社の社長である。

農地の本当の持ち主は他にいる。その持ち主が土地を購入したのは2005年3月であった。01年に法律が改正され民間の投資家が正式に農地を購入できるようになったのである。そこで農場所有者は土地を購入し農場経営に乗り出した。

　この土地は旧ソ連時代には840ヘクタールの面積を持つコルホーズであった。新生ロシアが誕生し個人農育成計画が動き始めると，土地は分割され個人農の私有地として分配された。しかし生産力は却って低下した。また旧コルホーズやソホーズの土地を使う農業には企業的経営の農場が必要であったが，個人農はその担い手にはならなかった。なぜなら旧ソ連製の農機は1000ヘクタールの土地を想定して作られているため，100ヘクタールに分割しても資本効率が悪い。生産性を高めるには外国製の農機を輸入しなければならない。それほどコルホーズと個人農の生産条件は異なっていた。単に個人に土地の私有を認めれば営農意欲が高まり農業生産が回復するほど簡単なものではなかった」[25]

　急ごしらえの個人農は数だけは揃ったものの，実際にうまくいくはずもなく，次第に経営が行き詰まり，個人農は農地を手放したり経営を委託したりした。多くの個人農は困窮し離農して都会へ稼ぎに出た。若者は都会の農業大学へ入学しても農場には戻ってこなかった。かつての農地には藪が生い茂り，林に戻ってしまうところも出てきた。

　それなら大規模農場の形態を維持していれば，農場は活力を保てたのか。それは農場の経営者次第だとヤインシンキンはいう。旧コルホーズやソホーズの所長出身者の中には，ソ連時代の習慣が抜けきらず総生産高を基準にしているものが多い。ソ連時代は収量の絶対値がノルマとして定められていたからだ。そして困ったことに今もって収量をごまかす癖が抜けない。1992年からは市場経済に移行しているから収量を偽ることに何の意味もないが，長年染み付いた週間は簡単には変わらないのだろう。生産性という概念が理解しがたいようだ。ソ連型の旧コルホーズ，旧ソホーズの出身者が居すわっている限り，経営改善は見込めないのが実情である。

　そうした農業分野で，ここ数年変化の兆しが見えている。ニジェゴロド州行

政府のノージンは，主だった新興財閥の領袖(りょうしゅう)のほぼ全員がニジェゴロド州へ進出しているという。外資系の食品会社も現地生産用の原材料を同州で調達している。地方で農業経営に乗り出そうとするモスクワの大資本は大規模な土地を一括して取得したがる。農地の所有権が個人農に細分化されているといろいろと問題が起こりやすいからだが，個人農の創設を通じて土地の所有権が民間に引き渡されていたからこそ，初めて大資本が農地を獲得する法的根拠が生まれたという面もある。農業分野では気の遠くなりそうな長い時間をかけて，試行錯誤を繰り返しながら，農地の所有権が効率的な経営者の手に移るプロセスが進んでいる。ロシアの農業は大きな代償と引き換えに新しい発展段階に入ったようである。

3．原油と天然ガスに依存するロシア経済

　2002年3月25日，『日本経済新聞』は「ロシア経済拡大基調維持」という記事を載せ，GDPが4年連続増加していることを伝えた。それによると，「ロシア経済は拡大基調を維持している。02年の実質国内総生産（GDP）は3〜4％程度増え，4年連続でプラス成長となる見通し。株価は1998年の経済危機以来の高値を更新。昨年末から年初にかけて鉱工業生産が急減速したものの，原油相場回復が下支えしている。背景には国際原油市場の回復がある。国内のウラル・ブレントは1バーレル＝23ドル近くまで上昇し，昨年の安値より4割以上高い水準に達した。石油と天然ガスはロシアの輸出総額の4割強を占め，経済全体への波及効果が大きい」のである。

　ロシアの高成長を支えた決定的な要因は，石油や天然ガスをはじめとする化石燃料や地下資源の高騰にあった。ロシア・シベリア産原油の国際指標となるウラル・ブレントは2000年には1バーレル当たり19ドルであったが，02年には20ドル台半ば，03年には29ドルまで高騰した（1バーレル当たり1ドル上昇するだけで，国家には10億ドルの収入増がもたらされる）。さらに08年の原油価格高騰時には139.50ドルに達した。この結果，ロシアの石油・ガス産業だけを取り上げても，エリツィン時代の8年間より6500億ドルも多く稼いだことになる。

　原油価格の未曾有の高騰が始まるのは2004年からであるが，これがロシア

の大統領選挙の時期と重なったのは，偶然とはいえ，あまりに出来過ぎていた。プーチンの2期目は原油価格の歴史的な高騰に支えられた「消費ブームの4年間だった」といえる。例えば，耐久消費財の代表的商品の自動車輸入は04年には50億ドル規模であったが，08年には300億ドルへ伸びた。1999年に6％に過ぎなかった外国車の割合は，04年に35％へ，08年には65％に増加した[26]。

産業界の雰囲気も一変した。自信回復につれて，資本逃避（1990年代半ばで年平均500億ドルと推定される）が，2002年には100億ドルに減少した。海外からの直接投資や資産運用投資もじわじわと回復し始めた。企業行動も，まだ先進国の水準には及びもつかないものの，改善に向かった。まともな起業家精神にあふれ，経営も健全な企業が数多く出現した。その代表が，民間石油会社のユーコスで，経営方式の改善と透明化によって株価が跳ね上がった。

2000年と08年を比較すると実質所得は3倍になる。これはGDPの伸び率が年々10％以上を記録し，その伸びが10年間続くのと同じペースである。石油価格の高騰によって中国の1990年代の高度経済成長がロシアでも再現された。実質所得の増加という恩恵を享受できたのがこの4年間だった。重要なことはロシアのGDPが91年12月の旧ソ連消滅後15年を経過した07年になって，やっとソ連崩壊以前の水準に戻った[27]ことである。91年から06年までは「絶望と金欠の15年」と総括することができるだろう。

他方で，多くの批判を浴びる司法制度にも改善が見られた。商業訴訟や租税訴訟を起こしても，他の過渡期にある国や新興国に比べ，公正で迅速な裁判を受けられると，国際法律事務所も考えるようになった。

もちろんロシアは理想には程遠い状態にある。政権交代によって腐敗も減ったように見えるが，今でも大きな問題である。それと関連して，旧ソ連から相も変らぬ，国家公務員の官僚主義の弊害も目立つ。インフラもなおざりにされ，老朽化は進む一方である。しかし，それらを差し引いてもなお，希望が持てる時代になった。

4. 旧ソ連の小麦生産拡大

　2006年から08年の農産物，食料品価格の世界的高騰を背景に，遊休農地だけでなく旧ソ連時代を超える地域にまで，穀物生産を拡大しようとの機運が盛り上がってきた。米国農務省はロシア，ウクライナ，カザフスタンの小麦作付面積は合計で2000年代平均の20％増まで伸びると予想していた。19年までにはこれら3カ国とも旧ソ連時代の面積を上回るとの予測だが，この予測は農家が小麦生産を拡大する意欲を持ち続けるために，小麦の国際価格が維持されるかどうかにかかっている。農地の拡大は主として，これまで開発から取り残されてきた遠隔地で行われるだろう。農地が拡大して小麦の生産が増えれば，増産された小麦を国内消費や輸出に回すため，保管や輸送分野でのインフラストラクチャー（インフラ）の整備が欠かせなくなる。2000年代にインフラはある程度整備されたが，それだけでは不十分である。今後も一層の改善が必要になる。

　アメリカの著名な政治アナリスト，ジョージ・フリードマンは以下のように指摘する。

　　「ロシアの人口が減少しているという事実を抜きにしても，現在（2010年）の人口分布では，近代的な経済発展や，食糧の効率的流通さえもが，不可能とはいえないまでも困難である。都市と農業地帯を連結するインフラも，産業と商業の中心地を結ぶインフラと同様，貧弱である。連結性の問題は，ロシアの河川が不都合な方向に流れているために生じる。アメリカの河川は，農村地帯と食料の流通拠点となる港を結びつけているが，ロシアの河川は，障壁にしかならない」[28]

　ミシシッピ川は周知のようにミネソタ州北東部のイタスカ湖を源に，アメリカ中央部を縦貫して南下し，ルイジアナ州の穀物輸出基地ニューオーリンズを経由して，メキシコ湾へ注いでいる。これに対して，ロシアではボルガ川はカスピ海へ流れ込む。カスピ海は内陸の大きな湖に過ぎず，水上輸送を利用して穀物を国内の消費地モスクワや海外の輸入国へ向けて積み出すことができない。水上輸送は規模の利益が最も大きいにもかかわらずである。

2009年にロシア，ウクライナ，カザフスタンが小麦やその他の穀物の輸出を促進するために政府出資による穀物会社を設立した。これらの政府系企業は国内市場での買い入れ業務と輸出インフラの整備を主たる目的としている。他方，一国としては国内畜産業の復活を目指している。とはいえ国内畜産業の復活は穀物輸出にはマイナスである。なぜなら畜産振興によって国内消費が増えると，それだけ輸出余力が減るからである。

　世界の小麦供給におけるロシア，ウクライナ，カザフスタンの重要性が高まるにつれ，供給の不安定性や天候不順による減産の懸念がはっきり意識されるようになった。これらの3カ国は気温と降水量の変動が大きく，いつ厳しい旱魃に襲われるかわからない。このため生産と輸出が年ごとに大きく変動する。生産が激減して輸出規制が行われる事態になれば，ぶれはさらに拡大する。例えば，小麦の国際価格が高騰した2006年から08年にかけて，ロシア，ウクライナ，カザフスタンは輸出規制や輸出禁止に踏み切って国内市場への供給を優先し，価格の高騰を食い止めた。

　旧ソ連3カ国がどこまで小麦輸出を増やせるかは不確実である。輸出を促進するには小麦の保管，輸送，輸出施設のような輸出インフラを整備する必要がある。しかし，それにはコストがかかる。一方，国内畜産業の振興に力を入れれば，飼料用に回される小麦の需要増加を招くことになり，輸出余力はかえって減少する。旱魃による減産や不作年の輸出規制は，この地域の輸出市場における信頼感を喪失させてしまう。これら3カ国の重要性は否定できないにせよ，輸出の継続性に対する不安が常につきまとうことは織り込んでおかねばならない。

　世界一の小麦輸出国になった旧ソ連3カ国は新しい問題に直面している。それはインフラ近代化の遅れである。国内市場の発展を促し，高品質小麦の輸出を拡大するには，生産者から加工業者や輸出業者へ穀物を円滑に流通させる必要がある。だがこれら3カ国には流通インフラが決定的に不足している。この矛盾が露呈したのは2008-09年であった。この年，小麦を含めた穀物生産量は最近10年間の平均をかなり上回った。旧ソ連3カ国は初めて国内消費の低迷や，輸出における販路開拓の困難さ，小麦や大麦の価格下落によって余剰穀物

の保管と輸送の問題に直面することになった。

5. ロシアが世界一の小麦輸出国へ躍進

　その例をロシアの穀物輸出に見ることができる。ロシアでは生産地から輸出港までの輸送は7割を鉄道貨車，3割弱をトラックが占めている。アメリカとは異なりハシケによる輸送はほとんど行われない。穀物の保管については，アメリカ式の設備が使われている。

　ロシア国家統計局の資料には，

> 「国内の穀物保管能力は1億1820万トン，エレベーターの保管能力は3280万トンで，穀物の生産高を上回っている。しかし穀物の保管施設や機械類の基盤は引き続き不十分である。多くのエレベーター，穀物受け入れ企業，穀物の販売拠点における主要施設や機械類は老朽化が進み，その老朽化比率は全施設の70%から80%に達している。国内のエレベーターにおける穀物保管費用や調整費用は，近代的な穀物保管施設にくらべて30%から40%も高額である。このような状態では生産された穀物のうちかなりの部分がエレベーターの利用をあきらめてしまう。この結果，穀物のエレベーターへの持ち込みが減り，利用料金の一層の値上がりを招いてしまう」[29]と記されている。

　エレベーター使用料や穀物の受け入れ料金が高ければ，穀物を低価格で販売しない限り利益が得られない。また鉄道輸送のコストが高いこと，ホッパー型貨車が不足していること，余剰穀物を輸出するための港湾インフラの未整備など，輸出拡大の可能性が著しく狭められている。

表4-1：旧ソ連の小麦生産・輸出量　　　　　　　　（単位：万トン）

	2005/06年度		2006/07年度		2007/08年度		2008/09年度		2009/10年度		2010/11年度		2011/12年度	
	生産	輸出	生産	輸出	生産	輸出	生産	輸出	生産	輸出	生産	輸出	生産	輸出
旧ソ連	9,066	2,111	8,471	2,257	9,237	2,189	11,549	3,775	11,405	3,666	8,106	1,388	11,442	3,811
うちロシア	4,762	1,066	4,493	1,079	4,937	1,255	6,377	1,839	6,177	1,856	4,151	398	5,623	2,130
カザフスタン	1,120	395	1,346	816	1,647	792	1,254	615	1,705	825	964	486	2,273	1,100
ウクライナ	1,870	646	1,395	337	1,394	124	2,589	1,304	2,087	934	1,684	430	2,212	500

出所）米国農務省，2012年7月11日発表。

「専門家の評価によれば飼料用，工業用，食品用需要，輸出インフラとロジスティックス費用は穀物生産コストの30％から70％にも達する。穀物が農業生産の約40％を占めていることを考慮すると，このような高コスト体質が農家の販売価格の下落と所得の減少，食料品価格の上昇，それに国際市場における価格競争力の低下を招いていることは明白である」[30]
　要するに，穀物保管部門に対する政府の政策は，農家が高能率の大型エレベーターを使用するように誘導すること，保管能力を増強し，機械設備の基盤を強化して，労働生産性を向上させることに向けられなければならない。
　ロシアの穀物輸出は民間の穀物輸出業者の手で行われている。最近は海外の多国籍穀物商社の存在感が急激に高まり，穀物輸出の約半分を外国企業が占めるようになった。グレンコア（現地法人として国際穀物会社という名の会社を所有している），A.C.トッファー，カーギル，バンゲ，ドレファスが代表的である。他方，ロシア資本の輸出業者（その多くは穀物の生産も手掛けている）は，ロスインテルアグロセルビス，アグリコ，ユグトランジットセルビス，ユーグ・ルーシ，ラズグリャイ，アストンなどである。
　ユグトランジットセルビスは株主間の意見の対立が深刻化し，スタッフの一部が退社して，業績が急速に悪化している。身売り話が絶えず，前社長ポドリスキーが立ち上げた新会社バラースに売却される可能性が大きいといわれる[31]。
　ところで筆者がかねがね疑問に思っているのは，誰がいつロシアを世界屈指の小麦輸出国に変える戦略を立案し，その戦略を実施したのかという点である。ロシアには耕作しきれないほど広大な農地がある。気象条件の制約やインフラの未整備は軽視できないが，石油や天然ガスを地下から採掘するだけのモノカルチャー（単品）経済から，穀物を生産して輸出を拡大し外貨を稼ぐというバイカルチャー（複品）経済への路線修正は，共産主義国ロシアの発想とはかけ離れている。このように柔軟で現実的な政策の旗振り役を，いったい誰が務めたのかという疑問が筆者の脳裏から消えないのである。
　この点について，武田善憲著『ロシアの論理』（中公新書）に注目すべき記述がある。それは2005年9月に定められた優先的国家プロジェクトである。こ

の優先的国家プロジェクトは，大統領府長官だったメドベージェフの第1副首相就任に合わせて始まったもので，

> 「教育，保健，住宅，農業という，国民生活に直結する四つの分野の改善を図ることを目指した事業である。後にロシアにおける人口の急減に対応するため，「人口」が事実上の五つ目の分野として設定された。「優先的」という言葉が示すように，これらの5分野は他の問題よりも高い優先順位をもって対策を講じることが期待された」[32)]

というのである。

これらの記述から推測すれば，ロシアの小麦輸出国への変身は，プーチンがシナリオを書き，メドベージェフが主演したと想像される。

6. ロシアの小麦輸出禁止

2010年8月15日，ロシアは小麦輸出を禁止した。プーチン首相が8月5日，政府会合を開き，「熱波と旱魃の影響が出ているから，穀物の輸出禁止措置をとることが妥当である」と発言して，輸出を禁止する政令に署名した。生産減少に伴う国内価格の上昇を防ぐための措置であるという。期間は12月31日まで（その後，11年7月1日まで延長された）。これを受けて，シカゴ商品取引所の小麦先物市場（9月）は急上昇し，立ち会い中，一時値幅制限いっぱいとなる，1ブッシェル7.8575ドルと約1年11カ月ぶりの高値を付けた。ロシア政府が旱魃被害を理由に穀物の輸出禁止を発表したことから，需給逼迫懸念が強まったためである。小麦価格は10年6月末と比べると，約7割上昇している。

その直後に発行されたイギリスの経済誌『エコノミスト』2010年9月11日号に，以下のような記事が載った。「収穫期を迎えた北半球では，世界小麦市場の混乱が目立っている。最大の理由は世界最大の小麦輸出国ロシアにある。ロシアは山火事と旱魃に襲われ，穀物生産の3分の1が壊滅したため，政府が小麦輸出を禁止した。禁輸は当初一時的なものとされていたが，現在は来年度の収穫期まで延長されている。その結果，小麦価格が急騰した。価格は6月の安値のブッシェル当たり4.26ドルから，2倍近く値上がりした。これが世界的な不安感を掻き立てている」，「国連食料農業機関（FAO）は価格高騰につい

て議論するため特別会議を招集した。その主要議題は07-08年に世界的な食料危機が再来することを暗示していた。最近のモザンビークにおける暴動の原因となった食料価格の高騰が，おそらく恐怖心を煽っている。／多くの貧しい国々では食料価格の値上がりによって同じような暴動に火がつくことを恐れている。食料危機はまず激しい抵抗を引き起こし，エジプトやハイチ，コートジボアール，ウズベキスタン，ボリビアなど多数の国々を動揺させた。世界最大の小麦輸入国エジプトやチュニジア，それにアルジェリアやヨルダンは早手回しに小麦を追加購入して，ロシアの小麦輸出禁止に対応した。これらの国々や他の国々は供給を確保するため，小麦定期（先物契約）も購入した模様である。だが穀物市場の匿名性のゆえに，どこの国が，どれだけ買ったかは不明であった」。

このような狼狽買いはロシアの輸出禁止の衝撃の大きさを物語っている。しかし短期的な不安もほどなく収まるだろう。2008年の食糧危機は，対照的に，もっと深刻な構造的変化の結果であった。人々の所得が増えるにつれ，もっと肉食中心の食事をとろうとする発展途上国の緩やかな需要増大が背景にあった。これが穀物需要を増やしたのである（1 kgの鶏肉は約2 kgの穀物が必要であり，1 kgの牛肉には7.5 kgの穀物が必要である）。その結果は，価格の長期間にわたる上昇であり，その他の商品，例えばコメの値上がりであった。2010年の食糧危機は，主として，思いがけない小麦価格の急上昇によってもたらされた。しかし，2012年8月21日の小麦価格は2008年2月27日に記録した史上最高値12.80ドルを30％下回り，9.005ドルと，9.00ドルをわずかに上回っているだけである。

旧ソ連では，ウクライナからロシアへ広がる黒土地帯が主要な穀物生産地である。高緯度地帯にあるため1年を通じて気温が低く，そのうえ降水量も少ない。ロシアは地理的条件に恵まれていないが，世界の穀物需要は増加する一方である。主要輸出国の一つか二つが悪天候によって減産になったりすれば，需給はたちまち逼迫し，価格は上昇する。こうした中，ロシアが小麦や大麦を増産し，輸出を振興すれば，長期にわたって外貨を獲得することができる。貴重な天然資源である原油や天然ガスも，採掘して消費してしまえばそれで終わり

である。ところが小麦や大麦は何回も繰り返し栽培できる。原油や天然ガスなどのエネルギー資源に依存するモノカルチャー（単品）経済の脆弱さを意識すれば，バイカルチャー（複品）経済へ転換することは，ロシアにとって急務である。

　ロシアの小麦輸出の停止について，筆者は以下のように論評した。「米国農務省の予測によると，旧ソ連（ロシアを含む）の小麦生産は2009/10年度の1億1393万トンから10/11年度は8097万トンへ3296万トンも減少した。輸出も同様に3673万トンから1313万トンへ3分の1にまで激減した。ロシア産小麦の大半は伝統的に中近東（サウジアラビア，トルコ，シリア，イランなど）や北アフリカ諸国（エジプトやリビアなど）へ輸出される。小麦輸出停止は小麦の輸入国にとってはショッキングな出来事である。しかし，事態はいずれ鎮静化する。なぜならロシア産小麦の大半の輸出が停止されても，禁輸の対象となった小麦を，欧州連合，オーストラリア，それにアメリカから輸入すれば，不足分の埋め合わせはつけられるからである。結局，市場はロシアの禁輸が穀物インフレを引き起こす心配はないと受け止めた。

　なぜかといえば，第1に，前年度の小麦の世界的な増産によって在庫が積み増しされ，供給に余裕がある。第2に，穀物禁輸に伴う需給逼迫は投機資金の流入には結びつかなかったからである。端的にいえば，ロシアの輸出停止は，実施直後は，どこの国がロシアの肩代わりをするかという数量の問題だった」[33]からである。

7. 輸出禁止の解除

　旧ソ連の小麦輸出は2003/04年度には788万3000トンと1000万トンを割り込んだ。しかし04/05年度にはすぐさま1603万4000トンへ回復した。05/06年度には2110万700トンと，2000万トンを突破した。世界的に穀物価格が高騰した08/09年には3774万9000トンを記録した。10/11年度は大旱魃に見舞われて1412万8000トンと激減したが，ロシアの輸出禁止措置が解除された11年7月1日から輸出は急増，11/12年度には3471万トンが輸出される見通しとなった。

旧ソ連の生産高は8097万トンから1億1245万トンへ3148万トン増えた。うち主要生産地のロシアは4151万トンから5600万トンへ（輸出は398万トンから1900万トンへ），カザフスタンは920万トンから2100万トンへ（輸出は552万トンから850万トンへ），ウクライナは1684万トンから2200万トン（輸出は430万トンから800万トンへ）それぞれ増加している。

　他方，世界の小麦生産高は2009/10年度の生産高は6億8381万トンであったが，10/11年度は6億4870万トンへ3511万トン減少した。ところが，11/12年度には好天に恵まれたため6億8330万トンへ3460万トン増加した。

　在庫率はどうだったのか。世界の在庫率は2010/11年度が30.0％，11/12年度が29.9％で実質的に変化はなかった。しかし在庫は1億9613万トンから2億260万トンへわずかに積み上がっている。このように需給のわずかな変化が大幅な価格変動を生み出すのである。

　2008年2月27日に小麦価格が1ブッシェル当たり12.80ドルと史上空前の高値を記録したとき，07/08年度の期末在庫（米国農務省08年2月発表）は1億970万トン，在庫率は17.7％へ落ち込んでいた。また08年2月末に小麦が暴騰したとき，国際投機筋（ファンド）のシカゴ小麦先物の買い持ち高は5万枚を上回っていた。他方，昨年（10年）8月初めの買い持ち高は2万枚をわずかに上回っただけであった（平年作なら7500枚くらいの売り越しになることが多い）。

　ロシアが小麦輸出を停止してから3カ月経って事態が暗転した。何が起こったのか。ロシアの肩代わり輸出をしてくれるはずのカナダとオーストラリアが天候不順から不作に終わったのである。カナダ産小麦は高品質で定評のある春小麦（4月に作付けし，9月に収穫される）だが，昨年は6月，7月に大雨に見舞われて減産になった。生産高は2009/10年度の2685万トンから10/11年度には2317万トンへ落ち込んだ。

　オーストラリアは高品質の小麦の輸出国だが，2010年12月には西半分は旱魃，東半分は洪水に襲われた。生産は旱魃だった前年度の2192万トンから2600万トンへ増えたが，収穫期の雨で全般的に品質が低下した。生産高の半分，すなわち1300万トンは製粉用に適さない（飼料用としては使用できる）品質になることが予想された。

ちなみに，2011年2月9日の終値は8.86ドルであった。11年2月9日の，シカゴ小麦先物の最高価格は10年2月の過去最高を約30％下回っていた。10年8月のロシアの禁輸，6月，7月のカナダの豪雨，12月のオーストラリアの旱魃と洪水騒ぎを考えれば，イギリスの『エコノミスト』誌の予想は，妥当なものであった。

　2011年5月末，まずウクライナが穀物の輸出制限を月内に撤廃する方針であることを明らかにした。穀物の収穫量が回復し，海外輸出分を確保できると判断したのである。ウクライナは小麦輸出量が世界シェアの約8％を占める穀物大国で，穀物輸出量を中期的に3000万トンへ引き上げる目標を掲げている。これに続いてロシア政府も，10年8月から禁止してきた穀物輸出を7月1日に再開することを決定した。禁輸解除は11年の収穫高が，例年並みの水準にまで回復したうえ，「輸出の潜在力がある農業の生産者を支援する手段の一つである」[34]として，5月28日にプーチン首相がズプコフ第一副首相（農業担当）と協議して決定したと報ぜられている。

　シカゴ小麦先物（7月）は小麦の需給緩和が進むとの予想を先取りする形で，5月26日に立ち会い中，一時ブッシェル当たり8.875ドルを付けたが，5月31日には7.8225ドルへ反落し，ロシアが小麦輸出を再開した7月1日には，5.6525ドルまで値下がりした。わずか1カ月余りの間に37％強も下落した。旧ソ連のウクライナ，ロシア，カザフスタンが輸出市場へ復帰したからであった。

　とはいえ，価格の変動要因は需給や為替レートなどの基本変数（fundamentals）だけではない。それは何か。市場の人気（market sentiment）とか市場心理（market psycology）といわれる相場の勢い（momentum）である。市場人気が沸騰したり，閑散になったりするのは，ファンド筋などの投機資金の流入と流出の結果なのである。それなら投機資金が流入して需給の実態を大幅に上回るような価格がつけられたり，資金が流出して需給実態を反映しないほどの低価格になったりしたときはどうなるのか。心配はいらない。実物の需給が行き過ぎを訂正してくれる。

　かりに輸出禁止のような極端な規制が行われたらどうなるのか。価格メカニ

ズムは仮死状態に陥り，市場は機能を停止する。それを防ぐ手立てはあるのか。ある。需給の調整を価格に任せることである。見える人の手（政府の規制）の力を借りないことである。市場価格が高騰すれば，必要な価格を支払うことができない人々は，一人また一人と市場から脱落していく。あるいは代替品を手当てし，市場から撤退する。その結果，需要は抑制され，需供バランスは均衡を回復し，価格高騰は止まるのである。

経済学の理論では，価格が上昇すれば需要は減るはずだが，実際の市場ではそうはいかない。価格が上昇しても需要が抑制されないことが起こる。どうしてか。仮需が発生しているからである。しかし，やがて一定のタイム・ラグを伴って需給は均衡し，価格の過度な上昇と下落は終息する。これが価格メカニズムの精妙な働きである。

注

1) D. Morgan (1979) *Merchants of Grain*, The Viking Press Publishers, New York.（喜多迅鷹・喜多元子訳『巨大穀物商社』日本放送出版協会，1980年，37ページ。）
2) 喜多迅鷹・喜多元子訳，前掲書，39ページ。
3) 喜多迅鷹・喜多元子訳，前掲書，38ページ。
4) 池上彰『そうだったのか！現代史』集英社，2000年，166ページ。
5) 『日本経済新聞』1990年8月20日。
6) P. F. Drucker (1992) *Managing for the Future*, Truman Tally Books, New York.（上田惇夫・佐々木実智男・田代正美訳『未来企業』ダイヤモンド社，1992年，177-179ページ。）
7) 『日本経済新聞』1991年8月17日。
8) D. Halberstam (1991) *The Next Century*, Wiiliam Morrow Company Inc., New York.（浅野輔訳『ネクスト・センチュリー』TBSブリタニカ，47-48ページ。）
9) 浅野輔訳，前掲書，48ページ。
10) 浅野輔訳，前掲書，48-49ページ。
11) 『日本経済新聞』1992年4月20日。
12) 栢俊彦『株式会社ロシア』日本経済新聞出版社，2007年，135ページ。
13) J. E. Stiglitz (2002) *Globalization and its Discontents*, W. W. Norton & Company, Inc., New York.（鈴木主税訳『世界を不幸にしたグローバリズムの正体』徳間書店，2002年，205ページ。）
14) リチャードH. K. ヴィートー・仲條亮子『ハーバードの「世界を動かす授業」：ビジネスエリートが学ぶグローバル経済の読み解き方』徳間書店，2010年，158ページ。

15）ヴィートー・仲條，前掲書，159ページ。
16）J. E. Stiglitz, 鈴木主税訳，前掲書，206ページ。
17）『日本経済新聞』2011年8月20日。
18）R. E. Rubin (2003) *In an Uncertain World: Tough Coices from Wall Street to Washington*, Random House, New York.（古賀林幸・鈴木淑美訳『ルービン回顧録』日本経済新聞社，2005年，364ページ。）
19）*Milling & Baking News*, 18 February 1992, pp. 1-13.
20）ヴィートー・仲條，前掲書，163ページ。
21）ヴィートー・仲條，前掲書，162ページ。
22）ヴィートー・仲條，前掲書，164ページ。
23）『日本経済新聞』2011年8月19日。
24）G. Friedman (2011) *The Next Decade*, Dobleday, New York.（櫻井祐子訳『激動予測』早川書房，2011年，188ページ。）
25）栢俊彦，前掲書，132-135ページ参照。
26）武田善憲『ロシアの論理』中央公論新社，2010年，122ページ。
27）『日本経済新聞』2011年8月18日。
28）櫻井祐子訳，前掲書，196ページ。
29）輸入食糧協議会報，2011年3月号（710号），57ページ。
30）輸入食糧協議会報，前掲書，57ページ。
31）国際農林業協働協会『平成20年度海外農業情報調査分析事業：アフリカ，ロシア，東欧，中南米等地域事業実施報告書』2009年，80-83ページ参照。
32）武田善憲，前掲書，147ページ。
33）拙稿「食糧高騰の裏側，新興国の需要増大と投機資金の流入」NKC Rader，日清経営技術センター会報Vol.59，2011年5月，7ページ。
34）『日本経済新聞』2011年5月29日。

第5章
穀物輸出基地となった南米

第1節
自由貿易を守るブラジル

1. ブラジルの大豆生産

　ブラジルの大豆生産は最南部のリオ・グランデ・ド・スル州から始まった。リオ・グランデ・ド・スル州は、もとはといえば冷涼な気候を生かした小麦の生産地帯であったが、1960年に大豆の生産高が20万トンに達してから、新しい換金作物（キャッシュ・クロップ）として農家に注目されるようになった。そのうち90％はリオ・グランデ・ド・スル産であった。その後、大豆の生産地は隣接するパラナ州、サンパウロ州へと広がった。69年には生産が100万トンの大台へ乗り、翌70年には150万トンに達した。1年で50％もの増産であった[1]。75年の生産高は980万トンになり、1000万トンに手が届くところまできた。

　ブラジル政府は1970年代に入ると、自給率を向上させるため小麦の増産を奨励し、その裏作として大豆を増産した。大豆の増産は作付面積の拡大によるものだが、それと同時に、価格高騰と単収増も手伝っている。とくに大豆価格は73年に起こったペルーのアンチョビーの不漁（その結果としてのヨーロッパへの魚粉輸出の激減）、インドの落花生の不作、ソ連によるアメリカ産小麦、トウモロコシの大量買い付けが相次いで起こり、アメリカでは大豆の供給が払底する事態にまで発展した。このため価格指標になるシカゴ大豆先物はブッシェル当たり12.12ドルという未曾有の高値を付けた。米国政府は73年8月に大豆輸出を一時的に禁止したほどだった。米国産大豆の供給不足を埋め合わせるため、ブラジル大豆へ需要が殺到した。大豆の生育に適した土地と生産技術を持つブラジルの生産者は、ただちに大豆の増産にとりかかった。この結果、大豆の生産高は飛躍的に増加した。

　ブラジルの気候は大豆生産に適している。大豆が値上がりしたため、近年になって開拓された農地も多い。ブラジルでは11月から3月にかけてが大豆の

成育期だが，ブラジルではこの時期から降水量が多くなり，4月に大豆の収穫が始まると降水量が減少して乾燥する。大豆やトウモロコシの畑が広がる高原地帯は降水量の点から見ると，大豆栽培に理想的である。土壌はテラロッハ（テラはポルトガル語で土，ロッハはバラで赤色の意味）と呼ばれる。土壌は総じて赤っぽい色をしていて，肥沃である。一口で説明することは難しいが，見た目には赤味がかったピンクに近く，そこに黄色が混じっている。

　このためブラジルでは赤味を帯びた大豆ができる。アメリカの大豆地帯でできる大豆は黄色だから，その色は明らかに違う。ブラジル産大豆が初めて日本に輸入された当時，この赤い大豆の評判はすこぶる不評であった。大豆を圧搾すると脱脂大豆ができるが，この脱脂大豆を使って醤油を作ると，醤油の色が「くすみ」を持ち，透明感がなくなるといわれた。そのうえ，大豆には赤っぽい色をした土が付着していることが多かった。このため食品用としては「使えない」と判断され，搾油原料として米国産大豆と混ぜて搾油されるケースが目立った。当時は水分の多い大豆は航海中にヒートダメージ（熱損傷）を起こすこともしばしばであった。また長い航海日数が必要であった（日本到着までに45日を要した）ため，航海中に油分が酸化し，大豆油にしたとき「始末が悪い」といわれていた。このため日本の搾油業者は購入意欲を喪失し，その後1980年代半ばまでブラジルからの大豆輸入は途絶えたままであった。

　日本向けの輸出が止まってからも，ブラジル大豆はヨーロッパに向けて輸出された。ブラジルの大豆生産は1980年には1500万トンを超え，89年には2360万トンに達した。98年には3250万トンに増加したが，このころ中国が大豆の大口輸入国として台頭してきた。ここからブラジルの大豆生産が加速した。2001年に4000万トンを突破した生産は，03年には5200万トン，08年には6100万トン，さらに11年には7550万トンへと急増した。ブラジルは今やアメリカに次ぐ大豆生産国（僅差の2位）にのし上がっている。

2．ブラジルの大豆輸出

　ブラジルの大豆生産が短期間でこれほど増加した理由は何か。その理由は，筆者の見るところでは，①広大で肥沃な農地が未開拓のまま残されていたこ

と，②アメリカで開発されたGM（遺伝子補矯）種子の作付けが許可され，GM種子が普及したこと，③増加する大豆生産を受け入れてくれる輸入国の中国があったこと，④トウモロコシの生産コストに比べると，肥料代が少なくてすむ大豆の生産コストのほうがはるかに安上がりであること，⑤国内の高い陸上運賃を埋め合わせるには，単価の高い大豆のほうが有利であること，があげられる。

1980年代末のブラジルには，都市部の住宅地にも隣接している牧草地がいくらでもあった。大豆栽培の収入に魅せられた農家が牧草地を大豆畑に変えることなど，造作もないことであった。それだけではない。ブラジルの農家には近年になって入植し，農業を始めた人々が多く，常に手元現金の不足に追われていた。そういう農家は，春先に穀物メジャーから融資を受けて種子や肥料や農機具の燃料を購入した。穀物メジャーから融資を受けた農家は，出来秋（ブラジルでは3月，4月に当たる）に大豆を収穫すると，その大豆を優先的に融資元の穀物メジャーのエレベーター（生産地倉庫）へ販売した。90年代後半にはこのような紐付き販売が，およそ3200万トンの生産量のうち，20％ないし25％を占めていたと推定される（公式の統計は発表されていないので，筆者は穀物メジャーのトレーダーや業界関係者から情報を集め，互いに納得できる数字を導き出さねばならなかった）。

このような特殊事情は，ブラジルの輸出政策にも影響を及ぼした。ブラジルは大豆であろうと大豆製品（大豆油，大豆ミール）であろうと，引き合いがあれば委細構わず喜んで輸出したのである。これに対して，隣国のアルゼンチンはブラジルとは違った。アルゼンチンは原料大豆を製品に加工し，その製品を輸出する方針をとったのである。アルゼンチンは工業力ではブラジルの後塵を拝していた。そこで国内に大型工場を建設し，雇用を増やすことを目標にしたのである。

ちなみに1988/89年度のアルゼンチンの大豆生産高は660万トンであった。一方，国内の搾油需要は602万トン，大豆輸出は44万トン，大豆生産高に占める輸出の比率は6.7％であった。これと対照的に，同年のブラジルの大豆生産高は2300万トン，搾油需要は1435万トン，大豆輸出は475万トン，生産高に

占める輸出の比率は20.6%であった。

　それから10年後の1998/99年度，アルゼンチンの生産高は1870万トン，搾油需要は1300万トン，大豆輸出は317万トン，生産高に占める輸出の割合は17.0%であった。一方，ブラジルの大豆生産高は3100万トン，搾油需要は2000万トン，大豆輸出は875万トン，輸出の比率は28.2%であった。

　さらに10年を経過した2008/09年度，アルゼンチンの大豆生産高は3200万トンへ伸びた。一方，国内搾油需要は3191万トン，大豆輸出は1389万トン，大豆生産高に占める輸出の比率は43.4%に上昇した。アルゼンチン国内で搾油工場の建設が進むスピードより海外で搾油能力の拡大が進むスピードのほうが速く，輸入国（その代表はもちろん中国）がより多くの原料大豆を求めるようになったからである。なお同年のブラジルの大豆生産高は5700万トン，搾油需要は3140万トン（アルゼンチンのほうが多い），輸出は2536万トン，生産高に占める輸出の割合は68.5%であった。大豆生産の約7割は海外へ輸出されたのである。

　大量の大豆を購入してくれたのは，いわずと知れた中国である。一方で，南米はアメリカと並ぶ大豆の輸出基地である。その大豆生産量（2010/11年度）はアルゼンチン，ブラジル，パラグアイの3カ国合計で1億3280万トン，搾油需要は7615万トン，輸出は4459万トンに達している。生産高に占める輸出の比率は57.3%になる。これに対して，アメリカは生産高が9061万トン，搾油が4477万トン，輸出が4069万トンである。生産高に対する輸出の割合は45.0%で，生産高の半分近くは輸出に回される。

　世界全体の生産高は2億6359万トンだから，南北両アメリカ合わせて2億2500万トン，およそ85%という圧倒的な地位を占めている。大豆の生産は南北アメリカの2極に，消費は中国と欧州連合の2極，すなわち世界の生産と消費は4極に分散しているといえる。

3. ブラジルの砂糖キビと砂糖の生産

　砂糖キビは高温の熱帯，亜熱帯地方で栽培される。とくに成長期に多雨になり成熟期には乾燥する，水捌けのよい緩傾斜地が栽培適地である。砂糖キビの

栽培面積は年々拡大しているが，とくにブラジルとインドの栽培面積が大きい。ブラジル，インド，タイ，中国の4カ国は，世界の砂糖生産の50％，砂糖輸出の59％を占めている。

　ブラジルの2009/10年度の砂糖キビ作付面積は870万ヘクタール，収穫面積は805万ヘクタールと予測されている（1ヘクタール当たりの砂糖キビ生産量は79.75トン）。砂糖キビ生産量は5億9200万トンである。しかし，収穫面積が拡大するにつれ，砂糖キビの刈り取りがボトルネックとして浮上してきた。刈り取り作業は機械化が遅れており，砂糖キビの80％近くはいまだに，人手を使って刈り取っている。農家は刈り取り作業の前に砂糖キビの葉に火をつけて焼き払うが，収穫面積の拡大に伴い「葉焼き」が環境に悪影響を及ぼすことが懸念されるようになった。このためブラジル政府は議会に対し，砂糖キビの葉焼きの段階的禁止を提案している。この提案によると，葉焼きは2017年までに禁止される予定である[2]。

　これに加えて，政府は新たに開拓される農地を砂糖キビ畑として利用することを規制する法案を議会へ提出した。この法案が可決されれば，アマゾン，大湿地帯，パラグアイ川上流域，保全農地区域，原住民居住地（国土の開発可能地の92％を占める）に砂糖キビ畑を拓くことは不可能になる。

　ブラジルでは砂糖キビは4月から10月にかけて収穫される。刈り取られた砂糖キビは，24時間以内に工場へ運ばれ，そこで砂糖とエタノールに加工される。この場合，砂糖を生産するか，エタノールを製造するかは，両者の価格と採算に左右される。採算を考慮して製造計画を決めるのは工場である。

　砂糖キビの収穫量は1エーカー当たり32.3トンである。これから約610ガロンのエタノールが生産される。一方，トウモロコシの収穫量は1エーカー当たり150ブッシェル。この150ブッシェルから400ガロンのエタノールが製造される。1エーカー当たりのエタノール生産高を比べると，砂糖キビはトウモロコシの1.5倍である。

4．砂糖キビの不作と砂糖の値上がり

　ここで話題を砂糖価格に移したい。国際砂糖市場では，他の商品と同じよう

に，価格メカニズムが働いて，価格高騰は追加の供給を生み出す原動力となる。国際砂糖市場では2009年6月下旬から砂糖が値上がりし始め，8月初めには1ポンド当たり20セントを突破した。8月末から11月末まで，21～24セント台で揉み合っていたが，12月に入って再び値上がりしたのである。

こうした中，09年12月10日付の『日本経済新聞（夕刊）』に，次のような記事が掲載された。見出しは「農産物の国際価格高騰」であり，小見出しは「ココア24年ぶり，砂糖28年ぶり高値」，それに「投機マネー流入」であった。その内容を摘記すると，「ココアや砂糖，オレンジ果汁といった農産物の国際価格が高騰している。ココアは約24年ぶり，砂糖は28年ぶりの高水準に達し，オレンジ果汁は年初から8割上昇し，1年ぶりの高値を付けた。天候不順による産地の不作で需給が締まっているのを見越して海外の商品先物市場に投機マネーの流入が加速している。国際価格の高騰は砂糖など国内の商品価格にも波及し始めた」のである。さらに続けて，「砂糖はニューヨーク市場の粗糖（精製前の砂糖）先物価格が9月上旬に1ポンド当たり24セント台となり，1981年2月以来の高値となった。現在（09年12月初め）も21～22セント台で推移，28年ぶりの高値水準を維持している。今夏（09年）に世界2位の生産国インドで旱魃を理由に砂糖キビが不作となり，輸入量を増やしているのが高騰の主因」であると見ている。

この記事を読むと「砂糖が28年ぶりの高値圏」にあり，あたかも史上最高価格に並ぶ勢いであるという印象を受ける。しかし，事実は印象とは異なる。なぜなら，砂糖先物の史上最高価格は1975年11月20日の65セント（1月限）であり，その次のピークは80年11月5日の44.80セント（1月限）であったからである。80年の高値は，筆者が香港に駐在して砂糖生産の副産物である糖蜜（molasses）を取引していたときに付けられた。穀物価格は5月下旬から11月末まで旱魃を背景に一本調子で値上がりしていたから，よく覚えている。この新聞記事に見える通り，その後も砂糖価格は値上がりし，2010年1月29日には29.90セントを付けた。それでも史上最高価格の半値には達しなかった。

どうしてか。それはマイケル・ポーターの指摘する五つの競争要因（five forces）の一つ，「代替品の脅威」にほかならない。ポーターは業界の収益力

は，主にその業界における競争の程度によって決定されるとし，それは「五つの要因，新規参入者の脅威，買い手の交渉力，供給業者の交渉力，代替品の脅威，ライバル企業との競争で説明できる」という。

その代替品とは何だったのか。異性化糖であった。砂糖には異性化糖（high fructose corn syrup）という強力な代替品があったのである。異性化糖はトウモロコシ澱粉（コーンスターチ）を原料にして作られる。異性化糖の研究，開発は1970年代後半になって加速した。砂糖価格の高騰が刺激になったのである。異性化糖は液体の甘味料で清涼飲料水に広く使われているが，その利点は，①液体である，②冷やすとすっきりした甘みになり，口当たりがよい，③コストが安いこと，である。

この異性化糖を本格的に使用したのは，ほかならぬコカコーラであった。コカコーラはそれまでコーラの甘味料には砂糖を使用していた。それが異性化糖に替えられたのである。80年のことであった。それ以来，甘味料の需要は砂糖から異性化糖へ移り，砂糖の値上がりが止まった[3]。筆者はこれを「コカコーラ・ショック」と名付けている。

2009年のように，インドが不作に終わって需給が一時的に逼迫しても，砂糖が史上最高価格を更新できないのは，それが理由である。

5．ブラジル政府のバイオエタノール政策

ブラジルではエタノール消費が拡大している。大量に生産される砂糖キビからエタノールを精製し，自動車用燃料として盛んに利用しているからである。ブラジルは南米きっての工業国であり，米欧日（GM，フォード，フォルクスワーゲン，メルツェデス，フィアット，トヨタ，ホンダなど）の多数の自動車会社が進出して，一大市場を形成している。

フォルクスワーゲンを始めとする自動車メーカーは2003年4月から，フレクシブル燃料車（Flexible Fuel Vehicles＝FFV，以下，フレックス車と略記）を市場に投入した。フレックス車は大人気となり，03年に8万4558台，04年に37万9329台，05年に89万7308台が販売された。05年はフレックス車の新車登録台数が，初めてガソリン車を上回った。

2008年は235万6942台のフレックス車が販売され，新車販売台数の90％を占めるまでになった。09年の新車販売台数は前年より11.4％増加し，314万1226台と，初めて300万台を突破した。これはブラジル政府が08年12月に導入した減税策の効果が上がり，小型車需要が好調に推移したことが理由である。さらに10年には前年比11.9％増の351万5120台となり，4年連続で過去最高を記録した[4]。ブラジルはドイツを追い抜き中国，アメリカ，日本に次ぐ世界4位の自動車市場へと浮上した。

　ブラジルの3万2000カ所の給油所ではエタノールとガソリンの両方を給油することができる。このためフレックス車のドライバーはガソリンスタンドで給油するたびに，「簡単だが重要な」意思決定を迫られる。燃料代を節約するためである。「エタノール20％混合ガソリン」か「100％エタノール」の，どちらかを選ぶのである。ドライバーはエタノールが安くなればエタノールを入れ，混合ガソリンが安くなれば混合ガソリンを入れる。エタノールを選ぶ基準は，ガソリン価格の70％かそれ以下のコストにあるという（エタノールの持つ熱量はガソリンの70％である）[5]。

　2010年1月の自動車燃料用エタノールの販売価格は1リットル＝0.90レアル，ガソリンが1リットル＝1.55レアルであった。ガソリンとエタノールの価格を比較すると，エタノールはガソリンの58％である。06年2月以降は，ガソリンよりエタノールのほうが割安で推移している。エタノールに課される税率は価格の約25％だが，ガソリンの税率は約60％である。エタノールの税率（CIDA tax）は，インフレを抑制するため10年2月5日に，1リットル当たり0.23レアルから，0.15レアルへ引き下げられた。

　砂糖キビを搾る工場には，エタノールと砂糖を生産するため，2本の生産ラインが併設されている。そのおかげで，製造業者は工場の設備をエタノール生産にも砂糖生産にも，自由に切り替えて使うことができる。生産者は国内でエタノール価格が上昇すれば，砂糖生産の一部を収入の多いエタノール生産へ切り替える。エタノール需要が逼迫すれば，その需要を満たすために生産を増やさなければならないからである。

　エタノール製造に向けられる砂糖キビの量が増えることは，他方で砂糖の生

産に使える砂糖キビの量が減ることである。ブラジルの砂糖生産が減り，その結果，輸出が減少すれば，おそらく砂糖は値上がりする。そうなるとブラジル以外の主要生産国の砂糖輸出が増える。つまり砂糖価格の上昇は主要輸出国の利益になる。

　ブラジル政府は1990年代に，国内の砂糖とエタノール価格に対する規制の大部分を撤廃した。このためエタノールのガソリンへの混合率の変更を除くと，市場に対する政府規制は存在しない。しかし実際には「国家エタノール計画」にもとづく政策手段，すなわち混合率の変更を利用すれば，砂糖の生産と輸出の双方を規制することができる。これはブラジル政府が，間接的に，世界の砂糖価格に対し影響力を及ぼし得るという意味である[6]。

　エタノール需要が急増するブラジルでは，2008年時点で330余りの製糖工場が増産体制を整えている。サトウキビを原料とするブラジルのエタノール生産コストは，トウモロコシを原料とするアメリカの約半分で，世界で最も安い。業界の複数の情報によれば，サトウキビからエタノールを精製するコストは，米ドル1ドル＝1.65ブラジル・レアルとすれば，1ガロン当たり1.60ドルである[7]。エタノールの80％は国内で消費され，残りは輸出に回される。ブラジルの2008年の砂糖キビ栽培面積は805万ヘクタールで，大豆作付面積の2200万ヘクタールの3分の1に過ぎない。ブラジルでは砂糖キビの栽培を短期間で開始できる耕地が，あと3000万ヘクタールはあるといわれる。差し当たり，砂糖キビを増産することに問題はない。

　ブラジルの2009/10年度（販売年度）の砂糖キビ生産量は5億9200万トンで，前年度の5億7000万トンから2200万トン増加した。製糖工場はサトウキビの44％を砂糖生産に，56％をエタノール生産に使用する計画であった（前年度は40％が砂糖の生産に，60％がエタノールの生産に利用された）。砂糖の生産高は3550万トンで，前年度より365万トン増える。輸出は2385万トンと予測されている。

　他方，エタノールの生産量は255億リットルで，前年度より2億リットル減少した。砂糖の生産を増やしたからである。2009/10年度のエタノールの国内需要は計画では235億リットルと設定されているが，これは前年度より14億リットル多い。エタノール輸出は前年度を16億9000万リットル下回る30億リッ

トルと見込まれている。

　砂糖キビからエタノールを精製することにはトウモロコシにはない大きな利点がある。その利点とは何か。それは砂糖キビが穀物ではないことである。トウモロコシとは違って，砂糖キビは食糧とクリーン・エネルギーとの間で深刻な争奪戦は起こらないのである。

6. ブラジルのバイオディーゼルへの取り組み

　ブラジルではエタノールはもっぱら乗用車の燃料として使われている。一方，トラック，バス，それに貨物自動車の大部分は軽油（ディーゼル油）を燃料に使っている。

　ブラジル政府はバイオディーゼルの普及を目的として，2004年12月，「国家バイオディーゼル生産利用計画」を正式にスタートさせた。政府は1975年にも「国家エタノール計画」という同様の計画を実施している。この生産計画は，石油危機という突発的事態が勃発した後になって，エタノールの普及を目指して立案された国家プロジェクトであった[8]。バイオディーゼル生産利用計画は，75年と同じような原油高という状況下で導入された。それは更新可能エネルギーの利用拡大と，北部・北東部の貧しい小規模農家の支援という一石二鳥の効果を上げることを狙っている。

　ブラジル政府は2005年1月，植物油を原料とするバイオディーゼルをディーゼル油に2％混合することを承認した。08年には最低2％の混合を義務付けている。さらに13年には最低混合比率を5％へ引き上げる計画であった。しかし，ブラジル政府は計画を前倒しで実施し，09年，4％に設定していた混合義務量を，10年1月から5％へ引き上げることを決定した。これによって，バイオディーゼルの需要量は年間24億リットル（06〜08年の平均は年間5億2000万リットルであった）へ急増することが予想された。

　2008年5月の時点で，ブラジルでは56のバイオディーゼル工場が操業しており，年間生産能力は43億リットル[9]と，国内需要を十分にまかなえる規模になった。

　アメリカの穀物メジャーADM（Archer Daniels Midland）社は，2006年7月，

マトグロッソ州ロンドノポリスの自社の大豆集荷拠点に，大豆油を利用するバイオディーゼル工場を建設することを発表した。この工場は年間90万トンの原料大豆を処理し，18万トンの大豆油を生産する計画である。ADM社にとってブラジル最初のバイオディーゼル工場だが，07年から操業を開始した。大豆油をバイオディーゼルに加工するのは，エステル交換反応を起こさせ，グリセリンを分離するだけのことだから，ローテク技術で事足りるのである。

　一般にバイオディーゼルの価格はディーゼル油より高い。そこで政府は油脂原料の調達に当たり，生産地域や生産農家の規模などの条件によってディーゼル油に課せられる連邦税（0.218レアル/リットル）を31～100％減免しバイオディーゼルの普及促進と地域振興を実現しようとしている。この計画は北部・東北部の半乾燥地帯で小規模農家から油脂原料を一定量購入すれば，最大の税優遇措置を受けられる仕組みになっている[10]。

　バイオディーゼルは，市場で自由に流通している。ブラジル政府は2005年，バイオディーゼルの普及を加速させるため，国家石油天然ガスバイオ燃料監督庁（ANP）によるバイオディーゼル入札制度を発足させた。入札制度は08年まで続けられたが，この年の混合義務化後に廃止された。それからバイオディーゼルは，エタノールと同様に，生産者と精製流通業者による直接取引へ移行した。

7．南米最大の工業国ブラジル

　冒頭にも述べたように，ブラジルは南半球最大の工業国である。そのGDP（国内総生産）は1兆3000億ドル，国民一人当たり所得は6940ドル（2007年実績）に達している。インフレ率は4.0％で落ち着いており，経済成長率は5.4％，農業部門の成長率は5.3％である。ブラジルの貿易収支は輸出額が1979億ドル，輸入額が1732億ドル，差し引き247億ドルの黒字（08年）になっている。

　ブラジルは，他方で，世界屈指の大豆生産国である。その生産高（2010/11年度）はアメリカの年間9061万トンに次ぐ7550万トンに達し，アルゼンチンの4900万トンを上回っている。ブラジルの大豆作付けは10月から開始され，12月初めまで続く。1月初めに花が咲き，莢が着き始める。早いところでは2月

には収穫されるが，ピークは3月，4月になる。10/11年度のブラジルの大豆油生産は691万トン。このうち528万トンが国内で消費され，167万トンが輸出される。

ちなみに，日本へは292万トンが輸入され（日本の大豆輸入量は今や中国の大豆輸入量の10分の1以下へ落ち込んでいる），207万トンが搾油に回されている。ここから生産される大豆油は約40万トンである。

元来，バイオ燃料には化石燃料にはない長所がある。その長所とは，採掘して消費すれば枯渇してしまう化石燃料とは違い，畑で何回でも繰り返し生産できる「更新可能性（renewable）」を持っていることである。そのうえ，バイオディーゼルは石油ディーゼルより排気ガス中の不純物が少ないから，環境に負担がかかりにくい。ただし，熱量は石油ディーゼルの90％である。

バイオディーゼルの普及にとって重要なことは，エタノールと同様に，安い供給原料（feedstock）を国内で大量に調達することができ，優遇税制なしでも石油ディーゼルに対する価格競争力があることである。すなわち，原料の大量調達と製品の販売に当たっては，あくまでも経済合理性が貫かれることが肝要である。

欧州連合の菜種，アメリカのトウモロコシ，ブラジルの砂糖キビは，バイオディーゼルやエタノールの格好の供給原料だが，それでも優遇税制の後押しがなければ価格競争力を維持することは難しい。バイオディーゼルに価格競争力がなければ，その普及は進まない。普及が進まなければ，原油価格の高騰を抑える力とはなり得ない。

しかし，ブラジルはバイオディーゼルの原料である大豆の生産については地の利に恵まれ，消費拡大に向けては価格面で競争優位性を発揮できる有利なポジションにある。この利点がブラジルの「国家バイオディーゼル計画」推進の背景にあると考えることは，必ずしも牽強付会とはいえない。ブラジルがこの強みを生かさない手はないからである。

ブラジルは2006年4月，長年の悲願であった原油自給を達成した。したがって，バイオディーゼル計画が実施に移され，成果が上がるようになれば，近い将来，地下資源大国のブラジルが，バイオ燃料の普及を梃子にした環境大国

になる可能性がある。さらに、ブラジルが地政学的に見て、北米大陸におけるアメリカのように、重要な地位を占めるようになる可能性は大きい。これがブラジルにおけるバイオ燃料政策の含意であると考えるのは、はたして筆者の穿ち過ぎだろうか。

8. 大豆輸出大国ブラジルの弱点

　南半球の穀物輸出基地としてブラジルとアルゼンチンの重要性を認めない穀物関係者はおそらく一人もいないだろう。両国はそれくらい突出した存在である。地理的にはブラジルが南緯0度から30度の低緯度地帯、アルゼンチンが南緯20度の中緯度から45度の高緯度地帯に属している。ブラジルは一年中高温だから、南部を除けば、基本的に小麦の生産には向かない。小麦は冷涼な気候を好むからである。ところがアルゼンチンの国土の大半は温帯に属しているから、小麦の生産に適している。これが両国の小麦生産高の差となって表れている。

　2010/11年度の小麦生産高はブラジルが590万トン、アルゼンチンが1610万トンで、アルゼンチンはブラジルより2.5倍も多い。対照的なのは輸出入である。ブラジルは713万トンの輸入が必要であるのに対して、アルゼンチンは510万トンを輸出している。小麦の生産量と輸出・輸入の違いに両国の農業の特徴を垣間見ることができる。ついでにいえば世界最大の小麦輸入国はエジプトであり、年間1040万トンを輸入している。

　両国の相違点は気候だけにあるのではない。その相違点は、ある意味で、穀物輸出国にとって決定的に重要なロジスティックスに関係している。穀物の流通には二つの側面がある。その一つがトラフィックである。もう一つがロジスティックスである。トラフィックとは輸送量や輸送手段のことをいう。ロジスティックスとは物流統一のことで、トラフィックを有機的に組み合わせ、必要な貨物を、必要な場所へ、必要な時間に、低コストで運搬することを指す。

　穀物の流通で重要なのは、国内輸送に水運が利用できるかどうかという点にかかっている。水運はコストが安いからである。だがブラジルでは輸送はトラックが主体にならざるを得ない。というのは、周知のように、ブラジルでは農

地は高原に位置しており，生産された穀物を港湾へ運び出すには，長い下り坂を降りなければならないからである。

　これに対して，アルゼンチンは国土の中央をラプラタ川が南北に貫流している。その地の利のおかげで，トウモロコシや大豆，それに小麦の輸送に船舶を利用できる。輸送の分野では，「規模の利益」が得られるから，貨物の量が多くなればなるほど単位（トン）当たりの運賃は低下する。アルゼンチンが低コストで穀物を運搬できる理由の一つがこれであり，アルゼンチン産穀物の価格競争力を背後で強力に支えている。とくに最近のように原油の高騰が続き，燃料コストが上昇しているようなときは，水運が利用できるかどうかは，一国の穀物価格に大きな影響を及ぼし，その国際競争力を左右するからである。

　ブラジルの大豆産地は港から平均して300km離れている。大豆をトラックで港まで運ぶには100km10ドルかかるから，300kmなら30ドルの運賃を払わねばならない。かつて大豆のFOB（積み出し港，本船渡し）価格はトン当たり320ドル，トウモロコシは105ドルがふつうであった。ここから輸送費の30ドルを差し引くと大豆は290ドル，トウモロコシが75ドルになる。生産地の農場で収穫した大豆をエレベーターまで運び，保管料を支払い，エレベーターの使用料を支払うと，さらに10ドルのコストを差し引かねばならない。そうなると大豆は280ドル，トウモロコシは65ドルになる。これではトウモロコシ農家の手元に残る収入は雀の涙になる。それなら手元に残る金額の大きい大豆を作るほうがよい。これがブラジルの農家が大豆を作る理由の一つになっている。

　ブラジルではやむなくトラックを利用する。したがって大豆の収穫が最高潮に達する4月には，大豆を運搬するトラックが大渋滞を起こす。2010年にも大豆を積んだトラックが延々47kmにわたって路肩に列をなして駐車する事態となった。このように穀物事業は生産，輸送，保管，積み出しに至る長大なパイプラインの能力競争という側面を持っている。

　物流の総合力で首位を走るのがアメリカである。アメリカにはミシシッピ川がカナダと国境を接するミネソタ州の湖に源を発して，ルイジアナ州ニューオーリンズまでの約3800kmを，大陸を縦断して流れていることが，穀物輸送にどれほど貢献していることか。ミシシッピ川の下流域を走る一連32杯のハシ

ケは，タグボートで後ろから押す方式だが，およそ4万5000トンものトウモロコシや小麦や大豆が運ばれる。1台25トンのトラックで運ぶと1800台も必要になる。

　ここまでくれば筆者のいいたいことは想像がつくかもしれない。それは世界の一大穀物輸出基地に踊り出したブラジルの輸出事業のアキレス腱は，①国内輸送に船舶が利用できない，②港湾の保管能力が不足している，③港湾積込能力が不十分である，④水深の浅い大型船の着岸できない港が多い，ということである。穀物の生産が増加しても，輸送力や保管能力，輸出能力の不足がボトルネックになり，宝の持ち腐れになっているのだ。生産される穀物を迅速に余すところなく輸出するため，ブラジル政府は港湾能力と輸送能力の整備を急がねばならない。

第2節　輸出を規制するアルゼンチン

1. アルゼンチン農業の特色

　ブラジル農業について論ずるのなら，隣国のアルゼンチンの農業について触れないわけにはいかない。アルゼンチンは世界屈指の農業国の一つであり，恒常的な穀物輸出国として世界市場への供給を担ってきた。アルゼンチンは，アメリカと同じように，生産国であると同時に輸出国でもある。

　アルゼンチンには北部にグランチャコと称される草原・森林地帯，中部にはパンパと呼ばれる温帯草原地帯が広がっている。ブエノスアイレスからロザリオにかけては主にトウモロコシや大豆が栽培され，バイアブランカ周辺では小麦が栽培されている。バイアブランカは小麦の集散地になっているほか，トウモロコシも生産されている。年間降水量は平均600ミリから1100ミリで，穀物の生産に適している。

　アルゼンチン農業の特徴は，人口が少なく国内需要が小さいため，輸出余力

が大きいことにある。アルゼンチンの人口は4000万人であるのに対して，ブラジルは1億9500万人で，ブラジルのほうが5倍近く多い。これが両国の国内需要の格差を生み出している。

　ブラジルは大豆の生産も輸出も多い。しかし世界2位の小麦輸入国であり，小麦の大部分を隣国アルゼンチンから輸入している。トウモロコシは生産量こそ多いものの，養鶏（世界一の鶏肉輸出国である）が盛んでトウモロコシ消費量が大きく，輸出余力は限られている。

　アルゼンチンはブラジルとは異なり，GM種子が導入された1996年以来，その栽培に積極的で，2009/10年度の作付比率はトウモロコシが86％，大豆が100％（綿花は99％）に達している。作付面積は綿花を含めて2300万ヘクタールにも及んでいる。

　2010/11年度のアルゼンチンのトウモロコシ生産高は2250万トン，うち1500万トンが輸出に向けられた。これとは対照的に，ブラジルのトウモロコシ生産高は5750万トン，輸出は900万トンであった。またアルゼンチンの小麦生産は1610万トン，輸出は950万トンであるが，ブラジルの生産は590万トン，輸入は667万トンに達している。

　他方，アルゼンチンの大豆生産高は4900万トン，うち輸出が921万トン，ブラジルの生産高が7550万トン，輸出は2995万トンである。ついでにいえば，アルゼンチンの大豆油の生産高（2010/11年度）は718万トン，うち251万トンが国内で消費され，454万トンが輸出される。なぜなら，アルゼンチンは大豆を国内で加工して，製品の大豆油や大豆粕を輸出することに力を入れてきたからである。輸出税も大豆加工品は安く抑えられているが，加工原料の大豆は高税率が課されてきた。これによってアルゼンチン国内に雇用を作り出してきたのである。これと対照的に，ブラジルは製品が大豆油であろうが大豆ミールや大豆であろうが，構わずに輸出してきた。外貨を稼ぐことができれば，どちらでも構わなかった。

　しかし，アルゼンチンの輸出政策には問題がある。自由な輸出ができないのである。というのは，アルゼンチン政府がトウモロコシと小麦には輸出登録制，大豆には輸出税を課しているからである。輸出税はWTO交渉で取り上げ

られたことはないが，内実は著しく不公平(アンフェア)なものである。なぜなら輸出税は輸出品の相対価格を高め，交易条件を自国に有利なものに変更することになるからである。被害を受けるのは農産物輸入国である。

　国際経済学では輸出税は輸入関税と同様の効果を持つとされる。筆者が問題であると思うのは，農家が本来得られたはずの利益を，アルゼンチン政府がそのポケットから収奪していることにある。これでは生産者は増産意欲をなくしてしまう。その結果，生産は尻すぼみになる。アルゼンチン政府は自由な穀物市場から得られる利益を自ら放棄しているだけでなく，自国の生産者を窮乏化に追い込んでいることを理解する必要がある。

2. アルゼンチン政府による農産物の輸出管理

　アルゼンチンの輸出と在庫の水準は政府の政策によって大きく左右される。国家農業輸出管理局（The National Office of Agricultural Trade Control）は2008年5月から小麦とトウモロコシの輸出管理を行っている。これは08年の国会決議（543/08）にもとづいて定められた条例の下での管理である。条例は国内市場へ潤沢な穀物供給を続けるため輸出許可の割り当てに関する規則を定めている。それ以来，アルゼンチン市場はたびたび閉鎖されるようになった。09年9月30日，国家農業輸出管理局は08年決議を修正して新しい決議（7552/09）を出した。この二つの決議が市場介入の基礎を形作ったのである。小麦はアルゼンチン政府が輸出余力のあることを認めた年に限って，適当な時期に短期間，輸出許可が認められることになった[11]。なお10/11年度には650万トンの輸出許可が発給された。

　トウモロコシの輸出にも小麦と同じ方法がとられている。2010年11月15日，アルゼンチン政府は500万トンの輸出許可を発給することを発表した。これは農業大臣がトウモロコシの輸出余力が1800万トンに達することをメディアに伝えるわずか1週間前のことであった。というのも，ここ何年も輸出を制限されたため農家が国内価格の下落に危機感を持ったからである。これらの点を考慮すれば，10/11年度の輸出余力は1610万トンと見積もられ，アルゼンチン政府は1110万トンの輸出許可を追加して認めると見られる。

トウモロコシの輸出割当制は一部で厳しい非難を浴びている。それによると,「アルゼンチン政府の農業部門への介入政策が,世界的な食糧需要の増大を考える場合の,新しい争点になっている。輸出税に関連する輸出割り当てが,事実上,国内食品価格の値下がりと農家の収入増加を制限しているからである。輸出割り当ては,表面上,食糧インフレを防ぎ,その供給を保障するはずである。ところが生産者は世界的な食糧需要の増加という果実を享受することができず,また国内価格を人為的に抑え込むこともできないと反論する。アルゼンチンの人々はラテンアメリカで2番目に高いインフレの犠牲になっている。2011年5月の消費者物価は9.6％,食品価格は8.6％上昇した。これが政府の課す輸出税に対する理論的根拠となり,2009年以来の異常気象による世界的な食品価格の高騰を抑えていると説明されるが,トウモロコシ価格はバイオ燃料と家畜飼料という付加的需要によって下支えされている。つまり輸出割り当ては生産者が世界的な食糧価格の上昇から利益を得ることを妨げている。国内市場が小規模だからである」[12]という。

　こうした中,2010年11月にアルゼンチン政府が中国との間で進めていた800万トンのトウモロコシ輸出を取りやめたとの噂が飛び交った。複数の業界筋や政府筋の情報によれば,アルゼンチンと中国の間で,トウモロコシの植物衛生上の提出書類について合意に達しなかったからといわれる。いったい何が争点になっているのか。おそらく遺伝子組み換えトウモロコシの取り扱いだろう。中国側は遺伝子組み換えトウモロコシの輸出について厳格な管理を要求し,アルゼンチン側は現実的で実行可能な管理を認めてくれるように主張していると筆者は推測する。協定を成立させるには,両国が協定原案について再交渉しなければならないが,このために数カ月から1年が必要であることが考えられる。

　他方,輸出税は大豆についても問題になっている。大豆に輸出税をかけることは国庫収入を増やす手っ取り早い方法である。アルゼンチン政府は2007年1月,過剰輸出を抑制するため大豆の輸出税を35％へ引き上げた。08年3月には,インフレ防止,大豆生産の抑制,トウモロコシ,小麦生産の生産拡大を狙い,さらに税率が変更された。その結果,大豆の税率は44.1％に上昇した。

この輸出税増税に反対して，農民がストライキを起こし，これに同調したトラック業者が道路封鎖などの実力行使に及んだため，新穀大豆が積み出せなくなった。輸出はベタ遅れとなり，中国はアルゼンチン産の大豆をキャンセルし，その代わりに，米国産の大豆を緊急購入して積み出さざるを得なくなった。2008年3月の輸出税引き上げは，7月になって上院で否決された。大豆の輸出税率は，結局，もとの35％に戻されたのである。

　アルゼンチンの輸出政策は輸出管理と輸出税の徴収の両建てで行われている。政府の輸出管理と輸出税の課税が自由な穀物貿易を阻害しているのである。これが2011年7月の大豆高騰の原因になったことは間違いない。政府が「見える人の手」を使い輸出を規制したり輸出登録制を敷いて管理したり，輸出税を課したりすることは，市場における自由な競争を制限し，その結果，穀物価格を引き上げ，輸出を減らす（輸入がしにくくなる）からである。アルゼンチンが穀物輸出基地として，今後一層の発展を遂げるためには，一刻も早く，輸出税と輸出管理を撤廃すべきであると考える。

注

1）中村博『大豆の経済：世界の大豆生産・流通・消費の実態』幸書房，1976年，48-49ページ。
2）USDA, *World Production Supply and Distribution*, FAS Grain Report, Nov. 2009, p. 4.
3）拙稿「ブラジルのバイオ燃料政策」『砂糖類情報』4月号，農畜産業振興機構，2010年，3ページ。
4）『日本経済新聞』2011年1月6日（夕刊）。
5）*Bloomberg*, Markets（Japan），2006年8月号，19ページ。
6）USDA, *Brazil Bio-Fuels Annual-Ethanol 2008*, FAS Grain Report, 22 July 2008, p. 3.
7）USDA, *Brazil Bio-Fuels Annual-Biodiesel 2008*, FAS Grain Report, 12 Augsut 2008, p. 6.
8）拙稿，前掲書，5ページ。
9）USDA, *op. cit.*, p. 5.
10）拙稿「バイオ燃料政策をめぐる主要国の動向」『平成20年度海外農業調査分析事業：アフリカ，ロシア，東欧，中南米等地域施報告』国際農林業協働協会，2009年，267ページ。
11）USDA, *Argentina Grain and Feed Voluntary*, FAS Grain Report, 30 Dec. 2010, p. 3.
12）ISI, *Emarging Matkets Blog*, 16 September 2011.

第6章
海外での農地取得ブーム

第1節
穀物輸入国の農地獲得ブーム

1. 穀物高騰の影響を受ける発展途上国

　穀物価格が値上がりしたとき，その影響を受けるのは豊かな国々ではない。サブサハラ・アフリカ（サハラ砂漠以南）に見られるような貧しい国々である。貧困に苦しむ国々の中には穀物の輸入に必要な外貨準備を持たないところがある。とはいえ，価格高騰が穀物に限られているうちはまだよい。そこへ原油の高騰が加わったらどうなるか。原油を産出しない国々はお手上げである。原油の値上がりに対して，丸腰で立ち向かわざるを得ない。穀物も手に入れられず，原油も輸入できなければ，貧しい国々に住む人々の生活は苦しくなる一方である。この憂慮すべき事態が2008年に起こった。

　2007年4月から世界の主食小麦が値上がりし始めた。その高騰は08年2月末まで続いた。この間の値上がりは，トン当たり147.00ドルから470.00ドルまでの323ドルであり，約3.2倍であった。トウモロコシも07年7月末から反発に転じた。そこから翌08年6月末まで高騰は収まらなかった。値上がり幅は122.00ドルから297.00ドルまでの175ドルであり，2.43倍であった。大豆は06年10月から上昇が始まり，08年7月初めになって高騰が一段落した。この間，大豆価格は194.00ドルから609.00ドルまで415ドル変動した。3.14倍の値上がりだった。これでは輸入国は拱手傍観を余儀なくされる。シカゴでワールド・コモディティー・アナリシス調査会社を経営する，筆者のかつての同僚でコンチネンタル・グレイン・カンパニーの優秀な調査部長だったポール・マッコウリッフは，「穀物輸入国日本の選択肢は限られている。高い価格を受け入れるしかない」[1]といった。

　2008年の年明け早々から，燃料と食糧をめぐる論争が，俄然，熱を帯びてきた。アメリカのワシントンD.C.に本部を置くアース・ポリシー・インスティチュート（研究所）の執行理事のレスター・ブラウンは，「食糧作物から作ら

れる代替燃料に対する世界的なブームは，最も貧困な国々に住む空腹の人々を増やすことになるだろう」と指摘する。ブラウンは元来，食糧を燃料として使用することに反対する立場を貫いてきた。彼は，「穀物価格の高騰は，穀物の大部分を輸入に頼ってきた低所得国に，かつてない規模の食糧暴動や政治的混乱を招くリスクをもたらす」[2]と警告した。

またカーギル前会長のウォーレン・ステイリーは，「去年（2006年）から今年（07年）にかけてアメリカのバイオ燃料生産能力は急速に拡大した。われわれはこれが食料価格を押し上げるのを目の当たりにしてきたが，これが世界の貧しい人々にはかなりの打撃を与えた」，「これら（エタノールの最低使用義務量の引き上げ，連邦政府と州政府による業界への補助金など）の条件を考慮すれば，向う見ずな燃料の生産拡大を一時的に休止しなければならない。この世界が農地をどうやって穀物や油糧種子の生産に割り当て，食料や飼料や燃料の需要を満たすかという困難な選択に直面することを避けようと思えば，われわれは農業の生産性を向上させて，新しい需要増大圧力に追いつかなければならない」[3]と指摘している。

ステイリーは，農地の使用には優先順位があるという。すなわち食糧が第1，飼料が第2，第3が燃料である。

彼は既存の技術を使い乗用車の燃費を1ガロン当たり5マイル改善すれば，それは十分に可能だが，エタノールを燃料に使う必要はなくなると強調している。穀物価格の不必要な高騰を抑制するには，これくらいの思い切った政策転換が必要になるということである。

2．穀物輸入国のとる自衛策

2008年前半は，穀物が軒並み値上がりしたが，原油はそれ以上に急騰した。穀物と原油がともに過去最高の高値を更新したのである。もう少し詳しくいえば，小麦先物（期近・終値）は2月27日にブッシェル当たり12.80ドル，トウモロコシは6月27日に7.5475ドル，大豆は7月3日に16.58ドルで取引を終了した。穀物価格が急騰したのは，オーストラリアが06年，07年と2年連続して100年に1度といわれる旱魃に襲われたのが原因である。主要穀物の小麦が

目を覆うばかりの不作となり，オーストラリアは輸出余力の大半を失った。

また，アメリカで2006年から施行された「2005年エネルギー政策法」が，エタノールバブルを引き起こし，トウモロコシも値上がりした[4]。このため大豆も連動して値上がりした。主要穀物の小麦とトウモロコシが高騰すれば，輪作を宿命づけられている大豆が，その後を追って上昇する傾向がきわめて強い。アメリカの穀倉地帯では小麦とトウモロコシと大豆は交互に輪作されるから，主要3穀物のうち二つが値上がりすれば，残り一つの価格が引っ張り上げられるのである。

これに原油価格の急騰が加わった。ニューヨーク原油先物は7月21日の立ち会い中，1バーレル当たり147.27ドルを付け，145.08セントで取引を終了した。原油が急騰すれば，その理由が需給要因によるものであれ，投機によるものであれ，トウモロコシも大豆もその影響から逃れることはできない。というのは，どちらも重要な食糧であるが，バイオ燃料の供給原料という側面を持ち合わせているからである。エネルギー資源として見た場合，トウモロコシはエタノールを通じて，大豆はバイオディーゼルを介して原油市場と結びついている。原油暴騰を陰で演出したのは，米国政府の手に負えなくなったドル安であると考えられるが，その米ドルの為替レートは2008年4月11日，1ユーロ＝1.6ドルまで下落していた。これは尋常ではない。かりに1ユーロ＝1.6ドルで計算すれば，147.27ドルは92.04ユーロでしかない。原油の値上がりはユーロで計算する限り，比較的落ち着いていたと見てよい。

他方，2004年から海上運賃の全般的な上昇が始まった。中国の粗鋼生産が高い伸びを示し，製鉄の原料を運搬する船腹需要が急増したからであった。ふつう1トンの粗鋼を生産するには，その2.3倍の原料が必要である。その粗鋼生産は02年が1億8200万トン，03年2億2200万トン，04年2億8300万トン，05年3億5300万トンだった。計算上は02年4億1860万トン，03年5億1060万トン，04年6億5090万トン，05年8億1190万トンの船腹が必要であった。

中国は国内で鉄鉱石を産出するが，品質は低品位のものが多い。したがって，高品位の鉄鉱石を海外から調達する。中国で鉄鋼ブームが始まると，鉄鉱石や石炭を運ぶ大型船（業界ではケープサイズと呼ばれる）の船腹需給が逼迫し，

海上運賃は未曾有の水準へ値上がりした。この大型船の運賃高騰が玉突きで穀物を運搬するパナマックス型の本船の運賃へも跳ね返った。そのうえ，原油の高騰が船舶用燃料である重油価格を上昇させた。

パナマックス型の運賃は，2003年の秋口から上昇し始めた。03年8月はロングトン（大型船では運賃をロングトンで計算するのがふつうである）当たり33.75ドル，それが04年8月は51.50ドルへ上昇した。05年8月には38.25ドルへ反落したが，06年8月には44.75ドルへ戻った。翌07年5月には原油高騰の煽りを受けて147.25ドルへ値上がりし，史上最高を記録した。そして08年8月には107.75ドルへ急落した。リーマンショック後の信用蒸発局面にあった08年12月には23.75ドルへ落ち込んだ。しかし09年6月に57.00ドルへ戻り，11年8月には51.00ドルと小康を保っている。

パナマックス型の燃料消費量は1日当たり約30トン。メキシコ湾にあるルイジアナ州ニューオーリンズから日本までの航海日数は33日。燃料の使用量は1000トンになる。

ついでにいえば，2008年には中国の粗鋼生産量は5億トンに達した。原料に換算すると11億5000万トンの船腹が必要である。08年8月，パナマックス型の運賃はニューオーリンズ・日本間で142.00ドル/ロングトンへ値上がりした。このときは，①穀物価格の高騰，②原油価格の高騰，③海上運賃の急上昇，④1ドル＝106円から107円の円安，が重なったから，穀物の輸入価格はみるみる値上がりした。東京穀物商品取引所の日本向けのトウモロコシ価格（貨物・海上運賃込価格）は08年6月27日，過去最高のトン当たり5万320円を記録している。

3. 農地獲得競争の勃発

穀物輸入国の中には穀物の高騰に危機感を募らせるところが出てきた。高騰に対する自衛策として，海外に農地を求め自ら食糧を増産するとの機運が盛り上がった。それが，韓国，サウジアラビア，中国などの輸入国であった。その理由は，2008年前半に穀物価格と原油が同時に暴騰したことにある。

2008年11月19日付のイギリスの日刊経済紙『フィナンシャル・タイムズ』

は，韓国の財閥系企業，大宇グループの物流子会社，大宇ロジスティックスがマダガスカル政府との間で，130万ヘクタールの農地を99年間リースする契約を結んだことを伝えた。大宇ロジスティックスは南アフリカの労働者を雇用してトウモロコシとパーム油を生産し，韓国向けに輸出する計画であった。ちなみに130万ヘクタールという面積は，韓国の農地191.9万ヘクタール（2000年）の67.7％に当たる。韓国の穀物供物自給率（重量ベース）は32％である。これに対して日本は24％である。稠密な人口を抱えながら農地に乏しい韓国は，世界第4位のトウモロコシ輸入国であり，大豆輸入国としても上位10位までに入っている（この計画は09年にマダガスカル政府が，国内の政治的混乱によって倒れ，日の目を見ずに終わった）[5]。

2008年1月，世界最大の産油国であるサウジアラビアも海外の農地取得に乗り出した。農業事業会社ハイル農業開発は，サウジアラビア政府の全面的な支援を受け，スーダン北部に4500万ドルを投じて9000ヘクタールの農地を開拓し，小麦，大麦，トウモロコシ，コウリャンなどを生産する事業に着手している。ハイル社はスーダン政府との間で農地の使用契約を結び，今後5年間で4倍以上に農地を拡張する計画という。サウジアラビア政府はこれまでにインドネシアで160万ヘクタール，スーダンで1万ヘクタールの農地を取得したが，さらにウクライナやパキスタン政府とも交渉を続けている[6]。

2009年2月には中国も，胡錦濤主席の中東アフリカ歴訪に先立って農業問題を協議した。中国政府はWTOにおいて発展途上国のリーダーとして行動している。他方，発展途上国との間では活発な資源外交を展開している。中国には2008年6月末時点で1兆8000億ドルを上回る外貨準備があるが，今後さらに増える方向にある米ドルを，中国政府はどのように使えばいいのか。それは将来需要の増大する可能性の大きい地下資源の開発である。石油，天然ガス，鉄鉱石，石炭，ボーキサイト，銅，錫などの地下資源の開発に資金を投ずることは，将来の工業発展の保険になる。また膨大な外貨準備の削減に役立つだけでなく，過剰流動性の解消にもなる。

中国が頭を悩ませているのは，潤沢な食糧供給を確保することである。工業化が進めば農業に従事する人々が減り，人口の半分を養うに足る穀物を輸入し

なければならなくなる。

　日本はもともと人口が多く，第2次世界大戦の敗戦によって，9000万人が四つの島に閉じ込められた。日本は自国の人々を食べさせるため，工業化に邁進した。それが結果として，日本を先進工業国の仲間入りをさせ，また周辺の農業国に比べて豊かにした。しかし農業人口が一挙に工業へ移行したため，人口の半分以上の人々を養うため大量の食糧を海外から輸入せざるを得なくなった。これと同じことが韓国と台湾でも起こった。韓国は4858万人の半分の人口を養うための食糧を，台湾は2318万人の人口の半分を養うための食糧を海外から輸入している。

　中国でも同じことが起こるとすれば，7億人分の食糧が不足することになる。1億人や2億人分の不足が生じても，それを供給してくれる生産国を見つけ出せるかもしれない。だが7億人分を供給できるような大生産国は存在しない。農業従事者の減少が続けば，中国が食糧不足に陥ることは火を見るより明らかである。そうなれば中国がとり得る道は，工業化をストップさせるか，7億の人口を養えるだけの食糧を増産するかのどちらかになる。少なくとも，農業生産高を今のままにしておくことも，農民がこれ以上農村を離れて工業に働き口を見つけることも許されなくなる。

　ところが現実に都市部に高収入をもたらしてくれる仕事があれば，農民の都市部への移動を止めることは不可能である。そうなると国をあげて農産物の価格を引き上げたり，農業に先進的な技術革新を取り入れたり，農民所得の倍増計画を実施したりする必要に迫られるときが必ずくる。

　中国が旱魃に襲われて供給不足が起こり，アメリカからトウモロコシや小麦を大量に買い付けるような事態になれば，穀物価格が急騰することは目に見えている。発展途上国の中には穀物を自給することができず，原油も産出しない国々がある。彼らの手で穀物高騰の犯人探しが行われ，中国は発展途上国のリーダーとしての支持を失う可能性もないとはいえない。そうなると，地下資源の開発や輸入に支障をきたすおそれがある。中国はアメリカから大量の穀物を輸入し，穀物市場に不必要な混乱を招くことは避けたい。これが世界の穀物需給が長期的に逼迫すると予測される中で，中国の置かれている立場であると想

像される。

　中国はフィリピンやラオスに約210万ヘクタールの農地を確保している。また，ロシア系のヘッジファンドやアメリカの金融大手モーガン・スタンレーなどは，ウクライナの農地を取得している。2008年1月には，ニューヨークの投資会社ジャーチ・マネジメント・グループが，スーダンの農地40万ヘクタールの借地権を手に入れたと伝えられている。

4. 海外での農地取得は長期的リスク

　世界各地で「農地取得競争」が起こったのは，穀物価格と原油価格が同時に上昇し始めた2007年のことである。筆者の観察によれば，原油価格が1バーレル70ドルを超えると原油輸入国の間に動揺が広がり，80ドルを突破すると動揺は狼狽に変わる。原油と穀物の両者を輸入に依存している国々の危機感は，いやがうえにも高まった。それが08年の穀物高騰を機に最高潮に達したのである。

　まず，食糧自給率の低い中東の産油国が資金力に物をいわせて，自ら，あるいは国家規模の投資ファンドを立ち上げ，海外の農地獲得に動き始めた。欧米の投資ファンドがこれに追随した。その後間もなく，韓国と中国も競争に加わった。例えば，イギリスの農地買収会社ランドコムは，欧米の投資家から1億6000万ドルの資金を集め，旧ソ連に12万ヘクタールの土地を借りて穀物を生産し，ヨーロッパへ販売している。

　2008年9月15日にリーマン・ブラザーズが破綻すると，発展途上国や貧困国の多くが外貨の流出に見舞われた。このため発展途上国や貧困国は海外から開発資金を呼び込む，いわば奥の手として，食糧輸入国が求める農地や未開発地の売却や長期貸与を受け入れた。

　このような動きについて，国連食糧農業機関（FAO）のディウフ事務局長は2008年，「自国の食糧安全保障リスクを軽減するため，食糧輸入国が海外で農地を獲得することは新植民地主義（neo-colonial system）を生み出すリスクがあるとして注意を促した。スペインの非政府組織グレインも，08年10月の報告書で，食糧および金融の危機が世界規模の新しい収奪を招いており，飢餓に見舞

われている最貧国の農地が外国企業や政府によって統合され私物化されている」[7]と警鐘を乱打している。

さらに同報告書は海外での農地取得の事例を，食糧安全保障とビジネス取引の二つに分類し，具体例をあげている。

第1は，輸入国政府が途上国政府と交渉するパターン。原油供給や農業インフラの整備，開発資金の提供などの便宜と引き換えに，自国向けの農作物を生産する農地を取得する政府間取引である。輸入国の狙いはもちろん食糧の安定的な確保にある。

第2は，将来も食糧価格が高値で推移することを見込んで利益獲得を狙う民間投資のパターン。中東産油国の投資ファンドや，欧米金融機関などが利益を上げる事業で，「農地買上会社」もここに入る。

第3は，投資ファンドへ共同出資する形をとって，官民が協力するパターン。これは利益を目的にする事業なのか，食糧を確保するための取引なのか，判然としない[8]。

ところで農地を売却したりリースしたりしているのは，どのような国なのか。イギリスの『ガーディアン』紙によれば，上位国から順にインドネシア，マダガスカル，フィリピン，スーダン，パキスタン，ラオス，ウクライナである。地域を列挙すると，東南アジア，東アフリカ，東欧などに多い。またエチオピアのメレス・ゼナウィ首相は，中東諸国の投資用に数十万ヘクタールの農地を提供することに「きわめて積極的」であるといわれる。

他方，ローマに本部を置く国連食糧農業機関のシニア・エコノミストのコンセプシオン・カルペ氏は「大宇（韓国の財閥系企業）の投資は，2008年の食糧危機を受けたもので，各国は食糧安保を強化するため農地のリースや購入を狙っている」[9]と述べている。海外で農地を獲得することは，恒常的な穀物輸入国が食糧危機への対応策として，供給増大を目指す現実的な方法である。

穀物貿易の世界では，1972年7月からソ連が米国産穀物の大口輸入国となり，グローバル化が始まった。それ以来，穀物貿易には国境やイデオロギーの対立はないことを前提に，輸出市場が拡大した。穀物輸出市場を支配している基本原則は，輸出国の農家が生産する穀物を，輸入国の消費者が購入すること

であった。この原則が穀物価格の急騰をきっかけに崩れ始めた。穀物輸入国が自ら資金を投じ，農地をリースしたり購入したりして開発輸入に乗り出したからである。

　農地はリースか買収によって手に入れることができる。それなら穀物はいったい誰が生産するのか。韓国の大宇は南アフリカの労働者を雇い入れ，マダガスカルの農地を耕作する計画であった。韓国の現代はロシアの沿海州へ韓国人の労働者を移住させている。中国や中東諸国はどうするのか。中国は農家を海外へ移住させるだろう。中国人は海外へ移住することに抵抗がないからである。しかし人口の少ない中東諸国は，他の国から人手を借りなければならないだろう。どうやって人手を確保すればよいか。農地を貸与してくれた国の農家はどうだろう。容易ではなさそうだ。人手も資金も不足しているからこそ，広大な土地をリースに出したり売却したりできるからである。

　大宇がマダガスカル島に確保した130万ヘクタールの土地は，比較的涼しい。雨は雨季には十分過ぎるほど降るが，乾季にはほとんど降らない。農地がそういう気候の下にあることは，事前にチェックすればわかる。しかし，本当のところは，種を播き，1年間育ててみるまではわからない。土壌の性質もわからないし，どんな病虫害が発生するかも不明である。言い換えれば，海外に農地を獲得することは，気候，土壌，病虫害に対してリスクを負うことにほかならない。

　われわれは日ごろ「リスク」という言葉を頻繁に使うが，その実，リスクの定義は人によってまちまちである。農場経営に当てはめれば，リスクとは，広義には将来の不確実性をいい，狭義には損失の発生する可能性をいう。農業リスク，つまり旱魃による減産，価格下落，天候異変（早霜，遅霜，降雪，集中豪雨，ハリケーンなど）のリスクが顕在化したとき，それを一企業が負担することはできるだろうか。

5. 輸出競争力とは流通総合力の別名

　米国産の穀物には強力な価格競争力と機動力が備わっている。穀物輸出事業には，もしブラジルが輸出できなくなった場合は，ただちに米国産に切り換

え，供給を切らさないようにする必要がある。そのような機動力を持っているのは，実はアメリカだけである。なぜなら，アメリカは世界最大の生産力に見合う穀物流通システムを，長い時間をかけて構築してきたからである。

収穫された穀物はまず農家の庭先にあるビン（簡易貯蔵設備）で一時保管される。そのビンから生産地エレベーターへ，生産地エレベーターから集散地エレベーターへ，集散地エレベーターから輸出エレベーターへ運ばれる。輸出エレベーターへ運び込まれた穀物は，そこで大型の本船に積み替えられ輸出される。ただし生産地エレベーターがミシシッピ川の河岸にある場合は，穀物は生産地エレベーターで直接ハシケに積み込まれ，そこから輸出エレベーターへ廻送される。穀物輸出基地のニューオーリンズへ集まってくる穀物の輸送は約9割がハシケ，約1割が鉄道貨車である。

貨車1両には85トンから90トンの穀物を積載できる。この貨車が100両ないし110両が連結されて，ユニット・トレインになる。また1杯のハシケには1300トンないし1400トンの穀物を積む。これを32杯から36杯繋ぎ合せて1編成のハシケに仕立てる。このように穀物を大量輸送するのはなぜか。その理由は，輸送からは規模の利益を得ることが容易だからである。

米国産穀物の競争力の源泉は五つにまとめられる。第1に，他の生産国に比べて単位面積当たりの収穫量が多く，年々の生産高のぶれが小さいため，安定した輸出余力がある。第2に，全米で生産される膨大な穀物を保管する能力が備わっている。第3に，穀物の輸送に鉄道だけでなく，ミシシッピ川の水運も利用できる。第4に，穀物をメキシコ湾岸，西海岸だけでなく，東海岸や五大湖からも積み出すことができる。また各輸出港の輸出エレベーターの積み込み能力が大きく，作業能率も高い。第5に，欧州連合や中国という北半球の大消費地に近いという「地の利」に恵まれていることである。

穀物の輸出競争力とは，簡潔にいえば，価格，品質，保管能力，輸送能力，輸出港の積み込み能力の総合力を指すのである。

米国農務省の最新の需給予測（2011/12年度）によれば，アメリカは小麦を10億2500万ブッシェル（2790万トン），トウモロコシを16億5000万ブッシェル（4191万トン），大豆を14億1500万ブッシェル（3850万トン），計1億1000万トン

近くを輸出する。これを貨車とハシケに振り分けて輸出エレベーターへ運び込んでいる。

穀物の輸出事業にとって輸出港の積み込み能力や荷役能力は決定的に重要である。輸出余力のある国から供給不足の国へ，穀物を迅速に移動させる機動性を左右するからである。本船への積み込みが1日平均1万トンか，5000トンか，2500トンであるかによって，積み込み時間が変わる。東日本大震災直後の日本のように，一時的に穀物の供給が足りなくなれば，それを補うのは，輸入国の荷役能力と保管能力に尽きるのである。

これに加えて，米国産穀物は価格と品質の両面で，世界市場のベンチマークになっている。貨車や鉄道，ハシケ，生産地エレベーター，輸出エレベーターなどの産業基盤は輸入国が資金を投入すれば，時間はかかっても，構築することは可能である。それゆえ海外に農地を取得することが「絵に描いた餅」に終わるとは考えにくい。

とはいえ，長期的な事業として競争の激しい穀物市場で「利益を上げること」は，決して容易ではない。年々の生産高は天候によって変化するし，価格は上昇下落を繰り返すのが常だからである。いずれにせよ農地の取得には長期的な価格リスクを織り込んでおかねばならない。そのうえ，米国産穀物より品質が劣り，積み込み能力の落ちる産地では，値引きをしない限り，穀物を販売することは難しい。つまり海外での農地の取得や長期のリースは避けたほうがよいという結論に落ち着く。このような穀物市場の厳しい現実を受け入れなければ，海外で農地を獲得して穀物を増産するような真似は慎むべきである。

穀物輸入国が海外に農地を確保し，こぞって増産に奔（はし）ったらどうなるか。世界中で供給が増大し，その結果，おそらく価格は下落する。市場では価格メカニズムが働くからである。それだけではない。需要を上回って生産された穀物は，輸出に回して処理せざるを得ない。他の輸出国との価格競争は，当然，激しさを増す。海外に農地を求め穀物を増産することは，投機性が高いといわねばならない。

他方で，海外生産の拡大は国内農業の衰退を招く危険をはらんでいる。つまり農業の空洞化である。ここで海外での穀物増産に熱心な韓国の例を示すと以

下のようになる。コメの生産（2011年暦年）は424万トン，輸入は35万トンである。小麦の生産は5万トン，輸入は470万トン。大麦の生産は26万トン，輸入は5万トン。トウモロコシの生産は7万8000トン，輸入は720万トン。大豆の生産は16万6000トン，輸入は30万トンである。

　韓国で目立つのは小麦とトウモロコシの輸入が多いことである。両者を合わせた輸入は年間1200万トンに及ぶ。2008年と11年に価格が高騰したとき，「小麦とトウモロコシの輸入が多過ぎはしないか。このうちの半分600万トンを海外で農地を取得して安く生産し，韓国へ供給すれば一石二鳥ではないか」という議論になったことは想像に難くない。けれどもこの議論に無理はないだろうか。

6. 無視できない価格下落の可能性

　筆者は「無理がある」と思う。なぜか。議論が二つの誤った推論にもとづいているからである。誤った推論とは，第1に，人口爆発が続いているから，穀物の価格は長期的に上昇するとの見方である。第2に，海外に進出して穀物を増産することは，韓国の食糧安全保障に貢献するとは限らないからである。

　人口問題について，結論を先取りしていうと，以下のようになる。

　　「今日の途上国で見られる人口増加も，目新しい問題ではない。先進国の100年前の人口増加と同じ性格のものである。途上国のほうが，とくに増加率が高いわけではない。しかも途上国の人口増加率は，インドを例外として，すでに天井を打っている。したがって，途上国の人口爆発は，危機的な水準に達する前に落ち着く。すでに食料や原料は，大問題にならずに済むことが明らかになっている」[10]

　これはピーター・ドラッカーのご託宣である。

　食糧安全保障への貢献という面での疑問は，例えばトウモロコシにある。その価格は2008年6月27日に1ブッシェル当たり7.5475ドルとなり史上最高を更新した。だが9月15日にリーマンショックが起こったため，3カ月後の12月5日には2.935ドルまで値下がりした。大豆も08年7月3日に16.58ドルと過去最高を記録した。しかし12月5日にはこれまた7.84ドルまで下げた。ど

ちらも未曾有の高値に比べて半値以下に落ち込んだのである。

　問題はそれだけではない。経済的なショックが引き起こされるたびに，価格が暴落する危険にさらされることである。暴騰では決してない。2008年9月15日のリーマンショック以降も，ギリシャの金融不安，ニューヨーク株式市場の不振が続いている。アメリカの金融当局はゼロ金利政策を導入し市中へドルを大量に供給して，日本のバブル崩壊後の不況の二の舞を避けようとした。ダウ工業株30種平均株価は1万ドル台へ回復し，1万2000ドルまで戻った。ここでエコノミストの多くが判断を誤った。彼らはアメリカの景気がよくなると思いこんでしまったのである。株価は不景気下でも値上がりすることがある。だが失業率などの指標は，アメリカ経済の先行きに楽観を許さない。というのも，雇用は失われたままだからである。そのうえ，困ったことに，バーナンキFRB議長もガイトナー財務長官も景気を立て直せないだけでなく，ドル安を制御できずにいる。アメリカが近い将来この二人の「レームダック」の下で財政規律を取り戻すことは不可能に近い。つまり今後も経済的混乱は続発する。そのたびに株価は暴落し，穀物価格も玉突きで下落することが考えられる。

　このような状況下で，長期的な価格上昇を前提にした投資を行うことが，正しい判断といえるだろうか。筆者には楽観的過ぎるとしか思えない。輸入国の考え出した穀物高騰の解決策，海外での農地取得とそれを梃子にした増産は，正直にいえば，とても現実的な計画とはいえない非現実的な対応であると思う。それでも「やる」というのなら，反対する理由はないが。

7．韓国の穀物調達計画

　『日本経済新聞』は2011年8月1日，ソウル発の記事を掲載した。見出しは「海外で穀物生産拡大」，小見出しは「韓国，自給率65％目指す」であった。記事の大筋は，「韓国政府は中国やインドなど新興国の経済成長で価格高騰に見込まれる食糧の安定確保に向け，海外に農地を確保して穀物生産を拡大する対策をまとめた。2020年までに国内対策と合わせて約10兆ウォン（約7300億円）の予算を投入。海外生産分を含めた穀物の自給率を2010年の27％から

65％に引き上げる。韓国よりコストが低い海外での民間企業や政府系企業による穀物生産を資金面から支援し国内で消費する分として15年に91万トン，20年には138万トンを確保する。国内でも新種開発や機械化を促進，国内生産分による穀物自給率を25％から15年に30％に高める」というものである。

　食糧自給率とは国内生産を国内消費で割った数値である。人口の高齢化が進み消費が減るにつれて自給率は少しずつ高まっていく。2011年の韓国の人口は4860万人，コメ生産高は年間424万トンである。ここへコメ輸入が35万トン，トウモロコシ輸入770万トン，小麦輸入（飼料用小麦を含む）470万トン，大豆輸入126万トン，大豆粕輸入173万トンが加わり，合計1575万トン程度を輸入している。単純化していうと，日本の半分ぐらいの輸入が確保できればよいことになる。自給率65％を目指すなら1000万トンである。このうち425万トンはコメでまかなえるから，560万トンを海外で生産するという意味だろう。

　これほどの量を海外の農地で生産し，そのうえ，価格下落のリスクも負わねばならない。韓国でも農家の高齢化が進んでいるから，この問題を解決するには，大規模経営をするよりほかない。日本と同じ農家の高齢化，零細経営という農業の弱点を，海外に農地を確保することで埋め合わせることは，長期的に安上がりの政策になるのだろうか。それとも「海外生産が栄え，国内生産が滅びる」ことになるのだろうか。結果はいずれ明らかになる。

　そうこうするうち，2011年10月24日の『日本経済新聞』に「韓国の穀物調達，官民で海外開拓」という記事が載った。韓国の政府機関や総合商社が穀物の調達で共同企業体を作り，海外へ生産拠点を設けたり，物流網を構築したりするという。その概要を示すと，「政府傘下の韓国農水産物流公社などが2015年までに3000億ウォン（約200億円）を投資する。穀物価格が高騰する中で，韓国は食糧の安定確保の観点から安定的な輸入ルートの構築を進めており，官民の資金を活用して拠点づくりを急ぐ」ことを，来日した同公社の李光雨副社長が，日本経済新聞社の取材に対し明らかにした。投資額のうち，「約4割を同公社が負担し，残りを韓国の総合商社などが出資する現地の農家と直接契約する他，物流施設を整えるなどして安定供給できる体制を構築する。第1弾として，同公社は今年4月サムスン物産など韓国の3企業との共同出資会社を米国

に立ち上げた。小麦やトウモロコシや大豆などの穀物を輸入する」という。

李副社長は，このほかロシアやブラジル，ウクライナ，東南アジアなどに段階的に拠点を作ることを計画中であると述べた。加えて，「この事業で，価格高騰や不作の際に安定的に調達できる穀物の輸入量を，2015年までに年間400万トン確保する。海外生産分を含めた韓国の穀物自給率を現在の27％から，同年に47％に引き上げることを目指す」という青写真を持っていることを明かした。

しかし穀物の開発輸入事業は民間企業にとってリスクが高いうえ，投資額も大きい。政府系機関の支援を受けることで海外展開を図る意図もあるようだ。

この計画は具体的である。しかも穀物の生産地はアメリカである。実際の計画は，要するに，現実的なところから始めようというのだろう。このやり方なら無理がない。実現の可能性は高まる。

注

1) 『朝日新聞』2008年3月26日。
2) *Milling & Baking News*, 7 Nov. 2006, p. 2.
3) *Meat and Poultry*, 1 Oct. 2007, p. 38.
4) 『日本経済新聞』2006年5月11日，および2007年4月25日。
5) 『日本経済新聞』2010年6月30日。
6) 『日本経済新聞』2009年6月5日。
7) 『日本経済新聞』2008年8月9日。
8) 拙著『食糧格差社会』ビジネス社，2009年，152ページ。
9) 拙著，前掲書，152-153ページ。
10) P. F. Drucker (1999) *Management Challenges for the 21st Century*, Harper Business, Harper Collins, New York, p. 46.（上田惇夫訳『明日を支配する者』ダイヤモンド社，1999年，52ページ。）

第7章

穀物流通に対する
日本商社の貢献

第1節 老大国日本の将来

1. トウモロコシの輸入価格

　日本で穀物価格が値上がりしたといわれるときは，たいていの場合，シカゴ商品取引所の穀物定期価格の値上がりを指すことが多い。これは誤解を招きやすい。どうしてか。トウモロコシを例にして説明すると，以下のようになる。

　トウモロコシの価格は，①トウモロコシの本体部分の価格，②トウモロコシの基礎部分（ベーシスと呼ばれる）の価格，③ニューオーリンズから日本までの海上運賃，④海上保険の保険料，⑤為替レート，⑥商社の流通マージン，の六つの要素から成り立っている[1]。

　このうち①と②を合わせてFOB（Free on Board＝フリー・オン・ボード＝輸出港本船渡し）価格という。これは貨物（Cargo）であるトウモロコシの値段である。

　ここへ③を加えるとCAF（Cargo and Freight, Cost and Freight）になる。商品（貨物），運賃込み価格になる。CAF, Yokohamaのように，CAFの後ろへ目的地を入れる習慣になっている。さらに④を上乗せしてCIF（Cost, Insurance, and Freight）とする契約もある。これは商品，運賃，保険料込み価格である。これはヨーロッパ向けの一般的な契約である。日本向けは商社（メーカーのこともある）が保険をかけるCAF契約が多い。

　これに積期（shipment period），輸出港で貨物（穀物）を積み込む期間（15日，20日，1カ月のいずれか）を決めれば，基本的な契約条件は整う。

　ところでトウモロコシの本体部分の価格は，シカゴ商品取引所の定期価格に等しい。シカゴ商品取引所の定期市場では，長期の需給予測にもとづいて価格形成がなされている。トウモロコシの基礎部分はベーシスと呼ばれ，現物の需給を反映する。農家の売り控えや大量の輸出成約などによって，現物の需給が逼迫するとベーシスが値上がりする。

　穀物を運搬するパナマックス型（5万5000トン級）の海上運賃も，その時々の

図7-1：FOBベーシスとCAFベーシス

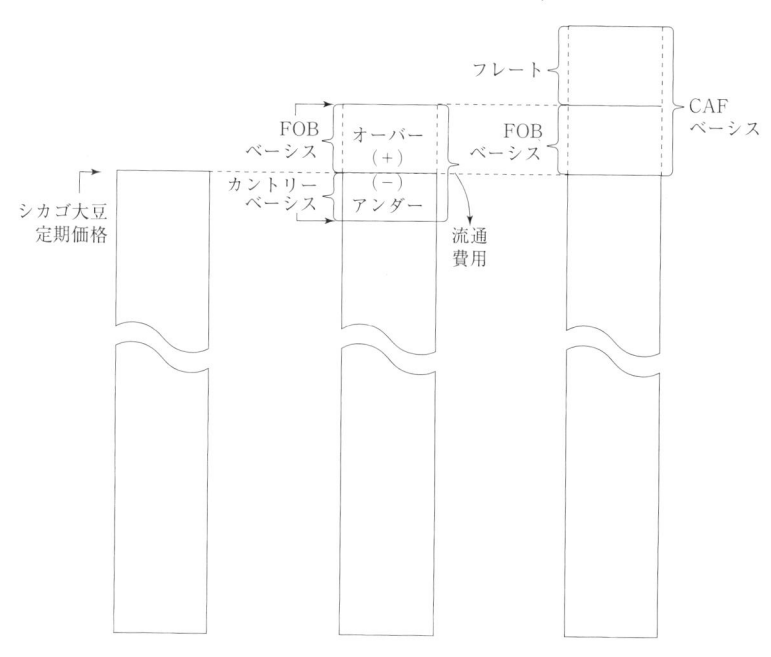

流通費用は生産地エレベーター（カントリー・エレベーター）から輸出エレベーター（エクスポート・エレベーター）で穀物を本船に積み込むまでのコストの総計である。この中にはカントリー・エレベーター使用料，保管料，販売マージン，トラック運賃，貨車運賃，バージ運賃，エクスポート・エレベーター使用料，金利，保険料などすべてのコストが含まれる。

出所）拙著『プライシングとヘッジング：穀物定期市場を利用するリスクマネジメントの方法』中央大学出版部，2005年，13ページ。

船腹の需給関係を反映して値上がりや値下がりを繰り返す。海上保険の保険料は定率であり料率も安いから，それほど価格には影響しない。為替レートの変動は輸入価格を大きく左右する。為替が円高になるとトウモロコシを購入するのに必要になる日本円（金額）は少なくて済む。これとは逆に，為替が円安に振れると，必要な日本円（金額）は増える。

東京穀物商品取引所の定期価格は，日本へ到着したトウモロコシの値段だから，これにはシカゴの定期価格，ニューオーリンズのFOBベーシス，海上運賃，為替レート，商社の流通マージンなど，すべての価格要素が含まれている。ちなみに2008年6月27日のCIF価格（期近）はトン当たり5万320円，11

年3月3日の価格は2万9150円であった。また08年同日のシカゴの定期価格はブッシェル当たり7.5475ドル,11年同日の定期価格は7.2975ドルであった。トン当たりに換算すると,08年は297.13ドル,11年は287.29ドルである。両者の差は9.84ドルだから,1ドル=80円で計算すればトン当たり787円の差に過ぎない。

それなら,これほど値下がりした理由は何か。海上運賃の値下がりと円高のためであった。パナマックス型の海上運賃（ニューオーリンズ―日本間）2007年4月に心理的な抵抗線であったトン当たり60.00ドル/ロングトンを突破してから上昇に勢いがついた。折からの原油高騰も手伝って07年9月には100.00ドルの大台に乗った。海上運賃は08年5月に147.25ドルの過去最高を記録した。しかし,08年6月に128.25ドル,原油価格が史上最高を更新した08年7月には128.20ドルへ反落した。また11年3月には56.00ドルとなり,08年6月に比較して,72.25ドル（約5750円）値下がりした[2]。それだけでなく,円の対ドル為替レートは08年6月の1ドル=107円から11年3月の1ドル=78円へ29円値上がりした。つまり海上運賃と為替レートの変動が,2万1200円の差（安値）となって表れたのである。

このように,穀物価格の値上がりを論ずる場合には,シカゴ定期の価格水準だけに焦点を合わせて議論したのでは,市場の実態からかけ離れてしまうことがある。そこへFOBベーシス,海上運賃,為替レートなどの要素を加えて,総合的に評価しなければならない。これが輸入国の日本がとるべき現実的な態度だろう。

2. 飽和状態の日本の穀物市場

2010/11年度の日本の穀物輸入は,大豆と菜種の油糧種子を含めて,年間およそ3130万トンであった。その内訳はトウモロコシが1620万トン（食品・工業用含む）,小麦620万トン（飼料用小麦,小麦粉製品輸出向けを含む）,大麦（醸造用を含む）140万トン,コウリャン150万トン,ライ麦30万トン,大豆350万トン,菜種220万トンである。これに穀物以外の蛋白飼料や粗飼料として大豆粕200万トン,牧草類200万トン,甜菜糖副産物60万トン,エタノール醸造副産物

30万トンが加わる。これらの輸入量（すべて概数）は全部合わせると3620万トンである。これが日本の輸入量である。

米国農務省が2011年8月に発表した農産物の需給予測を見ると，意外なことに気づかされる。日本の穀物輸入が減少に転じていることである。それによると11/12年度の日本のトウモロコシ輸入は1610万トン，小麦は580万トン，大豆は340万トンである。20年前の1991/92年度にはトウモロコシ輸入は1655万トン，小麦は587万トン，大豆は467万トンであった。過去20年間にトウモロコシは45万トン，小麦は7万トン，大豆は127万トン，それぞれ減少した。日本の11/12年度の大豆輸入は中国の5650万トン，メキシコの375万トンを下回った。メキシコでは新鋭の搾油工場が07年から操業を開始したからである。

日本の需要が減少した主な理由は人口の減少と所得の減少にある。日本の人口は2005年をピークに減り始めた。減少率は年0.02％とごくわずかだが，労働人口も減り始めている。出生率は女性一人当たり1.3人（人口補充出生率は女性一人当たり2.1人）に減り，平均寿命は世界最高である。1947年から49年にかけて生まれたベビーブーマー世代（堺屋太一の著名な予測小説の名をとって「団塊の世代」とも呼ぶ）800万人が07年から引退を始めた。15年には日本国民の25％が65歳以上になり，25年にはそれが30％近くになる。

日本では第1次石油ショック前夜の1970年には，65歳以上の高齢者は総人口の7％，15人に1人でしかなかった。バブル崩壊が兆した90年には，日本では65歳以上はわずか12％，8人に1人であった。就労年齢（15歳から64歳まで）人口の全人口に占める割合は，90年の70％から減り続け，2008年には65％，20年には60％になる。とくに深刻なのが子供（0〜14歳）の数の減少で，終戦後の1950年には人口の35％を占めていたが，90年には18.2％になり，2011年には13.1％にまで落ち込んでいる。この結果，2050年の日本の人口は，08年の1億2800万人から1億人ないし8500万人に減少すると予想されている。この長期の予測が的中するかどうかは別にしても，今後10年ないし20年，日本がこの特別な経済上の重荷を背負っていかねばならないことははっきりしている。

他方，「2008年の日本の1世帯当たりの（年間）平均所得は前年比1.6％減の

547万5000円となった。2年連続の減少で，1988年以来20年ぶりの低水準となった。景気が振るわず，家計にも余波が及んだ。リーマンショックの影響を強く受けた09年の平均所得は，さらに落ち込んでいる恐れがある」[3]と伝えられている。

それだけではない。年収500万円～900万円の世帯は中流層と呼ばれ，全世帯の消費支出の4割を占めるが，この「中流層の」地盤沈下が進んでいる。総務省の家計調査をもとに試算したところ，2000年から09年までに年収650万円以上の世帯（家計調査ベースの全世帯の半分）が減っていることがわかった。日本は10年越しのデフレに喘いでいる。このため「企業は雇用削減よりも，賃金カットで不況を乗り切ろうとしてきた。09年の名目雇用者報酬はピーク時の1997年より1割近く少ない。賃金デフレが中流層の低所得化を促した」という。ちなみに09年の家計調査では，被服および履物が00年に比べて26%減，交通費が19%減となった。消費支出全体の8%減を上回る落ち込みである。

失われた25年のデフレ経済下でも，隠れた税金といわれる大学の学費は値上がりし，乗用車の燃料代も高騰するなど，インフレはじわじわと進んでいる。労働者はいきおい生活防衛のため食費を切り詰めざるを得ない。このような人口構成と人口動態の変化は経済にも社会にも大きな影響を与えずにはおかない。これも日本の穀物輸入が減少している原因の一つだろう。

ピーター・ドラッカーは，その著書 *Managing in Turbulent Times*（堤清二監訳『乱気流時代の経営』ダイヤモンド社，1980年）の中で，次のように指摘している。

「新聞のいかなるニュースのたねも，人口動態と人口構造の変化ほど重大で，かつまた現実的なものはない。OPECであろうと，あるいは広く予言されている食糧，金属，鉱物資源の不足であろうと，あるいは現在（1970年代末）のいかなる『危機』であろうと，これに及ばない」，「いまや先進諸国ではソ連・東欧圏も含めて労働力の量，年齢構成，教育水準，構造などが大きく変わろうとしている。これは一つには1940年代後半から1960年代中ごろまでの西側諸国に起こった『ベビー・ブーム』と，もう

一つには第2次世界大戦中から戦後までの共産圏先進地域と60年代後半からすべての先進諸国で起こった『ベビー・バスト（出生率低下）』の結果である。とくに後者の影響が大きい」[4]

「人口構造と人口動態が国内市場に与えるインパクトは，国際経済や国際市場に与えるインパクトに比べれば強くはないように見えるかもしれない。しかしだからといってけっしてとるに足らないというものではない。

人口動態は先進国の消費市場を再区分しつつある」[5]

人口が減少してゆく社会は市場というパイが小さくなる社会である。それに可処分所得の減少が重なったらどうなるか。需要減退に拍車がかかる。かくして日本では市場の収縮が始まり，短期間のうちに飽和状態に達し，穀物輸入は先細りになる。つまり穀物市場における輸入国日本の存在感は希薄にならざるを得ない。

3. 日本の稲作の位置付け

農林水産省の発表によれば，2011年（平成23年）のコメの作付面積は157万4000ヘクタール，予想収穫高は839万7000トンである。コメ収穫高の上位6県は1位が北海道63万4500トン，2位が新潟県63万1600トン，3位が秋田県51万2100トン，4位が茨城県39万3400トン，5位が山形県39万2200トン，6位が福島県35万3600万トンである。平年なら福島県は42万トン程度の生産高があり，茨城県と4位争いをする米所である。

ところが，2011年3月11日の東日本大震災の影響で，水田の一部に海水が流れ込んだり，用水路が損壊して水を通せなくなったりした箇所が出てきた。このためコメ作りをあきらめざるを得なくなり，収穫高が減少した。それでも出来秋にはコメが余ることが予想された。しかし，年々の需給だけに注目して，コメの供給が過剰であると判断してしまっていいのだろうか。いいわけがない。なぜなら，年間3130万トンの穀物が輸入されている事実を閑却しているからである。

もともと食糧自給率は込み入った概念ではない。食料自給率は，まず食料の消費量を分母にとる。次に国内の生産量を分子に置く。それから消費量を生産

量で割る。この割り算によって求められる値が自給率とされるからである。

丸紅経済研究所の柴田明夫代表は，

「日本が経済規模の割に穀物生産小国で済んでいるのは，トウモロコシや小麦を中心に年間約3000万トンの穀物を恒常的に輸入しているからである。言わば，『過剰』と『不足』が併存しているのが日本農業の特徴である。不足する穀物を"当たり前"のように考えているから，コメなどが過剰であるといえるのである」[6]

という。柴田氏の指摘は的確である。

さて，アメリカの2011/12年度のコメ生産高は604万トン（精米換算）である。このうち長粒種（long grain）は378万トン，中・短粒種（medium-short grain）は226万トンである。日本がTPP参加を決定すれば，「関税がゼロになり，日本の農業は壊滅する」という，およそ想像しにくい主張をする人々も一部にいる。だが筆者は，その議論に与することができない。どうしてか。理由は二つある。第1の理由は，日本の家庭の主婦が食生活に関して意外に思うほど保守的だということである。第2の理由は，アメリカには短粒種のコメを日本へ輸出する必要も理由もないことである。

日本の主婦の多くは国内で生産されるコメを安心して食べる。価格が同じなら当然のように国産を選択する。ならば輸入米が桁違いに安ければどうだろう。価格に競争力があれば，一定の市場は獲得できるだろう。しかし，だからといって，全部が輸入米に切り替わるとは限らない。国産米に対する信頼に勝る輸入米は「ない」と思うからである。かりに日本がTPPに加盟して関税がゼロになっても，日本へ輸入される短粒種はせいぜい100万トン。うち77万トンはミニマム・アクセス米として，すでに輸入されている。となれば純増分はせいぜい23万トンである。筆者の考えを荒唐無稽な予測と反論できる専門家が，何人いるだろうか。

日本人はたいてい長粒種のコメを食べない。食べるのは短粒種である。アメリカではアーカンソー州やルイジアナ州では長粒種のコメが栽培され輸出されている。なぜなら長粒種は短粒種に比べて単収が高いからだ。アメリカ南部の農家は長粒種を作りたがる。短粒種を作っているのはカリフォルニアのコメ農

家だが，国内では短粒種の消費が伸びていて，海外へ輸出する余力がない。そのうえ，農業用水の供給にも限りがある。日本が1993年のような冷害に見舞われ，240万トンものコメを緊急に輸入しようとしても，その需要を満たすことはできないのである。

日本がコメについて議論する場合には，輸出国の事情も斟酌(しんしゃく)する必要がある。相手の事情に通じ，自分のことも冷静に判断したうえで公平に比較してみなければ，確かなことはいえないからである。

中国では年間6200万トン程度の短粒種が北部の黒竜江省，吉林省，遼寧省を中心に栽培されているが，国内の需要が増えているため輸出余力が少なく，価格は長期的に値上がりする傾向にある。短粒種も日本へ輸出するより中国国内で販売したほうがよい，と考える業界関係者が多くなっている。

タイやベトナムやミャンマーで栽培されているコメはすべて長粒種（ベトナムでは一部で短粒種が栽培されているが，生産量はごく少ない）である。この現実をどう受け止めるのか。国内生産を増やすことが近道ではないか。コメが少し不足すれば輸入ができなくなると大騒ぎし，逆に余れば，「喉元(のどもと)過ぎれば熱さを忘れる」で，コメが余っていることのありがたさ，尊さを思うことはしない。これは熱しやすく冷めやすい日本人の通弊である。

4. 成長市場をどこに求めるか

日本市場が拡大しないのなら，原料を輸入する商社や原料を使用する食品加工会社は，事業の拡大を期待できない。となれば，新しい成長市場を日本の外に求めなければならない。それでは，成長市場をどこに求めたらよいか。もちろんアジアの新興国，つまり中国，タイ，ベトナム，マレーシア，インドネシアなどである。これらの新興国はオーストラリア，韓国，台湾の市場と地理的に近接している。わずかな時差しかないことは，事業を展開，拡張するうえでまことに都合がよい。仕事を開始する以前に，生産者と消費者，売り手と買い手が膝を突き合わせて何回も予備的な交渉をすることが必要だからである。朝早く飛行機に乗れば，午後には目的地に到着することぐらい交渉を進展させるのに役立つことはない。

第7章　穀物流通に対する日本商社の貢献　207

1990年代半ばからインターネットが普及したため，情報伝達のスピードは高速化し，光と同じ秒速30億メートルの速さになった。一度に伝えられる情報量も飛躍的に増えた。それでも商談は肝心なところは，当事者同士が椅子に座って向かい合い，重要な点を確認しながら進めなければならない。電話を使って話をする限り，話題はどうしても狭い範囲に限定されるからである。話が思わぬ方向へ発展しないのである。話の内容が広がり，新しいヒントや着想が得られるのは，お互いが会って話しているときである。さらに食事をしたり，くつろいだ雰囲気で話をしたりしているときであることが多い。それに人間は親しくなれば話が弾む。それに良好な人間関係や信頼関係を築きあげることは事業のマイナスにはならない。プラスになる。事業を陰で支えてくれる。

　筆者が香港に駐在したのは，成田国際空港が開港した1978年のことである。この年はまた，中国の最高実力者鄧小平が経済特区を設けて工業化の実験に乗り出した，記念すべき年でもあった。中国はすでにアメリカ産小麦の大口輸入国の一角を占めていた。インドネシアには世界最大の単一製粉工場を持つボガサリ・フラワー・ミルズ社があり，カナダやオーストラリアそれにアメリカから，年間240万トンを上回る小麦を輸入していた。スリランカではプリマ社が製粉工場の新設工事にとりかかっていた。マレーシアではパームヤシのプランテーションが続々と開かれていた。一部では老朽化し生産性の上がらなくなったゴムのプランテーションからの切り替えもあった。日本では三井，丸紅，三菱などがマレーシアでパーム油の精製事業に進出していた。

　香港を拠点にアジア各国の若い伸び盛りの企業と取引する筆者の仕事の相手は，ほとんどが華僑であり，現地の名前と中国名とを持っていた。彼らは企業のトップや中堅でバリバリ仕事をしていた。彼らは約束を守り，人柄は信頼でき，概して高学歴で，英語と中国語を話した。

　それだけではない。アジア各国はモンスーン地帯に属しているから，コメが主食である。箸を使って食事をする習慣もある（ただしマレーシアはこの限りではない）。かつての日本と同じように大家族主義である。仏教を信じている国も少なくないなど，共通点が多い。筆者の経験によれば，アジア諸国は日本人にとって，どちらかというと，仕事がしやすいのである。

華僑の出身地はいわずと知れた中国である。その華僑の望郷の念は止みがたく，また「故郷に錦を飾る」気持ちも強い。海外で成功した華僑の目標は，生まれ故郷の中国で事業を展開することであり，地元に学校や病院を寄付することである。その中国市場の規模は巨大である。

　中国の13億を超える人口の所得水準も急速に向上している。外国ブランドに対する飽くなき欲求もある。中国沿海部には，都市的文化と商業的文化を持つ4億の人々が住む（残り8億は農村に住む）。そこでは1980年代から経済が世界で最も急速に発展した。急速な成長を遂げる中国は，外国企業にも大きな事業機会を与えてくれる。

　ドラッカーも中国の潜在的な成長力の高さに着目し，成長市場の最右翼に上げている。彼は1995年に出版された著書『未来への決断』（原題：Managing in a Time of Great Change）の中で，

　　「中国が大規模な開発を必要としているものがある。輸送である。中国は天然の良港に恵まれている。しかし，多くの船舶を受け入れ，大量の貨物を処理できるほど整備された港はほとんどない。しかも，内陸へ貨物を輸送するための道路や鉄道はほとんど整備されていない。鉄道はこの70年間ほとんど建設されていない。そのうえ，現有の鉄道の多くは狭軌の単線であり，操車場も陳腐化している。そして，いまだに蒸気機関車で運行されている」[7]

と指摘している。筆者はこの時点でのドラッカーの評価は妥当であると思う。

　中国経済はその後2010年までの15年間，年率10％近い伸び率で発展を続けている。高速道路網も徐々に整備され，大型の港湾や空港も建設されている。鉄道の分野では，日本の新幹線と同じような型式の車両を採用した旅客専用の高速鉄道網が急速に延伸されている。だが，貨物を運ぶ鉄道網の改善は遅れている。

　このような分野は，中国が経済大国として登場することによって機会がもたらされる市場である。市場のあるところには機会があるからである。

第2節
長年の穀物輸入の経験は商社の貴重な財産

1. 穀物メジャーの日本離れ

　中国がWTOへ加盟をしたのは2001年12月である。その頃から穀物市場では，少数の輸出国に，多くの輸入国が群がるという構図が鮮明になってきた。代表的な穀物は大豆である。それまで長い間，欧州連合と日本が代表的な輸入国であった。しかし，1999/2000年に中国の大豆輸入が1000万トンを越えてから様子が変わった。中国の輸入は10/11年度には5200万トンへと爆発的に増加した。日本の輸入は322万トンで，メキシコの355万トンにも追い抜かれた。

　見逃してならないのは，1990年代半ばから，穀物の国際流通を支配する穀物メジャーの日本撤退が相次いでいることである。ドレフュスを皮切りに，バンゲとコナグラが東京支店を閉鎖した。その理由は日本市場の成長が止まり，穀物市場としての重要性が低下しているからである。すでに日本は出生率の低下（少子化）によって人口が減少し始めている。撤退を決めた穀物メジャーは「日本は重要なマーケットだが，将来の成長は見込めない」と判断していたはずである。日本に居残って営業を続けているのは，最大手のカーギルと二番手のADM（アーチャー・ダニエルズ・ミッドランド）だけになった。

　その代わり，彼らは中国での販売拡大に力を入れている。中国が2010年（暦年）に157万トンのトウモロコシを輸入したから，これが目立ったのである。彼らは中国各地へ販売拠点を設けて大量の大豆を輸出しているから，トウモロコシを1商品増やすだけでよい。これだけで中国からの買い付け増加に対応できる。中国の11/12年度のトウモロコシ輸入は200万トンと予想されている（手元の非公式の記録では420万トン）。小麦輸入は375万トン，大豆輸入は5650万トンである。

　これに対し，2011年のトウモロコシ生産量は，中国側の発表によると，1億9175万トン[8]である。11/12年度の消費量は，米国農務省の予測によると，

飼料用が1億2750万トン[9]，食品・工業・種子が5500万トン，計1億8250万トンである。計算上，450万トンの供給が不足する。供給不足は在庫を取り崩すか，輸入によって補わざるを得ない。この場合，国内にある在庫を貨車で移動させるより，不足している地区へ直接輸入すれば鉄道輸送する時間とコストが節約できる。これが中国のトウモロコシ輸入が増える理由である。小麦の生産量は1億1700万トン，輸入は100万トン，大豆の生産量は1400万トンである。

今から20年前の1991/92年度には，トウモロコシ生産量は9877万トンであった。消費量は飼料用が5450万トン，食品・工業・種子が3239万トンであった。トウモロコシは輸出国で926万トンを輸出した。一方，小麦の生産量は9600万トンだが，輸入は1583万トンもあった。大豆の生産は971万トンであり，大豆輸入は14万トンであった。これを見ると中国ではトウモロコシの急速な需要拡大，大豆供給の輸入への一方的な依存，小麦生産の着実な増大という趨勢が支配的であったことは明らかである。

日本離れを起こしていたのは穀物メジャーだけではなかった。日本の商社や食品加工会社も成長市場を求め海外へ進出していった。島国日本の狭隘な国内市場だけにとどまっていたのでは「じり貧」に陥ってしまう。このような閉塞状態から抜け出すには海外市場へ打って出る必要がある。企業規模の大小は関係なく，何としても生き残らねばならないという危機感や焦燥感が彼らの背中を押したのである。

2. 日本の課題は過剰能力の廃棄

農業には豊作貧乏という言葉がある。豊作のために農作物の値段が下がり，農村の人々がかえって生活に苦しむようになるという意味である。しかし，農業生産について用いられる豊作貧乏は，少し定義が異なる。小麦を例に引くと以下のようになる。小麦が豊作になり供給が増加する年には，価格が下がるのがふつうである。これに対し，豊作になって小麦が値下がりしても供給の増加によって収入の埋め合わせをつけられる，一般に「ナチュラル・ヘッジ[10]」といわれる考え方がある。ところが，小麦の値下がりに伴う収入減少は，生産拡

大による収入増によってすべてを補うことはできない。それが現実である。豊作を喜んでいいはずの農家がありがた迷惑な結果に直面するのが，豊作貧乏の実体である。

豊作貧乏は農業部門だけで観察される特殊な現象ではない。工業部門でも頻繁に発生する。例えば，パソコンである。パソコンは1990年代には異色化（差別化）された製品であり，価格も一定の利益を織り込んで設定することができた。ところが2000年代の中ごろからコモディティ化[11]が始まり，薄利多売の商品へ変わった。その結果，大量のパソコンを生産し，規模の利益を追求することが生き残りのカギになった。それができなくなったメーカーは生産を縮小するか，事業から撤退せざるを得なくなった。商品のコモディティ化は，一面では，価格競争の激化つまり乱売合戦を意味するからである。

ところで農業の豊作貧乏は数年に1度の割合で襲ってくる旱魃や長雨の被害を受けて需給が逼迫すれば，たちまち片付いてしまう。しかし工業部門におこる豊作貧乏はそうはいかない。赤字の累積に耐えられなくなった企業が生産を縮小するか，倒産して撤退するまで続くのである。工業製品の部品は注文に応じていくらでも増産し，供給できるからである。

こうして見ると，日本の食品加工業の問題点は空洞化ではなく，需要減退である。少子化が進み子供の数が減るにつれてキャラメルやチョコレートやチューインガムなどの菓子類の需要が減少に向かうことは，容易に想像がつく。製品需要が減って遊休設備が生まれれば，新製品を研究，開発し，それを販売して設備の稼働率を上げることを考える必要がある。それができなければ，過剰設備を廃棄するよりほかない。そこはビジネスライクに割り切っていく。過剰設備の廃棄は容易ではないことが想像される。しかし，企業は利益の上がらない事業を止めることができる。利益を生まない事業は廃業しなければならない。日本の食品加工業は近い将来，余剰能力を削減し，廃棄することを迫られるはずである。

企業が戦略を転換することを決意し，設備を廃棄したらどうなるか。短期の供給逼迫には輸入を増やして対応する。食品加工業者が緊急避難のために輸入を拡大するのである。その結果，加工業者の流通業者への質的転換が起こる。

加工業者は自前の流通網を使った販売業者に変身することが必要になるだろう。これはアメリカの製造業者が海外に生産基地を移してアウトソーシングし、自らは販売業者の役割を担うようになった過程と同じである。日本の食品加工業者も、そういう方向へ進むのではないかと思う。

3. 日本商社の強み

　日本の商社はその穀物業界に関する専門知識を生かせば、世界の主要な穀物、油糧種子市場のトレーダーになることができるはずである。トレーダーの役割とは余剰の生じている市場から不足をきたしている市場へ、穀物や油糧種子を迅速に供給することだからである。

　日本の商社にはほかにも、優れた財産がある。その財産の一つ目は、資金力であり、二つ目は正直さである。三つ目は専門的知識の内部化である。正直さは遵法精神の篤い市場はいうに及ばず、遵法精神が希薄な市場、売買の記録さえ残しておかないような市場においてはとくに貴重な美点である。ごまかしの横行する中国や旧ソ連では、不誠実は今なお大きな問題になっている。

　それだけではない。日本の商社はその専門的知識を日本で、日本向けの輸入に限定して活用するのではなく、他の諸国への輸入にも押し広げて使うことができる。どういうことかといえば、日本の商社が中国の消費者のために、中国の商社として穀物を輸入するのである。筆者は中国企業の中には中国で営業している中国企業よりも、むしろ中国で営業活動をしている日本の商社と取引することを望むところが多いのではないかと考えている。中国には信用のおける会社は多くはないからである。

　筆者の経験をいえば、1970年代後半の中国政府の穀物輸入関係者はアメリカの穀物メジャーはファースト・ハンドの供給者であり、日本の商社はセカンド・ハンドの販売業者であると見なしていた。ファースト・ハンドの供給者のほうが、セカンド・ハンドの販売業者より信頼できると考えていたふしがある。しかし時代は変わった。中国がこれだけ大きな大豆やトウモロコシの輸入国になった今では、搾油計画や生産計画に合わせて、大豆やトウモロコシをタイムリーに供給してくれるほうが、供給を押さえていることよりはるかに利益

が大きい。

　およそ6500万トンの大豆を購入することは，毎週125万トン，パナマックス型に換算して22杯を輸入するという意味である。言い換えると，毎日20万トン（日曜日を除く）を荷揚げしなければならない。これは巨大な数字である。揚げ荷役が混乱するような事態になれば，その影響は後々まで尾を引く。とすれば，重要なことはタイムリーな到着であって，現物の穀物を確保していることではない。日本人の工夫した「かんばん方式」を穀物の供給に生かすことは，建設的な貢献になりはしないか。

　この点で日本の商社の先頭を走っているのが，丸紅である。これに三菱，全農，伊藤忠，豊田通商などが続いている。日本の商社は「痒いところに手の届く，きめ細かいサービス」を得意としている。日本商社が中国企業の穀物輸入に関してカタライザーとして協力することは，有効なコラボレーションのきっかけとなるはずである。

4．丸紅，アメリカの穀物施設買収

　2012年5月8日，『日本経済新聞』朝刊に「丸紅，穀物メジャーに挑む」という記事が載った。記事の内容は，「丸紅が主力の穀物事業で大規模な買収に打って出る。アメリカの穀物メジャー第3位であるガビロンの買収により，世界規模での穀物の集荷から出荷，販売まで強固なサプライチェーンを構築。名実ともに穀物メジャーの仲間入りを果たし，中国など新興国市場を本格開発する」というもの。一面の記事は，買収交渉がすぐにもまとまりそうな見通しにあることを伝えている。しかし今日に至るも，交渉成立の情報はない。いったいどうなっているのか。

　この施設売却の話は2011年から蒸し返されている。全米で穀物集荷施設を所有する投資ファンドの「オスプレー」がそれらの施設を売却しようとしているとの観測を，トムソン・ロイターが流したのがきっかけだった。その資産は50億ドルに上ると見積もられていた。次いでオスプレーが日々の業務に携わっている従業員に対し，「施設の所有者が変更されるかもしれない」と伝えているとの噂が流れた。オスプレーが資産売却を検討していること，その計画が

かなり煮詰まっていることをうかがわせるに十分な内容だった。

　ここで名前が取りざたされたのが，一部の日本の商社や海外の搾油大手の名前である。ところが売却交渉に当たり「天の時」は，投資ファンド，オスプレーに味方しなかった。どうしてか。アメリカが2011年秋口から農業不況に陥っていたからである。確かにアメリカでは穀物の高騰が続いている。そして農家は高収入を満喫している。しかし価格高騰がただちに農業の好況を意味しているわけではない。というのは，穀物生産が減少したため，流通のパイプラインを流れる流通量が少なくなっているからである。流通量が減れば，流通マージンは細る。これと似た状況は1983年にもあった。このときも，穀物の価格は上がったが，穀物メジャーの収入は激減した。生産減少に足を引っ張られ，一時的な能力過剰に陥ったのである。

　アメリカの穀物業界が好況を享受するには，三つの条件が必要である。その条件とは，①適度な豊作，②堅調な内需，③好調な輸出である。しかし，これらの3条件がすべて同時に揃うことなどめったにあるものではない[12]。現在のアメリカは2年連続の不作（コーン生産2009/10年度3億3255万トン，10/11年度3億1617万トン，11/12年度3億1392万トン。大豆生産09/10年度9142万トン，10/11年度9061万トン，11/12年度8317万トン），内需不振，輸出減退の3重苦に見舞われている。付け加えると，南米3カ国（アルゼンチン，ブラジル，パラグアイ）の大豆生産は09/10年度が1億3070万トン，10/11年度が1億3287万トン，11/12年度が1億1150万トンである。穀物市場におけるアメリカの圧倒的な存在感は，南米や旧ソ連の増産によって少しずつ薄れている。その事実を否定することはできない。言い換えれば，アメリカが穀物市場における覇権（支配力）を独占しようとしても，それは実現困難になりつつあるということである。

　このような状況下で，オスプレーが望むような金額を提示する会社があるだろうか。筆者は「ない」と思う。「ない」というのが不適切なら，「簡単には見つからない」というほうが正確だろう。日本の商社の手の内を探ると，三菱商事はチリの銅鉱山開発に莫大な投資（4200億円）が必要で，ガビロンの施設を購入する資金を捻出できない。三井物産はエネルギー資源や他の鉱物資源（例えば銅）への投資に熱心である。それだけでなく，ここ数年業績の振るわない

ブラジルの穀物事業をめぐって会社内部で意見の食い違いがあり，穀物部門へ新規投資ができる状況にない。丸紅は中国向け事業の収益性の改善が急務であり，これを立て直さない限り新規投資を実行することは困難である。丸紅が穀物部門への投資を強行すれば，アメリカの格付会社が丸紅の株式評価を引き下げるという人騒がせな噂まである。それに丸紅はアメリカ西海岸のポートランドに穀物輸出施設を所有しており，新しい施設を購入することに戦略上の利点があるとは考えにくい。伊藤忠は穀物メジャーのバンゲと組んで，これもアメリカ西海岸のロングビューに年間750万トン規模の穀物輸出施設を建設したばかりで，新しい投資に乗り出す余裕はない。豊田通商は利益率の低い穀物事業を拡大することには興味がなさそうである。これでは日本の商社が買収交渉でキャスティングボートを握ることは不可能である。つまり資金の出し手として「日本商社に期待をかけることは無理」という結論に行きつく。

　『日本経済新聞』の記事の内容と，筆者の見るアメリカの農業不況ならびにこれのもたらす低収益の間には「月とスッポン」ほどの違いがある。なぜカーギルが2500人規模の人員整理をせざるを得ず，ADMがエタノール関連事業の見直し（不能率な工場のスクラップ）に動いているのかを考えただけでも，穀物業界の置かれている厳しい現実がわかろうというもの。どちらの見方が正しいかは後日，事実が教えてくれるはずだが，買収交渉が長引けば長引くほど「買い手は簡単には見つからない」ことがわかるだろう。

　本来，穀物事業とは資金の回収に時間のかかる気長なビジネスである。短期間に大きな利益を得ようとするオスプレーのような投資ファンドとは性格が異なる。簡単にいえば，穀物メジャーと投資ファンドの性格は「水と油」である。穀物事業に投資マネーの論理を持ち込んでもうまくいかないのだ。それが買収交渉のはかどらない遠因をなしていると考えられる。

　丸紅は施設の買収を決断し，それを2012年5月29日に正式発表した。買収額は36億ドル（2860億円）で総合商社による非資源分野の投資案件では過去最大級である。商談の窓口になったのは野村証券とモーガン・スタンレー。ガビロンの施設の買収は既存の施設との相乗効果が期待しにくいという点で，企業戦略の面から見る限り，丸紅全体の成長戦略にウェルフィットとは考えにく

い。しかしこれは筆者の岡目八目の杞憂に過ぎない。丸紅はガビロンの主要株主であるオスプレーなど三つの投資ファンドから全株式を取得する詰めの交渉に入っているという。なお，『日経産業新聞』の12年5月30日の記事は，カーギルの穀物取扱量を4000万トンとしている（それが総取扱量という意味なら，4000万トンは誤った推計である。筆者の資料によれば，7000万トンを上回っているはずである）。

　丸紅の目下の急務は，海外で通用する人材の養成ときめ細かい組織作りである。この点は丸紅もよく自覚している。12年5月30日の『日経産業新聞』は，「岡田氏はカーギルやバンゲなど，メジャーの巨大さは身にしみてわかっている」と論評している。北米や南米の生産農家との密接な関係だけでなく，北米，南米両大陸にまたがる集荷網を稼働させるほか，世界の穀物取引を牛耳ってきた歴史から各国政府や公的機関との関係にも気を遣わねばならないからである。けれども賽は投げられた。これから先は，丸紅が戦略通りの成果を上げられるかどうかにすべてかかってくる。

注

1) 拙著『プライシングとヘッジング：穀物定期市場を利用するリスクマネジメントの方法』中央大学出版部，2005年，13ページ。
2) ユニシッピング株式会社，2011年12月20日提供。
3) 『日本経済新聞』2010年5月21日。
4) P. F. Drucker (1980) *Managing in Turbulent Times*.（堤清二監訳『乱気流時代の経営』ダイヤモンド社，1980年，89ページ。）
5) 堤監訳，前掲書，135ページ。
6) 柴田明夫『食糧危機が日本を襲う！』角川SSC新書, 角川マガジンズ, 2011年, 7ページ。
7) P. F. Drucker (1995) *Managing in a Time of Great Change*.（上田惇生・佐々木実智男・林正・田代正美訳『未来への決断』ダイヤモンド社，1995年，210ページ。）
8) 中国穀物油脂情報センター，2011年11月29日発表。
9) 中国国家統計局，2011年12月2日発表。
10) 東京穀物商品取引所『農業リスクマネジメント』2002年，24ページ。（原題：Managing Risk in Farming Concepts, Research, and Analysis, USDA, Agricultural Economic Report No. 740, 1999.）
11) 土屋守章『企業と戦略：事業展開の論理』メディアファクトリー，1994年，74ページ。
12) 拙著『アメリカの穀物輸出と穀物メジャーの発展〔改訂版〕』中央大学出版部，2009年，171ページ。

第8章

穀物貿易はアメリカを主軸に展開

第1節
アメリカはレジデュアル・サプライヤー

1. 穀物高騰の陰の悲劇

　穀物価格の全般的な高騰はアメリカの農家に時ならぬ収入増加をもたらした。しかしこのような穀物高騰の陰で悲劇も起こった。アメリカの小麦製粉大手コナグラ（年間売上127億5500万ドル）が穀物事業を売却した相手先の投資ファンド，オスプレー・マネジメントが2008年9月4日に破綻した[1]のである。オスプレーは同日，XTOエナジーへの投資によって過去2カ月間に多くの損失が発生したことを明らかにした。

　コナグラは2008年6月23日，その穀物部門（144施設，従業員数950名）を28億ドル（かなりの高額）でオスプレーに売却した。コナグラは同時に，取引部門を独立させて社名をガビロンに改め，穀物エレベーター，鉄道貨車，ハシケなどの操業と運営に当たった。

　ニューヨーク原油先物（WTI，期近，終値）は7月3日に145.29ドルであったが，9月2日には109.71ドルへ，24.5％も下落した。XTOはテキサス州フォートワースに本社を置く年間売上55億1300万ドルのエネルギー会社で，オスプレーは2008年6月時点で1億2800万ドルの株式を所有していた。

　オスプレーは投資ファンドを閉鎖し，その資産の40％を9月30日までに，40％を12月末日までに出資者に返還する。残り20％は非流動性資産であるため，処分に3年近い期間が必要であるとしている。この事件は穀物メジャーが破綻したわけではないが，石油やガスへ投資をしていたヘッジファンドが，その暴落に遭遇して多額の損失を出し閉鎖に追い込まれたという点で，エネルギー投資バブルに踊らされた悲劇ということができる。

　オスプレーの悲劇に続いて10月31日には，アメリカのエタノール大手（全米第2位）ベラサンエナジーが「連邦破産法」第11条（日本の「民事再生法」に当たる）を申請して倒産した[2]。破綻の原因として，①トウモロコシ相場の下落，

②マージンの低下，③資金繰りの悪化，④ヘッジングを外す（解除する）タイミングの誤り，が指摘されている。

しかし，①の相場の急落という理由には説得力はない。なぜならエタノールの生産コストの大部分は供給原料のトウモロコシが占めており，原料価格が値下がりすれば採算は改善するはずだからである。

ベラサンは破綻の理由として，2008年初めに結んだ先物契約が，穀物市場の思わぬ暴落に直面し，会社が高値のトウモロコシを手持ちする羽目に陥ったと説明している。ベラサンのトレーダーは7月に，トウモロコシの価格変動リスクを管理する伝統的な手段，すなわち手持ちしている現物に対して先物を売ること（保険つなぎ＝ヘッジング）を実行する代わりに，現物市場でトウモロコシを天井に近い価格で確定させてしまったというのである。この説明なら納得できる。10月に使う予定の原料に対するヘッジを，7月には早くも解除したわけだから，相場のピークでトウモロコシを買い持ちしたのと同じ結果になったのである。無謀というほかない。

ベラサンの説明を疑問に思っていたところ，2009年3月6日，アメリカ穀物協会が東京で開催したセミナー[3]で，アイオワ州立大学のロバート・ワイズナー名誉教授から貴重な証言を得た。ワイズナー教授の説明によると，エタノール会社が買増契約（accumulated contract）と呼ばれる契約を結び，トウモロコシを6.70ドルから7.00ドルで買い集めたというのである。これはリスク回避のためのヘッジとはいえない。先高を見越した思惑買い（outright long）をしたのと同じである。相場が下落すれば，その分だけ損失が出る。

2008年10月31日のトウモロコシの終値（期近）は4.015ドルだったから，この時点でブッシェル当たり少なくとも2.70ドルの損失が発生していたわけである。穀物メジャーのヘッジ行動とエタノール会社の誤ったヘッジ行動の間には，リスクマネジメントの観点から見て，損失回避手段と投機目的という正反対の動機が働いたと見なければならない。

2009年4月8日には，エタノール大手のアベンティンが「連邦破産法」11条を申請して倒産した[4]。理由はベラサンとまったく同じであった。トウモロコシが1ブッシェル8.00ドルにも，9.00ドルにも値上がりするだろうといわ

れたときだから，それを7.00ドル割れで手に入れられるなら，こんなうまい話はないと買い付け担当者が考えたのも無理はない。

これは「製品のエタノールが売れると同時に，先物を買い戻してヘッジを解除する」というヘッジングの鉄則を無視した人災である。なぜこんなことになったのか。その理由は，第1に，事業が急成長したため，経営に必要な人材の育成と供給が間に合わなかった。第2に，購入した現物トウモロコシに対し，現物と等量のトウモロコシを定期市場で売ってヘッジをする堅実なリスク管理をせず，先高を見込んでフラット（確定単価）で買い付けたままにしていた。スペキュラティブ・ロング（投機目的の買い）以外の何物でもなかった。第3に，エタノールが一時的に供給過剰になりマージンが低下したことである。エタノール産業急成長の陰の「負の遺産」に押し潰されたといってよい。

ソ連向けの穀物輸出が華やかだった1970年代，穀物メジャーの一角コンチネンタル・グレイン・カンパニーの社内には，「一人前の穀物トレーダーを養成するには10年かかる」という常識があった。穀物の専門家を養成するには時間がかかる。だがエタノール産業の爆発的な成長はベラサンにその猶予を与えてくれなかったのである。ベラサンの破綻は，エタノール企業の経営にとって，地道なリスクマネジメントがいかに重要であるかを教えている。

2．食糧を燃料として利用する政策は誤り

2011年2月11日，シカゴ穀物市場のトウモロコシ先物はブッシェル当たり7.065ドル（期近・終値）まで上昇し，08年6月27日に付けた過去最高価格の7.5475ドルへ接近した。その原因は減産と在庫の急減にある。米国農務省は2月9日，農産物需給予測を発表したが，その中で10/11年度（10年9月1日～11年8月31日まで）の期末在庫は6億7500万ブッシェルへ減少し，在庫率（期末在庫を総需要で割った数字）も5.0％へ低下するとの見通しを示した。この在庫率は1995/96年度の5.0％に並ぶ史上最低の水準である。

なぜこんなことになったのか。その背景には米国政府によるエタノール政策の導入がある。というのもエタノールは原油から精製されるガソリンに対する価格競争力がまったくないからである。そこで政府はエタノールに1ガロン当

②マージンの低下，③資金繰りの悪化，④ヘッジングを外す（解除する）タイミングの誤り，が指摘されている。

　しかし，①の相場の急落という理由には説得力はない。なぜならエタノールの生産コストの大部分は供給原料のトウモロコシが占めており，原料価格が値下がりすれば採算は改善するはずだからである。

　ベラサンは破綻の理由として，2008年初めに結んだ先物契約が，穀物市場の思わぬ暴落に直面し，会社が高値のトウモロコシを手持ちする羽目に陥ったと説明している。ベラサンのトレーダーは7月に，トウモロコシの価格変動リスクを管理する伝統的な手段，すなわち手持ちしている現物に対して先物を売ること（保険つなぎ＝ヘッジング）を実行する代わりに，現物市場でトウモロコシを天井に近い価格で確定させてしまったというのである。この説明なら納得できる。10月に使う予定の原料に対するヘッジを，7月には早くも解除したわけだから，相場のピークでトウモロコシを買い持ちしたのと同じ結果になったのである。無謀というほかない。

　ベラサンの説明を疑問に思っていたところ，2009年3月6日，アメリカ穀物協会が東京で開催したセミナー[3]で，アイオワ州立大学のロバート・ワイズナー名誉教授から貴重な証言を得た。ワイズナー教授の説明によると，エタノール会社が買増契約（accumulated contract）と呼ばれる契約を結び，トウモロコシを6.70ドルから7.00ドルで買い集めたというのである。これはリスク回避のためのヘッジとはいえない。先高を見越した思惑買い（outright long）をしたのと同じである。相場が下落すれば，その分だけ損失が出る。

　2008年10月31日のトウモロコシの終値（期近）は4.015ドルだったから，この時点でブッシェル当たり少なくとも2.70ドルの損失が発生していたわけである。穀物メジャーのヘッジ行動とエタノール会社の誤ったヘッジ行動の間には，リスクマネジメントの観点から見て，損失回避手段と投機目的という正反対の動機が働いたと見なければならない。

　2009年4月8日には，エタノール大手のアベンティンが「連邦破産法」11条を申請して倒産した[4]。理由はベラサンとまったく同じであった。トウモロコシが1ブッシェル8.00ドルにも，9.00ドルにも値上がりするだろうといわ

れたときだから，それを7.00ドル割れで手に入れられるなら，こんなうまい話はないと買い付け担当者が考えたのも無理はない。

これは「製品のエタノールが売れると同時に，先物を買い戻してヘッジを解除する」というヘッジングの鉄則を無視した人災である。なぜこんなことになったのか。その理由は，第1に，事業が急成長したため，経営に必要な人材の育成と供給が間に合わなかった。第2に，購入した現物トウモロコシに対し，現物と等量のトウモロコシを定期市場で売ってヘッジをする堅実なリスク管理をせず，先高を見込んでフラット（確定単価）で買い付けたままにしていた。スペキュラティブ・ロング（投機目的の買い）以外の何物でもなかった。第3に，エタノールが一時的に供給過剰になりマージンが低下したことである。エタノール産業急成長の陰の「負の遺産」に押し潰されたといってよい。

ソ連向けの穀物輸出が華やかだった1970年代，穀物メジャーの一角コンチネンタル・グレイン・カンパニーの社内には，「一人前の穀物トレーダーを養成するには10年かかる」という常識があった。穀物の専門家を養成するには時間がかかる。だがエタノール産業の爆発的な成長はベラサンにその猶予を与えてくれなかったのである。ベラサンの破綻は，エタノール企業の経営にとって，地道なリスクマネジメントがいかに重要であるかを教えている。

2．食糧を燃料として利用する政策は誤り

2011年2月11日，シカゴ穀物市場のトウモロコシ先物はブッシェル当たり7.065ドル（期近・終値）まで上昇し，08年6月27日に付けた過去最高価格の7.5475ドルへ接近した。その原因は減産と在庫の急減にある。米国農務省は2月9日，農産物需給予測を発表したが，その中で10/11年度（10年9月1日～11年8月31日まで）の期末在庫は6億7500万ブッシェルへ減少し，在庫率（期末在庫を総需要で割った数字）も5.0％へ低下するとの見通しを示した。この在庫率は1995/96年度の5.0％に並ぶ史上最低の水準である。

なぜこんなことになったのか。その背景には米国政府によるエタノール政策の導入がある。というのもエタノールは原油から精製されるガソリンに対する価格競争力がまったくないからである。そこで政府はエタノールに1ガロン当

たり0.45ドルの補助金を付けた（2005年8月の「エネルギー政策法」の下では0.51ドルであった）。混和業者（エタノールとガソリンと混合する業者）に対し連邦ガソリン税を免除する形で，ガソリンに対する価格競争力を持たせたのである。

しかし，この政策には大きな問題点がある。第1に，価格メカニズムがまったく働かない。第2に，豊作になって需給が緩和したときは欠点が目立たないが，不作に終わるとその欠点が一気に噴き出す。第3に，トウモロコシ価格を不必要に高騰させることである。最近のトウモロコシ急騰は，エタノール政策に内在する矛盾点が露呈している。

エタノールの生産量は2007年12月に改正された法律（「エネルギー独立安全保障法」という別名を持つ）で決められている。この法律では08年（暦年）の90億ガロンを皮切りに，10年は120億ガロン，11年は126億ガロン，12年は132億ガロンの最低使用量が義務付けられている。そして使用義務量は15年の150億ガロンまで年々引き上げられていく（それ以後は150億ガロンで据え置かれる）。

米国農務省は2月に入って，2010/11年度のエタノール向けの需要予測を49億5000万ブッシェルへ引き上げた。エタノール向け需要はこの政策が実施された05/06販売年度（エタノール政策は06年暦年から実施された）の16億300万ブッシェルから，10/11年度の49億5000万ブッシェルまで倍々ゲームで伸びてきた。

また2010/11年度にはトウモロコシの生産量124億4700万ブッシェルのうち，39.8%がエタノール製造に使用される見込みである。後に残った74億9700万ブッシェルで，それ以外の用途，すなわち飼料，食品・種子・工業用（エタノールを除く），それに輸出をすべてまかなわなければならない。

要するに，トウモロコシが不作に終わった場合には，相場は一方的に値上がりする。これは予想のつけやすいことだから，ゴールドマン・サックスやJ. P. モーガンのような投資銀行（日本では証券会社），それにヘッジファンドの多くは，減産をチャンスと見て「トウモロコシの値上がりは必至」と投資家向けのニューズレター（多くは週刊で，輸出成約の詳細，市場ニュース，各種統計，それに相場の短期予測が掲載されている）で強調した。それと同時に，自己勘定で買い持ちを積み上げ，高値になったところでそれを売り抜けて利益を懐にすることを目論

んだのである。事実，シカゴ穀物定期市場のトウモロコシ出来高（売買が成立した取引の総量）は76万2387枚（契約）となり[5]，2008年6月12日に記録した過去最高の51万6076枚を更新した。

　アメリカのエタノール政策はトウモロコシ需要を急増させたが，その陰で，市場制度の中核をなす価格メカニズムの息の根を止めてしまった。これは由々しい問題である。なぜなら，エタノール政策が続けられる限り，高価格による需要抑制は不可能になるからである。アメリカが2010/11年度のような不作に終われば（それでも生産高は史上3位であった），おおむね124億5000万ブッシェルの生産高から，エタノール向けとしてまず50億ブッシェルが優先使用される。そこから19億5000万ブッシェルの輸出が差し引かれ，さらに51億5000万ブッシェルの飼料用が消費される。この場合，食品・種子・工業用14億ブッシェルの出所がなくなる。そこで窮余の一策として10億5000万ブッシェルの在庫を取り崩して供給する。期末在庫は減少し，在庫率は低下する。その結果，トウモロコシは玉突きの価格上昇プロセスへ突入する。これがアメリカのエタノール政策の皮肉に満ちた含意なのである。

3．エタノール政策の誘発した小麦と大豆の値上がり

　アメリカ国内ではトウモロコシ高騰について「エタノールのせいではない」とか，「トウモロコシは足りているはずだ」というエタノール政策を擁護する発言が多い。しかし，これは事実を無視した暴論である。トウモロコシの高騰は，他の穀物へ飛び火し，大豆や小麦の値上がりを招いているからである。

　テキサス州知事のペリーは2008年4月に，環境保護局（EPA）へ送った書簡（公式の文書）で，食料高騰を理由にバイオ燃料の使用目標を一時的に緩和するように要請し，「誤った指示でテキサス州民の食料支出は著しく影響を受けている」ことを指摘した。また有力シンクタンク国際食糧政策研究所のローズグラントは「エタノールの生産を07年の水準にとどめれば，トウモロコシの価格は10年までに6％，15年までに14％も下がる」[6]と試算し，エタノールの増産を打ち切るべきであると訴えている。

　ここで玉突きの価格高騰（スパイラル）が起こるメカニズムを説明すると，次

のようになる。アメリカ中西部ではトウモロコシも大豆も小麦も同じ畑に作付けされる。農家は出来秋の収穫を終えると，11月中に翌年の大雑把な作付計画を立てる。作付面積を決めるときに農家が考慮する条件は，①見込収入，②輪作，③作付け時の天候，の三つである。

まず，見込収入を計算するにはトウモロコシは翌年の新穀限月（12月）の定期価格を使い，大豆は翌年の新穀限月（11月）の定期価格を使う。これにトウモロコシなら145ブッシェル，大豆なら40ブッシェルをかけて大雑把な見込収入を計算する。そこから生産コストを引いて，手取り収入を出す。そのうえで手取り収入を比較し，収入の多い作物を優先的に作付けする。翌年春に播く予定の種子は年内12月中に注文する。12月中に種子を購入すると，割引を受けられるからである。翌年，2月頃までの定期価格の変化に注目し，大きな変化があるときは，必要に応じて追加の種子を購入する。

次に，輪作の必要である。一つの畑で同じ作物を繰り返し栽培すると，その作物が必要とする養分，トウモロコシの場合は窒素だけが吸収されて地力が衰えるため，翌年は単収が低下したり，病虫害にかかりやすくなったりする。これを防ぐため，小麦，トウモロコシ，大豆を交互に作付けする。これが輪作である。大豆の根は根粒菌が空気中の窒素を固定する働きがあるため肥料は不要だが，2年連続で作付けすると，2年目には単収が急減する。最近はGMトウモロコシ，GM大豆が広く普及したため，トウモロコシは2年ないし3年連続して作付けされるようになった。この場合は，小麦，トウモロコシ，トウモロコシ，トウモロコシ，大豆という順序で，交互に作付けされる。

最後に，作付け時の天候である。アメリカ中西部では，トウモロコシの作付けは4月25日前後に開始され，5月10日くらいには完了する。平年ならトウモロコシは5月20日，大豆が5月31日に種まきを終える。このとき，残った種子を農家は倉庫に保管し，翌年の種まきに使う。

春先に長雨が降り作付けが遅れると，トウモロコシは最適の作付け時期を逃す可能性がある。農家はトウモロコシの作付けをできれば5月10日，遅くとも15日には終了することを望んでいる。もし雨で作付けがずるずると遅れるようなら，農家はトウモロコシの作付けをあきらめ，大豆を作付けすることが多

い。大豆のほうがトウモロコシより成育期間が短く，早霜の心配をしないで済むからである。これに加えて，大豆は6月10日くらいまでに作付けを終えれば，単収はそれほど悪化しない。

　近年は農業機械が大型化し，播種(はしゅ)作業の能率が向上している。農家は雨が止めば，短時間のうちに種まきを進める。そのため作付けの遅れは，以前に比べ，作付面積を左右する要因とはならなくなった。

　ここで忘れてならないのは，トウモロコシの高騰によって作付面積の争奪戦が激化したことである。トウモロコシ価格が急騰すれば，農家は翌年のトウモロコシの作付けを増やす。他方，小麦が値下がりすれば小麦の作付けを減らす。だが小麦が高騰した場合は，小麦の作付けを優先する。冬小麦は早いところでは8月末には種を播くからである。そうなると，翌年のトウモロコシと大豆の作付面積が減少する。小麦が作付面積を先取りしてしまうからである。その結果，後に残されている農地を，トウモロコシと大豆で奪い合わなければならない。

4. 生産高を左右する降水量と積算温度

　農家がトウモロコシの作付面積を増やしたとき，好天が後押ししてくれるのならよい。だが万が一，期待外れの天候になれば，減産を避けることはできない。そうなると需給はさらに窮屈になる。天候が順調であるというのは積算温度（growing degree unit）と降水量（precipitation）が十分であるという意味である。これと反対に，天候が不順であるとは，積算温度が不足して冷夏になったり，降水量が足りずに乾燥したり，あるいは旱魃になったりすることを指す。天候不順に見舞われれば，減産になるのは当然である。

　この場合，市場が翌年も高値を付けて，農家に対しトウモロコシの作付けを増やすように催促する。農家は大豆か小麦作付けを減らし，トウモロコシの作付けを増やす。農家は本音では，小麦の面積を拡大したい。小麦の見込収入が多いからである。ところが南米が旱魃に襲われて大豆が不作に終われば，頼みの綱はアメリカだけになり，大豆は値上がりする。その結果，今度は小麦と大豆の間で，深刻な作付面積の争奪戦が起こる。

表8-1：米国産大豆需給見通し　　　　（単位：百万ブッシェル）

年　度	04/05	05/06	06/07	07/08	08/09	09/10	10/11	11/12	12/13
作付面積（100万エーカー）	75.2	72.0	75.5	64.7	75.7	77.5	77.4	75.0	76.1
収穫面積（100万エーカー）	74.0	71.2	74.6	64.1	74.7	76.4	76.6	73.6	75.3
イールド（bus/エーカー）	42.2	43.0	42.9	41.7	39.7	44.0	43.5	41.5	40.5
供給　期初在庫	112	256	449	574	205	138	151	215	170
生　産	3,124	3,063	3,197	2,677	2,967	3,359	3,329	3,056	3,050
輸　入	6	3	9	10	13	15	14	15	15
総供給	3,242	3,322	3,655	3,261	3,185	3,512	3,495	3,286	3,235
需要　搾　油	1,696	1,739	1,808	1,803	1,662	1,752	1,648	1,675	1,610
輸　出	1,097	940	1,116	1,159	1,279	1,499	1,501	1,340	1,370
種　子	88	93	80	89	90	90	87	88	89
その他	104	101	77	5	16	20	43	13	35
総需要	2,986	2,873	3,081	3,056	3,047	3,361	3,280	3,116	3,105
期末在庫	256	449	574	205	138	151	215	170	130
在庫率（％）	8.6	15.6	18.6	6.7	4.5	4.5	6.6	5.5	4.2

出所）米国農務省，2012年7月11日発表。

　その典型が2007/08年度の作付面積であった。アメリカでは小麦，トウモロコシ，大豆の主要穀物の作付面積は，合計でおよそ2億2000万エーカーから2億2400万エーカーになる。この作付面積には年による大きな変動はない。これに対して，作物ごとの面積は大きく変化する。農家が利益の上がる穀物を優先して作付けするからである。

　2006/07年度のアメリカの作付面積は小麦5730万エーカー，トウモロコシ7830万エーカー，大豆7550万エーカーであった。06年は7月からオーストラリアが大旱魃になり，その影響を受けて9月からシカゴ定期価格が上昇した。このとき，アメリカでは冬小麦の作付けが途中まで進んでいた。そのため小麦の作付けを一挙に拡大することはできなかった。他方，「エネルギー政策法」が実施されたアメリカではエタノール・ブームが起こり，10月からトウモロコシが値上がりに転じた。トウモロコシの採算（見込収入）は，大豆に比べはるかに有利になった。

　翌2007/08年度の作付面積は小麦6050万エーカーと，前年度より320万エーカー増加した。またトウモロコシの作付面積は9350万エーカーと，前年より

1520万エーカーも増大した。作付面積が9000万エーカーを越えたのは，1944年以来，実に64年ぶりのことであった（当時，アメリカでは大豆の作付けは始まったばかりで，作付面積は2000万エーカーに満たなかった）。大豆の作付面積は6470万エーカーとなった。作付面積は前年より1080万エーカーも減少した。ならば減少した面積はどこへ行ったのか。全部がトウモロコシに振り替わった。さらに残りの440万エーカーは綿花からの転作によって生み出された。なぜかといえば綿花よりトウモロコシの採算のほうがずっとよくなったからである（この結果，アメリカの綿花生産が減少し，11年3月の未曾有の高騰を招く伏線となった）。

このようにアメリカのエタノール政策は，市場の中核機能である価格メカニズムを仮死状態に陥れ，トウモロコシと大豆と小麦の間で作付面積の争奪戦を引き起こした。トウモロコシの高騰が，小麦と大豆の値上がりを招いたのである。エタノール政策の矛盾，ここに極まれりである。これは明白な事実のはずだが，シーファー農務長官は「トウモロコシの供給は足りているはずだ」[7]と強弁し，頰被りを決め込んでいる。これを理不尽な議論といわずして，何といったらいいのか。

5. 輸出規制に対する輸入国の対応

2008年，年初の小麦価格の急騰を見て，輸出規制に踏み切る国が続出した。その代表格は旧ソ連のロシア，ウクライナ，中国，インド，アルゼンチンであった。ロシアは07年11月から，小麦と大麦にそれぞれ10％と30％の輸出税を課し，08年1月末から小麦の輸出税を40％へ引き上げた。中国もアルゼンチンも同様な措置をとった。

輸出規制に踏み切る国が増えたとき，輸入国はどのように対応したのだろうか。彼らは，①輸出規制を敷いていない，②輸出余力のある，③競争力のある価格で穀物を輸出できる国からの購入を増やした。その国とはどこだったのか。アメリカとカナダとブラジルであった。

各国の輸出規制の実施は，世界穀物市場におけるアメリカの地位を鮮明にした。その地位とは何か。アメリカが不動のレジデュアル・サプライヤー（供給の最後の拠り所，最終的な供給者）であることである。穀物輸入国の大半はアメリ

カの供給力に依存している。潤沢な供給余力を持つアメリカの存在がなければ，世界の穀物貿易体制そのものが成り立たない。他方，アメリカはレジデュアル・サプライヤーとして，輸入国が最終的に必要とする穀物をすべて供給する。

アメリカ市場はオープンだから，市場価格を払いさえすれば誰でも必要なだけ穀物を買い付けることができる。国内の消費者と輸入国の消費者の間に何の区別もない。すべての国々の消費者は同列に扱われる。穀物市場でアメリカの存在を欠かすことができないのは，これが最大の理由である。

世界の穀物生産（2011/12年度）は，総計27億2067万トンである。内訳は小麦が6億7812万トン，粗粒穀物（トウモロコシ，大麦，コウリャン，オート麦など）が11億3120万トン（うちトウモロコシ8億5467万トン），コメ4億5838万トン，油糧種子（大豆，菜種，ひまわり，綿実など）が4億5298万トン（うち大豆2億5899万トン）である。全輸出は3億6215万トンで，生産量の14.4%を占めている。

これに対し，アメリカの小麦生産高は5651万トンで，世界生産の9.1%に相当するに過ぎないが，輸出は2790万トンで，世界総輸出量1億1538万トンの29.7%を占める。トウモロコシ生産高は3億3118万トンで，世界生産の41.8%をまかなう。輸出は6188万トンで，世界輸出9547万トンの64.8%をカバーする。大豆の生産高は7285万トンで，世界生産の33.0%を占める。輸出は3160万トンで，世界輸出7948万トンの39.8%をまかなっている。

代表的なトウモロコシ輸入国である日本は1661万トン，韓国は932万トン，台湾は285万トンで，計2878万トンを買い付ける。アメリカのトウモロコシ輸出の46.5%はこれら3カ国向けである。このようにアメリカは輸出市場で圧倒的な供給力を誇っている。

アメリカは自由貿易（輸出規制を行わない）を国是としている。2007/08年度の価格高騰場面で輸出規制に踏み切ったのはアルゼンチン，ロシア，中国，インドなど，アメリカの競合輸出国だった。トウモロコシは中国には輸出余力がなく，アルゼンチンには輸出登録が停止されるリスクがある。とすれば，トウモロコシを恒常的に供給できる国はアメリカとブラジルだけである。

日本の大豆搾油メーカーや配合飼料メーカーが価格高騰に苦しんだことは事

実だが，アメリカがレジデュアル・サプライヤーの役割を果たし，小麦やトウモロコシを供給してくれたおかげで，日本はアメリカから必要な穀物をすべて調達できた。いずれにしても，アメリカが輸出余力を失えば，輸入国は深刻な打撃を受ける。

　穀物が高騰する中，世界中の輸入国が輸出余力を持つアメリカへ行き，穀物を購入した。アメリカと競争する輸出国が，輸出規制をせずに輸出を続けていたとしたら，激しい価格競争に巻き込まれることなく，貴重な外貨を獲得できたはずである。アメリカの輸出が落ち込んだ分は，他の輸出国が肩代わりして輸出したか，あるいは価格高騰によって需要そのものが抑制されたりしたはずだからである。

第2節　ドル安の放置はアメリカの利益となるか

1. 穀物市場におけるアメリカの位置付けと役割

　2007年から08年にかけて実施された世界各国の穀物輸出規制は，需給実態から判断する限り，しないでも済ませられたと筆者は考えている。確かに需給は逼迫していたものの，08年の年間最高価格がこれまでの史上最高価格を大幅に上回ることまでは予想できなかった。にもかかわらず，ドル安と投機資金の流入によって，穀物市場では異常な価格高騰が起こり，各国政府を慌てさせた。そこへ原油の高騰が重なってダメを押した。各国政府は食料価格の高騰を抑え，インフレを未然に防ぐため，穀物を増産し国内供給を増やすことに力を入れた。それだけでは不十分と考えたのか，さらに輸出禁止，輸出関税の賦課，輸出枠の設定などの追加的措置をとった。

　輸出国がこれらの輸出規制措置を講じたことは，必ずしも賢明な策とはいえない。それでも止むに止まれぬ事態に直面したことは認めざるを得ない。しかし問題は輸出規制をする必要のない国までが，規制に踏み切ったことである。

とくに輸出規制には社会の安定を保つためという政治判断が絡んでくるから事態はややこしくなる。どういうことかといえば、輸出国の政府が政権を維持するために人気取りを目論んだり、支持率の浮揚を狙ったりするからである。もともと輸出規制という政策は感染力が強いから、ただちに世界中へ広がり、感染症を引き起こしやすい。

一方、輸入国は穀物価格がもっと上昇するのではないかとの不安に駆られた。彼らは自由な取引の保証された輸出制限のないアメリカへ行き、必要な穀物をすべて買い付けた。裏返していえば、各国の輸出規制は輸入国をレジデュアル・サプライヤーであるアメリカへ追いやっただけであった。そのうえ、輸出規制に走った国々は、輸入国から信用できない供給国という烙印を押された。このように禁輸措置は各国政府の思惑とは逆の結果を招き、むしろ輸出国に大きな打撃を与えることが多い。

ところでレジデュアル・サプライヤーとは何か。その意味は、繰り返しになるが、穀物の最終的な供給者、最後の拠り所という意味である。このレジデュアル・サプライヤーという考え方は、1970年代後半には穀物メジャーの間でよく知られるようになった。しかしこの概念は日本の穀物貿易の研究者の間では驚くほど受け入れられていない。日本には穀物貿易を国際的な視点から研究しようとする研究者がいなかったからといえばそれまでの話だが。

この言葉の意味するところを説明すると、このようになる。世界には数多くの穀物生産国がある。彼らは豊作になれば輸出余力が生まれるので、それを輸出市場へ安く売ってくる。しかし、輸入国がそれを買い付けると、安値の売り物はすぐに底をついてしまう。次に、別の生産国が豊作に恵まれる。その生産国も余剰生産物を輸出市場へ売りに出してくる。これも他の輸入国が急いで購入する。こうして安価な穀物は次々に買い付けられ姿を消す。そして輸入国は最後にアメリカへ行き、必要な穀物をすべて購入する。

その典型的な例が2010年であった。同年6月半ばから8月半ばまでロシアは旱魃に襲われ、まったく雨が降らなかった。ウクライナもカザフスタンも日照りになり、小麦生産が激減した。このためロシアは8月15日から小麦輸出を禁止した（輸出禁止は11年7月1日に解除された）。他方、カナダの春小麦は6

月，7月の雨にたたられ小麦が減産になった。欧州連合もフランスとドイツが高温，乾燥した天候になり，小麦生産が減少した。

　輸入国はどうしたのか。欧州連合，オーストラリア，アメリカなど輸出余力のある国から小麦を調達した。2010/11年度はアメリカでは小麦が豊作になり，輸入国は必要な小麦を輸入できたからである。

　ロシアの小麦輸出停止を受けて，シカゴ商品取引所の小麦定期価格は7月末から上昇した。しかし騰勢は長くは続かなかった。2011年2月9日に1ブッシェル8.86ドルを頂点に値下がりに転じたのである。08年2月27日に記録したブッシェル当たり12.80ドルの過去最高価格には遠く及ばなかった。

　このように穀物市場でアメリカが果たしている役割は，原油市場でサウジアラビアが果たしているスイング・プロデューサー（調整産油国）の役割と同じである。アメリカは世界穀物市場の需給調整を引き受けると同時に，最終的な供給責任を果たしている。このことはアメリカでエタノール政策が導入されるまではとくに顕著であった。エタノール政策導入以前は，ごく単純化していえば，トウモロコシの世界需給は，アメリカの「飼料・その他」が調整弁の役割を担い，大豆はアメリカの「搾油需要」が，小麦はアメリカの「輸出」が需給を均衡させていた[8]。

　このような文脈下でアメリカの輸出余力が失われるような事態になれば，世界の穀物貿易は成り立たなくなり瓦解（がかい）する。世界の穀物輸入国は，この冷厳な事実を理解しておかねばならない。

　発展途上国が自力で穀物を増産し，自給を達成するようになることは喜ばしいことである。しかし，ひとたび自給が達成され，輸出余力を持つようになったらどうなるか。彼らは穀物を世界市場へ競争力のある価格で売り捌（さば）かなければならない。この場合，ベンチマーク（比較基準）となるのは米国産穀物である。小麦もトウモロコシも大豆も，米国産と同じ品質，同じ価格，同じ条件でなければ輸出競争に敗れる。それができなければ，値引きして販売するより外ない。なぜなら，穀物市場は価格競争力と輸出余力がすべてを支配する世界だからである。

　2007/08年に実施された各国の輸出規制や10/11年のロシアの小麦輸出禁止

は，穀物を不必要に値上がりさせ，輸入国にアメリカの供給力と重要性を印象付けた。世界の穀物貿易はアメリカを主軸に展開されており，その存在を抜きにしては成り立たない。しかし輸出市場におけるアメリカの圧倒的な存在感は，他の輸出国の急追もあり少しずつ衰えを見せ始めた。しかし，今なお穀物供給の最後の拠り所である事実に変わりはない。アメリカはこれからも穀物市場の要となって，供給責任を果たさねばならないだろう。

2. 米ドルの為替レートと穀物輸出

　世界の穀物貿易に影響を及ぼす要因のうち，重視されていないのは，為替レートの重要性である。米ドルの為替レートはそれほど目立たないけれども，その実，穀物の長期的な輸出競争力を左右する。具体的な事例をあげて，このことを説明しよう。

　アメリカの穀物輸出は1980年代を通じて減少した。その理由の一つは，ドル高であった。その原因を作り出したのは79年に時のカーター米大統領によってFRB議長に任命されたポール・ボルカーであった。議長に就任したボルカーは大統領府と議会からの政治的圧力を撥ねつけながら，2桁インフレの退治に邁進した。ボルカーは81年，82年とインフレ退治のため，極端に金融を引き締めた。その結果，金利が高騰しドルが値上がりしてアメリカは不況に突入した。

　カーター大統領は人柄は悪くないのだろうが，政治をよく知らなかった。その外交政策も支離滅裂だった。カーターを敗って1981年に登場したレーガンもまた，政治を知らない大統領だった。健全財政の公約を捨てて軍事支出の拡大に狂奔するレーガン大統領は，同時にインフレ政策をもFRBに要求していた。しかしボルカーはこれを無視してアメリカ経済を破綻から救った。インフレ退治の特効薬は耐えがたいほどの高金利だったのである。

　そのうえ，高金利の落とし子であるドル高がアメリカの穀物輸出を半減させた。アメリカの1981/82年度の小麦輸出は17億7100万ブッシェル，トウモロコシは23億9100万ブッシェル，大豆は9億2900万ブッシェルであった。ところが，10年後の90/91年度には，小麦輸出は10億6800万ブッシェル，トウモ

ロコシは17億2500万ブッシェル,大豆は5億5700万ブッシェルへ落ち込んだ。それだけではない。シカゴ商品取引所の穀物定期市場の平均価格も,同時期に小麦が1ブッシェル当たり4.50ドルから3.25ドルへ,トウモロコシが2.50ドルへ,大豆が7.50ドルから6.00ドルへ下落した。アメリカでは主要穀物の輸出は80年代の10年間に52％減少し,価格は平均で30％値下がりした[9]。

こうしてアメリカ農業は1981年と82年に,「大恐慌以来,最も深刻な農業不況へ突入」[10]した。農業不況の原因は,第1に,対ソ穀物禁輸を強行した結果として積み上がった穀物の過剰在庫,これによる市場価格への下押し圧力,第2に,世界中を巻き込んだハイパー・インフレを克服するため米国政府の採用した高金利政策,第3に,金利引き上げによる急激なドル高であった。アメリカの農家はこの不況によって奈落の底へ突き落とされた。

とりわけ対ソ穀物大量輸出をきっかけとする穀物輸出ブームに乗って,1970年代後半に金融機関から高金利の資金を借り入れ,農地を買い増しした生産者は深刻な打撃を受けた。借金を返済することができなくなって農場を追われる生産者が続出した。農民の自殺の増加や離婚の増加が大きな社会問題となった。

1981年に243万戸を数えた農家戸数は,86年には221万戸へ急減した。5年間で22万戸,9％の農家が破産するか,離農したことになる。アメリカ農業が対ソ穀物輸出ブームに沸いた76年から80年までの5年間に減少した農家戸数は6万5000戸だったから,80年代初頭の5年間の農家戸数の減少は大幅だった。とくに厳しい農業不況に見舞われた中西部の穀物生産州では,81年から86年までの間に,イリノイ州が18.7％,インディアナ州が10.4％,ネブラスカ州が22.6％,ミズーリ州が14.3％と,全米平均の減少率9.0％を大幅に上回っていた[11]。

1997年7月には,タイ・バーツの暴落をきっかけとするアジアの経済危機が起こった。海外へ投資されていた短期資金のドルが,ドルの元締めのアメリカへ回帰し,それが株高を生み出した。株式市場ではダウ工業株30種平均が97年4月30日に7000ドルを上回った。7月2日のタイ・バーツ暴落から2週

間後の7月16日，株価は8000ドルを突破した。さらに99年3月30日，株価は1万6.78ドルと，史上初めて終値ベースで1万ドルの大台へ乗った。その後も株価は値上がりし，2000年1月14日にはついに1万1722.98ドルへ到達した。

このような株高について，アメリカの経済週刊誌『ビジネス・ウィーク』(2000年1月31日号)は，「リスクを承知のうえで，革新的な情報技術（IT）分野へ巨額な投資を行おうとする意欲と，アメリカの金融市場，政府，企業がコストを削減し，適応力を増し，生産性を向上させようとする，10年間にわたる（経済）再活性化に向けた努力の賜物であった。その結果は，いわゆるニューエコノミー，すなわち急速な成長と低インフレーションの出現であった」と記している。

FRBのアラン・グリーンスパン議長も「100年に1度の現象かもしれない」と述べ，「IT革命」の成果を称賛している。

この時期には世界中の投機資金がアメリカへ引き寄せられ，それと同時にドルの為替レートも堅調になった。このためアメリカの穀物輸出は減少した。1998/99年度にはその小麦輸出は10億4600万ブッシェル，トウモロコシは19億8400万ブッシェル，大豆は8億500万ブッシェルであった。5年後の2002/03年度には，小麦輸出は8億5000万ブッシェル，トウモロコシが15億8800万ブッシェルへ減少した。大豆は，逆に，10億4400万ブッシェルへ増加した。これは明らかに中国の大豆輸入の増大を反映したものと考えられる。アメリカの穀物輸出とドルの為替レートの間には，密接な関連性があると見なければならない。

忘れてならないのは，アルゼンチンやブラジルの大豆もドル建てで輸出されることである。すなわち，アルゼンチンやブラジル通貨の為替レートが高くなれば，アルゼンチンやブラジルの大豆が値上がりして価格競争力を無くす。これと反対に，為替レートが安くなれば，大豆が値下がりして価格競争力を取り戻す。ブラジルが通貨危機に襲われ，レアルの対ドル・レートが下落したとき，ブラジル大豆の価格競争力は俄然高まった。とくに2001年7月から05年7月まで，レアルの対ドル・レートは1ドル＝2.5を下回るレアル安の局面に

あった(逆に, 09年から10年にかけては新興国通貨に人気が出て, レアル高が進んだ)。この結果, ブラジルは中国へ大量の大豆を輸出できたのである。ブラジルの大豆輸出は01/02年度の1450万トンから, 05/06年度の2591万トンまで, 右肩上がりで増加した。ただし04/05年度はブラジル産大豆に中国で承認されていない農薬が混入していたことが発覚した。このため輸出が前年比30万トン近く減少し, 2014万トンにとどまった。このようにドルの為替レートは, 他の輸出国の穀物輸出にも大きな影響を与えている。

3. エタノール政策の変更

アメリカではエタノール混合ガソリンはE-10として流通し, 販売されている。一般に, 混合ガソリンといえばE-10のことであると考えてよい。もちろんE-85も売られているが, その割合はごくわずかである。すなわち, アメリカのエタノール政策はE-10が担っている。

エタノール混合ガソリンは, 通常, ガソリンとエタノールとの混合比率を変えて製造される。E-10とは10%のエタノールと90%のガソリンを混合したもの, E-85とは85%のエタノールと15%のガソリンを混合したものである。

アメリカ国内で使われているエタノール混合ガソリンの98%以上はE-10であり, E-85は2%にも満たない。その最大の理由は, E-10は現在製造されている乗用車に何の改造も施さないで利用できるのに対して, E-85はフレックス燃料車(FFV: Flexible Fuel Vehicle)と呼ばれる複数の燃料を使用できる改造エンジン(したがって高額な)を載せた乗用車を使わなければならないからである。

アメリカの自動車メーカーはいずれもE-85対応のFFVを販売している。全米エタノール自動車連合は, アメリカでは現在600万台以上のFFVが走っており, 毎年その数が増えているという。国内ではE-85が給油できる給油所が建設されている。しかし, E-85が手に入らない場合でも, FFVなら純ガソリンを給油して走行できる。とはいえ, E-85を給油できる給油所は, 2011年末時点で, 全米2400カ所[12]に過ぎない。これは全給油所6万6000カ所のわずか0.4%にも満たない。アメリカのユーザーは余計な金額を支払ってまでFFVを購入しようとは考えない。このユーザーの購買行動が, E-85の普及を遅らせ

ている。

　「2007年エネルギー独立安全保障法」で認められたエタノール優遇税制には，Volumetric Ethanol Excise Tax Credit（VEETC）[13]と呼ばれる税控除（1ガロン当たり0.51ドルで出発したが，後に0.45ドルに変更された）と，Small Ethanol Producer Credit[14]といわれる（1ガロン当たり0.10ドル，ただし1500万ガロンを上限とする）小規模エタノール生産者向けの二つの優遇税制が設けられていた。

　このVEETCは2010年12月31日に廃止されることになっていたが，土壇場でブッシュ減税の1年間の延長が認められたため，エタノール混和業者に対する連邦ガソリン税の減免（1ガロン当たり0.45ドル）が，2011年12月31日まで継続された（それも2011年末に打ち切られた）。なお，米国政府はこの優遇税制の下で05年に20億ドルの財政支出を行っている。税優遇措置を打ち切った影響はすぐに現れた。どうなったのか。エタノールの精製マージンが悪化し，製品在庫が急増したのである。一例を示そう。2011年11月18日，シカゴ商品取引所のトウモロコシ定期価格（3月限）はブッシェル当たり6.18ドルであった。これに対して，同日のエタノール価格（12月渡し）はガロン当たり2.6ドルであった。それが優遇税制廃止後1カ月余りたった2012年2月10日，トウモロコシは6.3175ドルへ値上がりし，逆にエタノール（3月渡し）は2.212ドルへ値下がりした。

　ふつう1ブッシェルのトウモロコシからは2.75ガロンのエタノールが抽出できるから，2011年11月18日のエタノール価格を基礎に計算すると，グロス・マージンは2.6×2.75＝7.15ドルである。ここから原料コストのトウモロコシ価格6.18ドルを引けば，7.15－6.18＝0.97ドルである。これが精製マージン（＝ネット・マージン）となって，エタノール会社の手に転がり込む。

　これと反対に，2月10日のエタノール価格から計算すると，グロス・マージンは2.212×2.75＝6.836ドルになる。ここからトウモロコシのコスト6.3175ドルを引けば，ネット・マージンが計算できる。すなわち，ネット・マージンは6.836－6.3175＝0.5185ドルである。優遇税制が維持されていた11月下旬に比べると，精製マージンは半分以下にまで落ち込んでいる。

　だが業界関係者は，エタノールの在庫が大幅に増加したのには，それ以外に

も原因があると指摘する。エタノール業界4位のグリーン・プレーンズのCEOトッド・ベッカーは、「アメリカのエタノール業界は供給過剰に対応して、急速に生産を縮小している。エタノールが供給過多になり、利益が圧迫されているからである」という[15]。彼はさらに、「最近になって生産削減が広範囲に行われるようになった」ことを明らかにした。業界では生産能力の過剰が問題になっているため（RFAの調査によると2011年末の生産能力は148億ガロンに達している）、エタノール会社は「多くの人々が想像しているよりずっと厳しい減産に踏み切っている。減産のスピードは他のトウモロコシに依存している業界（スターチ，異性化糖，畜産など）より速い。わが社も9工場のうち、2工場で30%減産している。エタノールの製造は鶏の飼育とは違う。工場のボタンを押せば、エタノールはいつでも減産できる」からである。

ベッカーは、「エタノール精製業者は2011年第4四半期に高マージンが得られたため、生産を拡大した。だが、いかんせん増産のタイミングが悪かった。ガソリン需要が驚くほど少なかっただけでなく、ブラジルへのエタノール輸出が減少した」ともいっている。11年には、アメリカからブラジルへ12億ガロンのエタノールが輸出された。これは10年の輸出実績3億9600万ガロンより3倍以上多い。ブラジル通貨レアルが新興国通貨ブームに乗って値上がりし、購買力が大きくなったのである。しかし、業界では12年には、ブラジル向け輸出が半減すると見ているようである。

米国エネルギー情報管理庁の最新の統計によれば、エタノールの在庫は過去2ヵ月の間に2万1063バーレル（ガロンではない）に達し、23.4%も増加した。ADMもポエットもグリーン・プレーンズも軒並み減産している。それだけ需要がなくなったということである。ベッカーは、「エタノール輸出は引き続き、市場の主要部分を占めている。私（ベッカー）の予測では、2012年のエタノール輸出は、2011年1月から11月の10億ガロンの半分、5億ガロンにとどまるだろう」と、弱気な見方をしている。

日本の商社の中には、エタノール優遇税制が撤廃されても、原油が値上がりすれば、エタノール価格は下支えされるという議論を持ち出すところもあった。だがそれは机上の空論に過ぎなかった。このことは、エタノール在庫の急

増という事実によって裏書きされている。忘れてならないのは，エタノールの消費量はガソリンの消費量に規定されることである。エタノールがガソリンの消費を変化させるわけではない。

　米国エネルギー情報管理庁は2012年2月15日発表の報告で，2月10日現在のエタノール在庫を過去最高の2万1603バーレル[16]と発表した。こうなると，エタノール会社には生産拡大の余地はない。これから先考えられるのは，トウモロコシのエタノール向け需要の減退という悪夢のトレンドが出現することである。

4. E-15の導入によるエタノール需要の拡大は望み薄

　2012年4月初め，米国環境保護局（EPA）はADMやカーギルなど20社に対し，エタノールの混合比率を現状の10％から15％に引き上げたエタノール混合ガソリン（E-15）の生産を承認することに決定したことを伝えた。この決定を受けて，エタノール業界からは「早ければ今夏からE-15の販売が始まるだろう」といった観測や，「E-15が普及すれば，1ガロン4ドルに達した全米のガソリン価格の上昇を抑えることができる」[17]といった声が上がっている。

　これに対し，石油業界からはエタノール混合率の高いガソリンに対する安全性が実証されていない。安全性を証明するためには，さらなる検証が必要として慎重な対応を求める声が一部にあるという。2011年末時点では，E-15を給油できる給油所の数が全米で2400カ所と少なく，短期間のうちにエタノール需要の拡大を実現することは容易ではないことが考えられる。

　E-15の導入は2011年末で打ち切られたエタノール優遇税制を補うものである。価格メカニズムを仮死状態に陥れた補助金付（1ガロン当たり0.45ドル）のエタノール政策が廃止されたのは1歩も2歩も前進だが，それだけでは「消費拡大の有効策とはならない」というのが筆者の見方である。

　だとするとエタノール消費の拡大には，差し当たり輸出振興しか方法がない。それも実績のあるブラジル向けの輸出拡大である。ちなみに2011年にはアメリカからブラジルへ年間12億ガロンのエタノールが輸出された。12億ガロンのエタノールを製造するには，およそ4億3500万ブッシェルのトウモロ

コシが必要である。それでも2011/12年度のアメリカのエタノール向け消費量50億ブッシェルの9％にも満たない。E-15を導入したところで，この政策変更だけでは消費拡大は無理というのが筆者の考えである。石油ガソリンより生産コストが高いという本質的な欠点は，補助金抜きでは克服できないと見ている。

注

1) *Bloomberg*, 4 Sep. 2008.
2) *Bloomberg*, 31 Oct. 2008.
3) 赤坂プリンスホテル別館ロイヤルホール，2009年3月6日。
4) *Bloomberg*, 8 Apr. 2009.
5) 『時事通信』2010年10月11日。
6) 『日本経済新聞』2008年5月15日。
7) 『日本経済新聞』2011年2月11日。
8) 拙著『アメリカの穀物輸出と穀物メジャーの発展〔改訂版〕』中央大学出版部，2009年，110-112ページ参照。
9) 拙著，前掲書，90ページ。
10) *Time*, 28 January 1985.
11) 拙著，前掲書，83ページ。
12) Renewal Fuels Association, Home Page, http://www.ethanolfra.org/pages/ethanol-and-engines.
13) Renewable Fuels Association , Tax Incentives For Ethanol Production, Use and Sale, 6 Feb. 2012.
14) *Ibid*.
15) *Commodity News for Tomorrow*, 9 Feb. 2012.
16) *Commodity News for Tomorrow*, 15 Feb. 2012.
17) 『貿易通信飼料情報』2012年4月5日。

結　び

　本書の締め括りに，1970年以降の世界の穀物貿易の歴史を振り返りたい。第2次世界大戦後の世界は，二大超大国の米ソが対立する2極構造だった[1]。米ソが敵対し，東西冷戦構造という形で秩序が維持されていた。それを支えていたのが米ソ間の核の恐怖のバランスであった。この東西対決を平和共存，つまり競争的共存に変えようと，両国の指導者が一時期真剣に取り組んだ。その指導者とはアメリカ大統領のケネディとソビエト連邦首相のフルシチョフであった。東西の緊張緩和やデタント（雪解け）という言葉がマスコミをにぎわし始めた。米国政府は食糧を武器にして，ソ連との間でデタントの流れを加速させようとした。75年10月に米ソ穀物協定を締結し，ソ連に米国産穀物を安定的に輸出することを確約する一方，72年11月から開始されたSALT II（第2次戦略兵器制限交渉）の交渉を有利に進めようとした（条約は79年6月に締結された）。平和共存の時代がくると喜んだのも束の間，63年にケネディ大統領が暗殺され，舞台が暗転した（翌64年にはフルシチョフ首相も，ソ連国内の軍拡派，反米強硬派に押されて失脚した）。

　まず1963年10月，敵対関係にあった米ソ間で米国産穀物の輸出契約が結ばれた。これが72年の米国産穀物のソ連への大量輸出につながった。73年にはアメリカによる大豆と大豆製品の一時輸出禁止，75年には全米港湾労働者組合のソ連向け輸出作業のボイコット，80年にはアメリカの対ソ穀物輸出禁止という事態に至った。次に，81年・82年にアメリカが第2次世界大戦後最悪の農業不況へ突入，83年から深刻化したアメリカと欧州共同体の泥沼の貿易戦争，91年のソ連邦崩壊，93年のガット・ウルグアイ・ラウンドの土壇場決着が続いた。そして終局には96年のアメリカにおけるGM種子の導入，01年の中国のWTO加盟があった。

　また2002年には中国の大豆輸入が2141万トンとなり，欧州連合の1694万トンを追い抜いたこと，08年には旧ソ連の小麦輸出が2864万トンと農業超大国アメリカの2722万トンを上回ったこと，10年の中国のトウモロコシ大量輸入

の再開など，重要な出来事が連続して起こった。最近の国際穀物市場の際立った特徴は，レギュラー・プレーヤーの数が増え，輸入国と輸出国の立場が入れ替わり，穀物価格（シカゴ定期価格も，現物のFOBプレミアムも，ドル建ての〔最終確定〕単価も，日本向けの海上運賃込み価格など）は，ドル建てで見る限り，総じて上昇していることである。

さらに，2006年からアメリカで「エタノール政策」が実施された。これは05年8月に成立した「エネルギー政策法」（The Energy Policy Act of 2005）を受けたものだ。これによってトウモロコシ由来のエタノールを主とする更新可能燃料基準（Renewable Fuels Standards＝RFS）が決定され，エタノールの使用量を06年の40億ガロンから12年の75億ガロンへ拡大することが義務付けられた。その結果，アメリカにエタノール・ブームが到来した。06年と07年の両年，アメリカではエタノール工場の建設ラッシュが起こった。エタノール向け需要が急増し，これがトウモロコシ定期価格を急騰させた。08年6月27日，その価格（期近・終値）は1ブッシェル当たり7.5475ドルを記録した。

2007年12月19日に，「エネルギー独立安全保障法」（The Energy Independent and Security Act of 2007）が成立した。その内容はエタノールの使用義務量の大幅な引き上げにあった。この法律によって2015年に150億ガロンのトウモロコシ由来のエタノールを使用することが定められた。エネルギー政策法の成立以前は，トウモロコシの主な用途は「二つのFと一つのE」すなわち，飼料（feed）と食品（food）それに輸出（export）に限られていた。ところが06年にRFSが義務化されてから，アメリカで生産されるトウモロコシは「三つのFと一つのE」つまり，飼料，食品，燃料（fuel），それに輸出の需要を満たさねばならなくなった。

ここで大手エタノール会社のうち数社が大失敗をしでかした。失敗は会社にとって致命的であった。というのは会社が倒産したからである。どういうことか。「現物トウモロコシの価格変動から起こる損失を，定期の価格変動から得られる利益で埋め合わせする」というヘッジ（保険をかける）の基本＝リスクマネジメントの鉄則を忘れてしまった。欲に目がくらんだ原料買い付け担当者は，あろうことか「トウモロコシはさらに値上がりする。現物トウモロコシを

買い付け手持ちしているだけで，利益は会社へ転がり込む」という悪魔の囁きに耳を貸したのである。彼らのしたことは，製品のエタノールを販売もしないうちから，トウモロコシの現物にかけたヘッジを外し，トウモロコシの現物を激しい価格変動にさらすことだったのである。8月に入ってもトウモロコシの高値は続いた。ところが9月15日にリーマン・ブラザーズが倒産すると，すべての歯車が逆回転し始めた。それ以来12月初めまで，ジョセフ・スティグリッツのいう「フリー・フォール（自由落下）」[2]が3カ月も続いたのである。

　しかし問題はエタノール会社の倒産ではない。看過されてはならないことが別にあるからである。アメリカはエタノール政策があれば，海外市場などに頼らなくても，国内市場中心に成長することが可能であるという事実である。このことがはっきりしたのは，2011年6月10日のことである。当日のシカゴのトウモロコシ定期は，立ち会い中，一時1ブッシェル当たり7.9975ドル（史上最高）まで噴き上げたのである。旺盛な新興国需要と在庫減少の相乗効果のゆえあった。中国は10年（暦年），年間157万トンのトウモロコシを輸入したが，100万トンを上回るトウモロコシを輸入したのは，1995年以来15年ぶりのことであった。

　中国政府は2010年初めから始まった食料インフレを抑え込むのに腐心していた。12年に政権のトップが胡錦濤から習近平へ交代することは既定路線だから，政権交代に先立って国内政治の不安定要因になりそうな問題をすべて解決しておきたいという意図だったのだろう。食料インフレは，まず緑豆やニンニクの値上がりから始まった。次いで大豆油，それからトウモロコシへ飛び火し，さらに豚肉も玉突きで高騰した。消費者物価指数も11年7月まで騰勢は衰えなかった。なぜなら中国政府は北京オリンピック（08年08月）に続いて起こったリーマンショック後も，高い経済成長率を維持するため総額40兆元に上る巨額の財政投資を行った。これがインフレの温床になったのである。

　中国では2011年の家畜飼料の生産高が1億6900万トンもあるうえ，異性化糖やコーンスターチなどの工業用需要が約5000万トンある（近代的な工場で製造される配合飼料の生産高は1万600万トン，残り6300万トンが自家配合飼料と推定される）。筆者の推計によると，飼料原料の配合率はトウモロコシが約60%，その他の

糟糠類が25%，それから大豆粕や菜種粕などの蛋白源量が15%である。このような需要を国内生産でまかなえるうちはいいが，旱魃（かんばつ）が起こって生産が減少すれば，不足分は輸入せざるを得ない。アメリカでは11/12年度にトウモロコシが天候不順で減産になると予想され，在庫率も危機的水準の6.3%へ急落する（12年4月10日，米国農務省予測）見通しである。

　穀物業界で35年余りにわたって筆者が続けてきたことは，リスクマネジメントとマーケティングの二つであった。リスクマネジメントとマーケティングは，どちらも穀物メジャーのレーゾンデートル（存在理由）といえるものだが，この二つの視点から筆者が日頃から注視してきたことは，ファンダメンタルズ（天候，単収，生産，消費，期末在庫などの基本変数）であり，「噂を買って，事実を売る」，「今買って，後で考える」というマーケット・サイコロジー（市場心理）であり，それらを反映して時々刻々変動する価格であった。また日本という輸入国の立場から考えると外国為替，とりわけ円の対ドル・レートや海上運賃の変動も軽視するわけにいかなかった。

　世界の穀物貿易について考える場合には，日米両市場に焦点を合わせるのは当然である。だが宇宙船地球号に乗り合わせている国はそれだけではない。欧州連合も中国やインドやブラジルもオーストラリアもカナダもアルゼンチンも同じように乗組員である。これらの国々にも光を当て，各国の事情にまで分け入って考える必要がある。そこで筆者はアメリカ，中国，欧州連合，旧ソ連という4本の柱を立てた。それからブラジルと日本にも触れることにした。これが本書の基本構想となっている。

　本書を執筆するうえで筆者が心掛けたことは，世界の輸出市場を穀物貿易の現場から，ということは価格の視点から考えることであった。単純化していえば，1980年のアメリカの対ソ穀物禁輸も，86年のアメリカと欧州の輸出戦争も，91年の旧ソ崩壊後のロシアの臥薪嘗胆（がしんしょうたん）も，2001年のWTO加盟後の中国の爆発的な大豆輸入も，すべて価格を指標として捉え直してみた。市場メカニズムの基礎になっているのが価格であることは自明であるし，長年の現場での経験を生かすことにもなると思ったからである。

　こういうと「日本の食糧供給を確保するにはどうすればいいか」という講評

を寄せる評者が出てくる。この問いに対する筆者の返答は「日本の食料確保は相互依存によるしかない。1年間に日本で生産される米がざっと820万トン，他方，日本の輸入する小麦と大豆（食品用を含む）を合わせると，おおよそ850万トン。ここへトウモロコシの1620万トンが加わる。それに菜種，大麦やコウリャン（マイロと呼ばれる）などの輸入を考えなければならない。要するに，日本では年間ざっと3150万トンの穀物輸入が必要になる。これを必要な農地面積に置き換えると，1200万ヘクタールになる。日本にある農地の約2.5倍である。端的にいえば，自給も輸入も両方必要」という結論になる。それから先のことは，じっくり考えたうえでご判断ください，というのが正直な気持ちである。

また筆者が独断に陥らないようにするため，コンチネンタル・グレイン・カンパニーのかつての同僚で1998年にコンチネンタルがカーギルへ穀物事業売却に踏み切ったとき，調査部長の要職にあったPaul McAuliffeの助言を得た。なおMcAuliffeは2012年に至るも，World Commodity Analysis Corporationの代表として八面六臂の活躍をしている。

本書を執筆するうえで心がけたことは，世界の輸出市場を穀物貿易の現場から，ということは価格を重視する視点から再検討することであった。なぜか。穀物需給の時々刻々の変化は，瞬時に価格に反映されるからである。日頃，思いもよらぬ穀物価格の変動を見てその背後にどんな要因があるのかを考えることは，穀物トレーダーの本能（instinct）であるといってよい。

そこで1980年の米国の対ソ穀物禁輸も，86年の米国と欧州の輸出戦争も，91年の旧ソ崩壊後のロシアの混乱と低迷も，2001年のWTO加盟後の中国の爆発的な大豆輸入の増大も，すべて価格を指標として捉え直してみた。かつての共産主義国旧ソ連や社会主義国中国が市場経済を導入してからすでに久しい。というのも，長年にわたる試行錯誤と経験によって，計画経済の下では効率的な経済運営はできないことが明確になったからである。また，市場メカニズムの基礎になっているのが価格であることも自明である。

こんなことを言うと，大概「日本の食糧供給を確保するにはどうすればいいか」というお決まりの論評を寄せる評者が出てくる。この問いに対する筆者の

返答は,「日本の食料確保は相互依存によるしかない。1年間に日本で生産されるコメがざっと820万トン,他方,日本の輸入する小麦と大豆(食品用を含む)を合わせると大よそ850万トン。ここへトウモロコシの1620万トンが加わる。それに菜種,大麦やコウリャンなどの輸入を考えなければならない。要するに,日本では年間ざっと3150万トンの穀物輸入が必要になる。これだけの食糧供給を確保するには,2010年の日本にある耕地459万ヘクタールの約2.6倍,1200万ヘクタールが必要になる。日本は自給も輸入も両方必要」という判断にならざるを得ないではないか。

そこから先は,どのようにして穀物輸出国との間で"win-win"の関係を構築するかを含め,慎重に熟慮したうえで,ご自身でご判断くださいというのが偽らざる気持ちである。

先頃,WTOドーハ・ラウンドの棚上げ凍結が宣言された。これ以上の交渉進展は望めないとの最終判断だったようだ。筆者には残念極まりない結論だった。どうしてか。多国間交渉を進めようとする努力に水を注されただけでなく,地域共同体を基礎として成立する新しい形の保護主義の台頭を許すことになりかねないからである。筆者はWTOのような多国間交渉の意義を高く評価し,EPAやFTA,それに口角泡を飛ばす議論が繰り返されているTPPより上位にランク付けしている。

社会生態学者(ソーシャル・エコロジスト)をもって任じていた経営学者のドラッカーは,「今や経済が経済を規定するとの理論からさえ脱却しなければならない。間もなくやってくるネクスト・ソサエティにおいては,経済が社会を変えるのではなく,社会が経済を変えるからである」という。彼は,

「国富と生計の担い手としての農業の地位の低下は,第2次世界大戦以前において,今日では想像すらできない保護主義をもたらした。これからも自由貿易のお題目は唱え続けられる。だが製造業の地位の変化が,新たな保護主義をもたらすことはまちがいない。

それは関税による保護主義ではない。補助金,輸入割り当て,諸々の規制による保護主義である。あるいは,域内においては自由貿易,域外に対しては保護貿易という地域共同体の発展を通じての保護主義である。すで

に欧州のEC，北米のNAFTA，南米のメルコスールがその方向に向かいつつある」3)

と警告している。かく言う筆者も地域共同体を梃子とする保護主義の流行には心を痛めている。筆者が危惧していることがもう一つある。それが地球温暖化会議，いわゆるCOP17の行方である。この論争には賛成，反対の意見が百出している。とくに発展途上国に反対論が根強い。なぜかというと，二酸化炭素の削減義務を課されることは，経済成長へ向けて離陸しようとしている国々のハンディキャップになるという。本当にそうか。この意見は暴論である。どうしてか。先進工業国が達成してきた工業化の恩恵の一部を，発展途上国も受けているからである。例えば，航空機である。自動車である。携帯電話である。そしてインターネットであり，国際宅配便であり，医薬品である。発展途上国は二酸化炭素の削減義務を負わないでよいとする議論は明らかに公平を欠いている。むしろアンフェアである。解決策はないのだろうか。あるはずである。その心は何か。互いに譲るべきところは譲る潔さである。つまり「三方，一両損」の解決である。

　まず第1段階は，全員参加である。アメリカだけではない。中国もインドもロシアも同じである。日本は「京都議定書」という，これくらい栄誉ある名称を弊履のごとく投げ捨てることに，何の痛痒も感じていない。これでまた日本は世界的な議論から取り残される。日本は最後まで議定書の参加国にとどまって，欧州連合と一緒に，議定書の内容を洗練させていけばよいのである。

　第2段階は，先進国と発展途上国を二つのグループに分ける。そして先進国グループは2018年までに全員10%削減する。23年には15%，28年には20%削減する。発展途上国グループは18年までに5%，23年には10%，28年には15%削減する。

　第3段階は，これらの上限を上回って削減を達成した国には，何らかのインセンティブ（奨励策）を用意すればよい。ここでもアメリカのリーダーシップと日本のストロング・アシスタンスが求められる。

　この場合，日本人はどのように行動したらよいか。孤立主義（アイソレーショニズム）に陥らないようにすることである。どうしてか。日本は一国だけでは

生きていかれない。他の国々との相互依存によって成り立っている国の一つだからである。

注

1) J. W. Fulbright (1991) *Against the Arrogance of Power*.（勝又美智雄訳『権力の驕りに抗して：私の履歴書』日本経済新聞社，1991年，92ページ。）
2) J. E. Stiglitz (2010) *Free Fall*, W. W. Norton & Company Ltd., New York, pp. 27-28.
3) P. F. Drucker (2002) *Managing in the Next Society*, Truman Tally Books, New York.（上田惇生訳『ネクスト・ソサエティ：歴史が見たことのない未来が始まる』ダイヤモンド社，2002年，7-8ページ。）

主要参考文献

日本語文献

- 荒川弘『欧州共同体』(岩波新書) 岩波書店, 1974年。
- 石井彰・藤和彦『世界を動かす石油戦略』(ちくま新書) 筑摩書房, 2003年。
- 石川博友『穀物メジャー』(岩波新書) 岩波書店, 1981年。
- 薄井寛『アメリカ農業は脅威か』家の光協会, 1988年。
- 江藤隆司『"トウモロコシ"から読む世界経済』(光文社新書) 光文社, 2002年。
- NHK取材班『日本の条件第6巻食糧①穀物争奪の時代』日本放送出版協会, 1982年。
- NHK取材班『日本の条件第7巻食糧②一粒の種子が世界を変える』日本放送出版協会, 1982年。
- NHK取材班『21世紀は警告する 2 飢えか戦争か都市の世紀末』日本放送出版協会, 1984年。
- 大島清『食糧と農業を考える』(岩波新書) 岩波書店, 1981年。
- 栢俊彦『株式会社ロシア』日本経済新聞出版社, 2007年。
- 軽部謙介『日米コメ交渉』(中公新書) 中央公論社, 1997年。
- 神谷秀樹『ゴールドマン・サックス研究：世界経済崩壊の真相』(文春新書) 文藝春秋, 2010年。
- 関志雄『中国経済のジレンマ：資本主義への道』(ちくま新書) 筑摩書房, 2005年。
- クー・リチャード『デフレとバランスシート不況の経済学』徳間書店, 2003年。
- 邱永漢『日本よ香港よ中国よ』PHP研究所, 1997年。
- 邱永漢『上海発アジア特急』小学館, 2001年。
- 邱永漢『これであなたも中国通』光文社, 2004年。
- 久保広正・田中友義『現代ヨーロッパ経済論』ミネルヴァ書房, 2011年。
- 来住哲二・中村弘編『貿易実務小辞典』ダイヤモンド社, 1975年。
- 小泉達治『バイオエタノールと世界食糧需給』筑波書房, 2007年。
- 小泉達治『バイオ燃料と国際食糧需給：エネルギーと食糧の「競合」を超えて』農林統計協会, 2009年。
- 小泉達治『バイオエネルギー大国ブラジルの挑戦』日本経済新聞出版社, 2012年。
- 興梠一郎『現代中国：グローバル化のなかで』(岩波新書) 岩波書店, 2002年。
- 小島朋之『中国現代史』(中公新書) 中央公論社, 1999年。
- 後藤康浩『アジア力』日本経済新聞出版社, 2010年。
- 小峰隆夫・日本経済研究センター編『超長期予測 老いるアジア』日本経済新聞出版社, 2007年。
- 柴田明夫『食糧争奪：日本の食が世界から取り残される日』日本経済新聞出版社, 2007年。

- 柴田明夫『食糧危機が日本を襲う』(角川SSC新書) 角川マガジンズ, 2011年。
- 生源寺眞一『農業再建：真価問われる日本の農政』岩波書店, 2008年。
- 生源寺眞一『日本農業の真実』(ちくま新書) 筑摩書店, 2011年。
- 滝田洋一『世界金融危機開いたパンドラ』日本経済新聞出版社, 2008年。
- 武田善憲『ロシアの論理』(中公新書) 中央公論新社, 2010年。
- 立花隆『農協』朝日新聞社, 1980年。
- 茅野信行『プライシングとヘッジング：穀物定期市場を利用するリスクマネジメントの方法』中央大学出版部, 2005年。
- 茅野信行『アメリカの穀物輸出と穀物メジャーの発展〔改訂版〕』中央大学出版部, 2009年。
- 茅野信行『食糧格差社会』ビジネス社, 2009年。
- 仲條亮子・リチャードH. K. ヴィートー『ハーバードの「世界を動かす授業」：ビジネスエリートが学ぶグローバル経済の読み解き方』徳間書店, 2010年。
- 土屋守章『企業と戦略：事業展開の論理』メディアファクトリー, 1984年。
- 中村博『大豆の経済：世界の大豆生産・流通・消費の実態』幸書房, 1976年。
- 中村靖彦『遺伝子組み換え食品を検証する』日本放送出版協会, 1999年。
- 日本経済新聞社編『華僑』日本経済新聞社, 1981年。
- 日本経済新聞社編『先物王国シカゴ』日本経済新聞社, 1983年。
- 日本経済新聞社編『ルポルタージュ農業改革』日本経済新聞社, 1988年。
- 日本経済新聞社編『中国：世界の「工場」から世界の「市場」へ』(日経ビジネス文庫) 日本経済新聞社, 2002年。
- 農政ジャーナリストの会編『日本農業の動き No.143 アメリカ新農業法の波紋』農林統計協会, 2002年。
- 農政ジャーナリストの会編『食糧自給率を問う：40パーセントで大丈夫なのか』農林統計協会, 2009年。
- 農林中金総合研究所編著『変貌する世界の穀物市場』家の光協会, 2009年。
- 羽場久美子・溝端佐登史『ロシア・拡大EU』ミネルヴァ書房, 2011年。
- 牧野純夫『ドルと世界経済』(岩波新書) 岩波書店, 1964年。
- 服部信司『価格高騰・WTOとアメリカ2008年農業法』農林統計出版, 2009年。
- 服部信司『アメリカ農業・政策史1776-2010』農林統計協会, 2010年。
- 藤井良広『ECの知識〈第15版〉』(日経文庫) 日本経済新聞出版社, 2010年。
- 本間正義『現代日本農業の政策過程』慶応義塾大学出版会, 2010年。
- 三石誠司『空飛ぶ豚と海を渡るトウモロコシ：穀物が築いた日米の絆』日経BPコンサルティング, 2011年。
- 山下一仁『農協の大罪：「農政トライアングル」が招く日本の食糧不安』宝島社, 2009年。
- 山下一仁『農業ビッグバンの経済学』日本経済新聞出版社, 2010年。
- 読売新聞中国取材団『メガチャイナ』(中公新書), 中央公論新社, 2011年。

外国語文献

- Brown, L. R. and Kane, H. (1994) *Full House : Reassessing the Earth's Population Carrying Capacity*, W. W. Norton & Co., New York.（小島慶三訳『飢餓の世紀』ダイヤモンド社, 1995年。）
- Brown, L. R. (1995) *Who will Feed China?: Wake-Up Call for a Small Planet*, W. W. Norton & Co., New York.（今村奈良臣訳『誰が中国を養うのか』ダイヤモンド社, 1995年。）
- Brown, L. R. (1996) *Tough Choice: Facing the Challenge of Scarcity*.（今村奈良臣訳『食糧破局：回避のための緊急シナリオ』ダイヤモンド社, 1996年。）
- Burbach, R. and Flynn, P. (1980) *Agribusiness in the Americas*, Monthly Review Press, New York.（中野一新・村田武訳『アグリビジネス：アメリカの食糧戦略と多国籍企業』大月書店, 1987年。）
- Chicago Board of Trade (1989) *Commodity Trading Mannual.*
- Chicago Board of Trade (1992) *Grains: Production, Processing, Marketing.*
- Chandler, A. D. Jr. (1977) *The Visible Hand: The Managerial Revolution in American Business*, Harvard University Press, Massachusetts.（鳥羽欽一郎・小林袈裟治訳『経営者の時代（上・下）』東洋経済新報社, 1979年。）
- Cramer, G. L., Smith, R. K. and Wails, E. J. (1990) "The Market Structure of the U. S. Rice Industry", University of Arkansas, *Bulletin* No. 921, Feb..（石崎新一郎・福島純夫訳『アメリカの米産業：その市場構造』農山漁村文化協会, 1991年。）
- Dethloff, H. C. (1988) *A History of the American Rice Industry*.（宮川淳監修『アメリカ米産業の歴史』シャプラン出版, 1992年。）
- Drucker, P. F. (1980) *Managing in Turbulent Times*, Harper & Row, New York.（堤清二監訳『乱気流時代の経営』ダイヤモンド社, 1980年。）
- Drucker, P. F. (1995) *Managing in a Time of Great Change*, Truman Talley Books, New York.（上田惇生・佐々木実智男・林正・田代正美訳『未来への決断：大転換期のサバイバル・マニュアル』ダイヤモンド社, 1995年。）
- Drucker, P. F. (1999) *Management Challenges for the 21st Century*, Harper Business, New York.（上田惇生訳『明日を支配するもの：21世紀のマネジメント革命』ダイヤモンド社, 1999年。）
- Emmott, B. (2008) *Rivals: How the Power Struggle Between China, India, and Japan will Shape Our Next Decade*, Penguin Books, London.（伏見威蕃訳『アジア三国志：中国・インド・日本の大戦略』日本経済新聞出版社, 2008年。）
- Freidman, G. (2011) *The Next Decade: Where We've Been and Where We're Going*, Doubleday, New York.（櫻井祐子訳『激動予測』早川書房, 2011年。）
- George, S (2010) *Whose Crisis, Whose Future?*, Polity Press.（荒井雅子訳『これは誰の危機か, 未来は誰のものか』岩波書店, 2011年。）
- Gilmore, R. (1982) *A Poor Harvest: The Clash of Policies and Interests in the Grain Trade*,

- Longman, New York.（中川善之訳『世界の食糧戦略』TBSブリタニカ，1982年。）
- Glantz, M. H.（1996）*Currents of Change: El Nino's Impact on climate and Society*, Cambridge University Press, Massachusetts.（金子与止男訳『エルニーニョ』ゼスト，1998年。）
- Gorton, G. and Geert Rouwenhorst, K.（2006）*Facts and Fantasies about Commodity Futures*, CFA Institute, Virginia.（林康史・望月衛訳『商品先物の実話と神話』日経BP社，2006年。）
- Hart, S. L.（1997）"Beyond Greening: Strategies for Sustainable World", *Harvard Business Review*, January–February.
- Hieronymus, T. A.（1981）*Economics of Futures Trading*, Commodity Research Bureau, Inc., New York.
- Jakobson, L. and Knox, D.（2010）*New Foreign Policy Actors in China, SIPRI Policy Paper No. 26*, Stockholm.（辻康吾訳『中国の新しい対外政策：誰がどのように決定しているのか』岩波書店，2011年。）
- Jakobson, L. and D. Knox（2010）*New Foreign Policy Actors in China-SIPRI Policy Paper No. 26*, Stockholm International Pease Research Institute, Stockholm.（岡部達味監訳『中国の新しい対外政策―誰がどのように決定しているのか』岩波書店，2011年。）
- Kneen, B.（1995）*Invisible Giant: Cargill and Its Transnational Strategies*, Pluto Press Ltd., London.（中野一新監訳『カーギル：アグリビジネスの世界戦略』大月書店，1997年。）
- Kynge, J.（2006）*China Shakes the World*, Felicity Bryan, Oxford. U. K.（栗原百代訳『中国が世界をメチャクチャにする』草思社，2006年。）
- Lyne, R., Talbott, S. and Watababe, K.（2006）*Engaging with Russia: The next Phase*, The trilateral Commission, Washington, D. C.（長縄忠訳『プーチンのロシア』日本経済新聞社，2006年。）
- Morgan, D.（1979）*Merchants of Grain*, Viking Press, New York.（喜多迅鷹・喜多元子訳『巨大穀物商社』日本放送出版協会，1981年。）
- McGregor, R.（2010）*The Party: The Secret World of China's Communist Rulers*, Felicity Bryan Associates, Oxford.（小谷まさ代訳『中国共産党』草思社，2011年。）
- Poter, M. E.（1980）*Competitive Strategy: Techniques for Analyzing Industries and Competitors*, Free Press, New York.（土岐抻・中辻萬冶訳『競争の戦略』ダイヤモンド社，1982年。）
- Trager, J.（1973）*Amber Waves of Grain*, Arthur Fields Books, Inc., New York.（坂下昇訳『穀物戦争』東洋経済，1975年。）
- United States Department of Agriculture（1981）*A Time to Choose: Summary Report on the Structure of Agriculture*, Washigton, D. C. January.（唯是靖彦・篠原孝訳『食糧超大国の崩壊』家の光協会，1982年。）
- United States Department of Agriculture（1999）"Managing Risk in Farming: Concepts, Research, and Analysis", *Agricultural Economic Report* No. 774, Washington, D. C. March.（東京穀物商品取引所訳編『農業リスクマネジメント』東京穀物商品取引所，2002年。）

・Whiting, A. S.（1989）*China Eyes Japan*, University of Carifornia Press, Berkeley, California.（岡部達味訳『中国人の日本観』岩波書店，2000年。）
・Yong, B.（1998）*DENG: A Political Biography*, M. E. Sharpe, Inc., New York.（加藤千洋・加藤優子訳『鄧小平政治的伝記』岩波書店，2009年。）

船腹 …………………… 186　187　201	長粒種 ………………………… 206　207
先富論 ………………………………… 68	直接所得補償 ………………… 113　114
相乗効果 ………………… 19　216　243	直接払い
装置産業 ……………………………… 32	………… 24　113　114　116-119　121
ソホーズ ………………… 135　136　148	貯蔵施設 ……………………………… 141
ソ連解体 …………………………… 130	積期 …………………………………… 200
	定期価格 ………………… 1　14　17　45
[た 行]	200-202　225　227　232　237　242
大宇ロジスティックス ……………… 188	ディフォールト ……………………… 143
第1次拡大 …………………………… 102	適地適作 ……………………………… 76
第1次石油危機 ………………………… 6	テクノクラート ……………………… 92
大穀物強盗 …………………………… 127	デタント ……………………………… 241
第3次拡大 …………………………… 102	鉄鋼 ……………………… 70　71　186
大豆・トウモロコシ比価 …………… 48	デミニミス …………………………… 116
大豆の開花期・着莢期 ……………… 16	デュポン ……………………………… 20
対ソ穀物禁輸 …… 106　234　244　245	テラロッハ …………………………… 165
代替品 …… 10　16　92　160　169　170	天安門事件 …………………… 66　67
第2次拡大 …………………………… 102	天候相場期 …………………………… 46
第2次石油危機 ………………………… 6	転作 ………………………… 50　93　228
タイム・ラグ ………………………… 160	投機資金 ………………………… 5　8　17
第4次拡大 …………………………… 102	52　53　157　159　161　230　235
大量買い付け ……………… 4　127　164	投機マネー …………………………… 2　169
ダウ・アグロサイエンス ……………… 20	東西冷戦の終結 ……………………… 128
多角化 …………… 30　33　35　37　41	投資銀行 ……………………… 8　17　223
タピオカ ……………………………… 104	鄧小平 ………………… 64-68　80　96　208
ダルフール地方 ……………………… 94	党中央委員会 ………………………… 130
団塊の世代 …………………………… 203	独立国家共同体 ……… 130　132　137
地域振興 ……………………………… 174	土地改革法（ロシア）……………… 136
チェルノーゼム ……………………… 147	ドラッカー，ピーター F.
窒素 ……………………… 44　60　225	………………… 131　195　204　209　246
チバ・ガイギー ……………………… 18　19	トラフィック ………………… 32　176
正大康地 ……………………………… 86	トリプル20 …………………………… 123
チャロンポカパン ……………………… 68	
中国共産党 …………………… 67　90	[な 行]
中国国家穀物油脂情報センター …… 84	ナチュラル・ヘッジ ………………… 211
中・短粒種 …………………………… 206	南巡講話 ……………………………… 67
中南海 …………………… 73　74　80	ニジェゴロド州 ……………… 147-149
チュバイス，アナトリー ……………… 138	2007年エネルギー独立安全保障法
超大国 …………… 14　18　51　128　241	………………………………… 26　237
超低金利政策 …………………… 7　55	2002年農業法 ………………………… 22

索引　259

2008年農業法 ……… 10　23　60　124
日本撤退 ……………………………… 210
日本離れ ………………………… 210　211
ニューエコノミー ……………………… 235
農業不況 ……… 49　215　216　234　241
農業補助金 ……… 26　75　115　116
農場安全農業投資法 …………………… 22
農相理事会 ……………………… 104　114
農地改革 ………………………………… 146
農地保全留保計画 ……………………… 23
農民法（ロシア） ……………………… 136

[は 行]

バイエル・クロップサイエンス ……… 20
バイオエタノール
　　…………… 2　3　122　123　170
バイオディーゼル ……………………… 35
　　36　40　121-123　173-175　186
パイオニア・ハイブレッド …………… 20
バイオ燃料政策
　　… 2　7　24　38　121　124　176　182
バイオ燃料の持続可能性基準 ……… 123
バイカルチャー ………………… 154　157
ハイパー・インフレ ……… 49　139　234
ハイブリッド（種子） ……………… 18-20
ハイル農業開発 ………………………… 188
バーグランド農務長官 ………………… 106
バターの山，ワインの湖 ……………… 117
パナマックス型 …… 187　200　202　214
バーナンキFRB議長 ……… 17　196
バブル崩壊 ……………………… 196　203
パブロフ首相 …………………………… 129
ハーベスト・ステーツ ……… 40　41
バラース ………………………………… 154
ハルバースタム，デイビッド ………… 133
バンゲ … 30　80　154　210　216　217
非集団化 ………………………………… 136
非循環払い …………………………… 22-24
微笑政策 ………………………………… 67
ヒートダメージ（熱損傷） …………… 165

ファースト・ハンド …………………… 213
ファンダメンタルズ …………………… 244
不耕起栽培 ……………………………… 19
プーゴ内相 ……………………………… 129
不足払い …………………………… 21-23
二つのFと一つのE ……………… 33　242
プーチン，ウラジーミル
　　……………… 144-146　150　155　159
プーチン改革 …………………………… 146
ブッシェル ……………… 1　3　5　6　15
　　17　24-29　43　4547　49　50　58
　　88　110　122　155　158　159　164
　　168　185　193　195　202　221-225
　　232-235　237　239　240　242　243
船積み書類 ……………………………… 31
負の遺産 ………………………………… 222
フリードマン，ジョージ ……………… 151
フリー・フォール ……………………… 243
フルシチョフ，ニキタ ………………… 241
フレクシブル燃料車 …………………… 170
ブレトンウッズ体制 …………………… 6
ブロック農務長官 ……………………… 108
平均作物収入選択 ………………… 23　24
米国環境保護局 ………………………… 239
米国商品先物取引委員会 ……………… 54
米国農務省 ……… 5　16　23　24　27
　　43-46　48　49　54　58　77　79　83
　　106　132　139-141　147　151　157
　　158　193　203　210　222　223　244
米ソ穀物協定 …………… 106　111　241
米ソ長期穀物協定 ……………………… 32
ヘッジファンド
　　……… 5　52　55　56　190　220　223
ベトナム戦争 …………………………… 6
ベビー・バスト ………………………… 205
ベビー・ブーム ………………………… 204
ベラサンエナジー ………………… 41　220
ベルリンの壁 …………………………… 128
ベレゾフスキー，ボリス ……………… 146
貿易収支 ………………… 6　69　174

豊作貧乏 ……………………… 211　212
ボガサリ・フラワー・ミルズ ………… 208
保険つなぎ ………………………… 221
補助金付きエタノール政策 …………… 25
ボトルネック ……………… 141　168　178

[ま 行]

マクシャリー改革案 ………………… 114
マーケット・サイコロジー …………… 244
三つのFと一つのE ………… 34　242
緑 …………………… 115　116　243
南半球の穀物輸出基地 ……………… 176
ミニマム・アクセス ………… 10　11　206
メドベージェフ, ドミトリー … 136　155
目標価格（ターゲット・プライス）
　………………………………… 21-23　104
モノカルチャー ……………… 154　157
モンサント ………………… 18-21　60

[や 行]

ヤゾフ国防相 ……………………… 129
ヤナーエフ副大統領 ……………… 129
遊休農地 ……………………………… 151
優遇税制 ………………………………… 3
　　10　26　29　35　92　175　237-239
融資基準価格（ローンレート）
　……………………… 22-24　107　109　110
優先使用 ………………………… 3　224
優先的国家プロジェクト ……… 154　155
ユーグ・ルーシ ……………………… 154
ユーコス ……………………………… 150
輸出エレベーター
　………………… 31　33　41　193　194
輸出規制 ……………… 10　61　152　228-232
輸出禁止 ……………………………… 33
　152　155-157　159　230　231　241
輸出奨励計画 ………………… 108-111
輸出税 ……………………… 179-182　228
輸出登録制 …………………… 179　182
輸出払戻金 …………………… 105　111

輸出ボーナス …………… 107　110　111
輸出余力 ‥15　85　87　89　152　178-
　180　186　193　194　207　228-232
輸出割当制 ………………………… 181
輸送インフラ ……………………… 140
輸送能力 …………… 36　141　178　193
輸送量 ……………………… 32　176
輸入価格 …105　144　187　200　201
輸入課徴金 … 103-105　112　113　116
輸入制限 …………………82　112　114
姚依林 ………………………………… 66
楊尚昆 ………………………………… 66
余剰ドル ……………………………… 50
余剰農産物 ………………… 106　120

[ら 行]

ラウンドアップ ………… 18　19　60
ラウンドアップ・レディ ………… 18　19
ラサーソン, マイロン ……………… 141
ラニーニャ …………………… 6　47
ラプラタ川 ………………………… 177
乱売合戦 ……………………… 74　212
リバランシング …………………… 114
李鵬 …………………………… 66　73
リーマンショック
　…1　7　16　17　34　41　52　54　55
　77　90　187　195　196　204　243
流通インフラ ……………………… 152
流動性の罠 …………………………… 7
リンチピン …………………………… 2
ルイスの転換点 …………………… 69
ルービン（ロバート）米国財務長官 … 140
レーガン・リセッション ………… 32　107
レギュラー・プレーヤー …………… 242
レジデュアル・サプライヤ
　…………………………… 220　228-231
レーゾンデートル ………………… 244
レバレッジ …………………………… 5
レームダック ……………………… 196
連結性 ……………………………… 151

連邦土地法 …………………………… 146
連邦農業改善改革法 ………………… 21
老朽化比率 …………………………… 153
狼狽買い ……………………………… 156
ロシア穀物購入公社 ………………… 141
ロシア国家統計局 …………………… 153
ロシア商業資材省 …………………… 134
ロシア農業省 ………………………… 142

ロジスティックス …………32 154 176
ロスインテルアグロセルビス ………… 154
ロスネフチ …………………………… 146
ローテク技術 ………………………… 174

[わ 行]

割増料金（プレミアム） ………………… 20

茅野信行（ちの のぶゆき）

コンチネンタル・ライス・コーポレーション代表，國學院大學経済学部教授（経営戦略論，ビジネスリスク・マネジメント論担当），中央大学商学部兼任講師（国際経営論担当）。

1949年長野県生まれ。72年中央大学商学部卒業，76年中央大学大学院商学研究科修士課程修了。同年穀物メジャーのコンチネンタル・グレイン・カンパニーに入社，穀物輸出業務に従事。ニューヨーク本社特別研修を経て，88年コモディティ・トレーディング・マネジャーに就任。99-2011年ユニパック・グレイン・リミティッド代表取締役。趣味はヨット（国民体育大会3年連続出場）。

東西冷戦終結後の世界穀物市場

2013年2月15日　初版第1刷発行

著者	茅野信行
発行者	遠山　曉
発行所	中央大学出版部 東京都八王子市東中野742-1　〒192-0393 電話 042-674-2351　FAX 042-674-2354 http://www2.chuo-u.ac.jp/up/
装幀	清水幹夫
印刷・製本	藤原印刷株式会社

©Nobuyuki Chino, 2013 Printed in Japan
ISBN978-4-8057-2181-0

本書の無断複写は，著作権上での例外を除き禁じられています。
本書を複写される場合は，その都度当発行所の許諾を得てください。